पर्यावरण एवं सामाजिक सरोकार

संपादकों के बारे में

प्रो. वेनु त्रिवेदी, प्राध्यापक एवं विभागाध्यक्ष, भूगोल विभाग, शासकीय स्नातकोत्तर कन्या महाविद्यालय, मोती तबेला, इन्दौर, पूर्व अध्यक्ष, भूगोल अध्ययन मंडल, देवी अहिल्या विश्व-विद्यालय, इन्दौर, सदस्य केन्द्रीय अध्ययन मंडल, मध्य प्रदेश, विशेषज्ञ सदस्य, भूगोल अध्ययन मंडल, सरोजनी नायडू स्नातकोत्तर कन्या महाविद्यालय, भोपाल एवं शोध निर्देशक भूगोल, देवी अहिल्या विश्वविद्यालय, इन्दौर, मध्य प्रदेश का लगभग 30 वर्ष का विभिन्न महाविद्यालयों में शिक्षण अनुभव प्राप्त है। आपके लगभग 22 शोध-पत्र भूगोल की प्रतिष्ठित पत्रिकाओं में प्रकाशित हो चुके हैं तथा 25 राष्ट्रीय एवं अन्तर्राष्ट्रीय संगोष्ठियों में भारत तथा विदेशों में हिस्सा ले चुकी हैं। वर्ष 2008 में आपने विश्वविद्यालय अनुदान आयोग, केन्द्रीय क्षेत्रीय कार्यालय, भोपाल, म.प्र. के सौजन्य से एक माइनर रिसर्च प्रोजेक्ट पूर्ण किया है एवं 2007 में "पर्यावरणीय समस्याएँ एवं उपक्रमण" विषय पर एक राष्ट्रीय संगोष्ठी आयोजित की जिसकी आप संयोजक रहीं।

प्रो. वी.के. श्रीवास्तव, जिनकी शिक्षा जबलपुर, सागर तथा लन्दन से हुई, पूर्व विभागाध्यक्ष, दीन दयाल उपाध्याय गोरखपुर विश्वविद्यालय, गोरखपुर रहे हैं, जहाँ आपने 1963 से 1999 तक सेवाएँ दी हैं। आप अन्तर्राष्ट्रीय भौगोलिक संघ कमीशन के 4 वर्ष तक अध्यक्ष रह चुके हैं। आप लगभग पाँच वर्ष डॉ. हरिसिंह गौर विश्वविद्यालय, सागर, म.प्र. में विजिटिंग प्रोफेसर एवं इमेरिटस फेलो के रूप में रहे। आपने भूगोल विषयक पाँच शोध मोनोग्राफ, आधा दर्जन शोध ग्रन्थों, का सम्पादन एवं भूगोल की एक दर्जन पाठ्य पुस्तकों का लेखन कार्य सम्पन्न किया है। वर्तमान में आप भूगोल विभाग, रानी दुर्गावती विश्वविद्यालय, जबलपुर में भारतीय समाज विज्ञान शोध परिषद, नई दिल्ली द्वारा प्रयोजित एक शोध प्रोजेक्ट के निदेशक हैं।

पर्यावरण एवं सामाजिक सरोकार

संपादक
प्रो. वेनु त्रिवेदी
प्रो. वी.के. श्रीवास्तव

कन्सैप्ट पब्लिशिंग कम्पनी प्राईवेट लिमिटेड,
नई दिल्ली-110 059

ISBN-13: 978-81-8069-752-4

First Published 2011

Published and Printed by

Concept Publishing Company Pvt. Ltd.
Regd. Office:
A/15-16, Commercial Block, Mohan Garden
New Delhi-110059 (India)
Phones : 25351460, 25351794
Fax : 091-11-25357109
Email : publishing@conceptpub.com,
Website : www.conceptpub.com

Editorial Office:
H-13, Bali Nagar, New Delhi-110 015, India.

Cataloging in Publication Data--*Courtesy:* D.K. Agencies (P) Ltd. <docinfo@dkagencies.com>

Paryāvaraṇa evaṃ sāmājika sarokāra / sampādaka, Venu Trivedī, Vī. Ke. Śrīvāstava.
p. cm.
In Hindi.
Papers presented at a national seminar on Environmental problems and protection, held at Indore during 23-24 February 2007.
ISBN 9788180697524

1. Environmental sociology--India-Madhya Pradesh--Congresses. 2. Environmental degradation--India-Madhya Pradesh--Congresses. 3. Environmental protection--India-Madhya Pradesh--Citizen participation--Congresses. I. Trivedi, Venu. II. Śrīvāstava, Vī. Ke.

DDC 304.280954 22

स्व. प्रो. विजया फणसे
की स्मृति में सादर समर्पित

Prof. A.A. Abbasi

I.D.A. Plot No. 80 E.B.
Scheme No. 94,
INDORE (M.P.)
Phone No.: 0731-4041595

Foreword

गत पाँच दशकों से विश्व स्तर पर पर्यावरण संबंधी जो चिन्ता व्यक्त की जा रही है वो मात्र अकादमिक अभ्यास नहीं है। बल्कि वह संपूर्ण मानवता की चिन्ता है। इसी संदर्भ में रायो, स्टॉकहोम, टोक्यो आदि में उच्च स्तरीय अन्तर्राष्ट्रीय सम्मेलन हुए और पर्यावरण के दूषित और प्राकृतिक संतुलन बिगड़ने के विषयों पर गंभीर विचार विमर्श हुए। मानव ने हजारों वर्षों में जो प्राकृतिक संसाधनों का अन्धाधुंध शोषण किया है उसके दुष्परिणाम आज सामने आ रहे हैं।

भूगोल वेत्ताओं ने सदैव पर्यावरण और मानव के सम्बन्धों का अध्ययन किया है और निरंतर ठोस सुझाव प्रस्तुत किए हैं। वर्ष 2007 में शासकीय कन्या स्नातकोत्तर महाविद्यालय, मोतीतबेला, इंदौर में जो सेमिनार हुआ उसकी विशेषता यह थी कि पर्यावरण के विभिन्न पहलुओं पर शोधार्थियों ने विचार प्रस्तुत किए।

Former Vice Chancellor, Indore University (DAVV) Indore (M.P.)
Retired Professor of Geography
Member, University Grants Commission (Scove), New Delhi
Member, Human Rights Commission, Ayog Mitra, Indore
Member, M.P. State Urdu Academy, Bhopal
Member, National Integration Committee, M.P., Bhopal
Member, Executive Council, Vikram University, Ujjain
Member, Governing Body, Baba Saheb Ambedkar Institute, Mhow
General Secretary, Centre for Environment Protection Research and Development, Indore
Hony. Director, Kund Kund Gyanpeeth, Indore

मुझे हर्ष है कि डॉ. वेनु त्रिवेदी के कुशल संपादन में सेमिनार के सभी शोध–पत्रों को पुस्तक के रूप में प्रस्तुत किया जा रहा है। प्रसन्नता की बात यह है कि ग्रंथ को एक लोकप्रिय विद्वान स्वर्गीय डॉ. विजया फणसे को समर्पित किया गया है।

(प्रो. ए.ए. अब्बासी)
पूर्व कुलपति
देवी अहिल्या विश्वविद्यालय,
इन्दौर, म.प्र.

प्रस्तावना

पर्यावरण एवं विकास एक दूसरे के पूरक हैं, विकास हेतु यह आवश्यक भी है कि वे एक दूसरे के पूरक बने रहें किन्तु अनुभवों से यह सिद्ध हुआ है कि विभिन्न आर्थिक कारणोंवश ऐसा सम्भव नहीं हो पाता। यथार्थ में पर्यावरणीय समस्याओं की उत्पत्ति सामाजिक, सांस्कृतिक, राजनीतिक एवं आर्थिक तन्त्रों के असंतुलन का ही परिणाम है। नीति निर्धारकों का यह दायित्व है कि पर्यावरण एवं सामाजिक सरोकारों में, आर्थिक परिप्रेक्ष्य में संतुलन स्थापित करने का प्रयास करें। सम्पोषित विकास, पर्यावरणीय एवं सामाजिक सरोकारों में संतुलन से प्रारम्भ होता है किंतु इनमें तनिक भी असन्तुलन विकास मार्ग को अवरूद्ध कर सकता है। मनुष्य के तथाकथित कार्य पर्यावरण को सँवारते अथवा बिगाड़ते हैं। पर्यावरण से जुड़ी विकास–संकल्पना में मूलरूप में सामाजिक स्तर पर मनुष्य की विभिन्न क्रियाकलापों में भागीदारी ही है। विकासशील देशों के सम्बन्ध में तो यह और भी अधिक महत्वपूर्ण हो जाती है। यद्यपि विकास से तो प्रायः सभी परिचित है किन्तु विकास में गुणवत्ता सर्वत्र नहीं पायी जाती। मानवीय गतिविधियां किस प्रकार पर्यावरण के साथ मिलकर विकास मार्ग पर आगे बढ़ती है, उनके परस्पर सम्बन्ध किस प्रकार के हैं? मानव पर्यावरण को किस रूप में समझता है? इन प्रश्नों के उत्तर निश्चित रूप से तलाशना चाहिये। इसी का प्रयास प्रस्तुत पुस्तक के माध्यम से किया गया है।

सामाजिक सरोकार कई रूपों में पर्यावरण को हानि पहुँचा सकता है जैसे सतही एवं भूमिगत जल में प्रदूषण, वायु प्रदूषण, रसायनों का कृषि पर दुष्प्रभाव, मिट्टी की उर्वरता में शनैः-शनैः कमी, इत्यादि। इन सरोकारों में भागीदारी किसकी है यह ज्ञात करना भी आवश्यक है ताकि संबंधित नीतियाँ नियोजित कर विकास सतत् रखा जाये।

प्रस्तुत पुस्तक उपरोक्त पृष्ठभूमि के अनुरूप शासकीय स्नातकोत्तर कन्या महाविद्यालय, मोतीतबेला, इन्दौर (म.प्र.) में 23-24 फरवरी, 2007 को "पर्यावरणीय समस्याएँ तथा उपक्रमण" विषयक राष्ट्रीय संगोष्ठी में प्रस्तुत शोध-पत्रों में से चुनिंदा शोध-पत्रों पर आधारित हैं। यह चार खंडों में विभाजित है, प्रथम खंड पर्यावरणीय समस्याओं का सैद्धांतिक पक्ष प्रस्तुत करता है जबकि द्वितीय खंड पर्यावरणीय प्रभावों तथा प्रदूषण पर प्रकाश डालता है। पुस्तक का तृतीय खंड समस्याओं के प्रबन्धकीय पक्ष पर आधारित हैं जिससे पर्यावरणीय प्रबंधन को विभिन्न समस्याओं के संदर्भ में स्पष्ट करने का प्रयास किया है। चतुर्थ एवं अंतिम खंड जनधारणाओं के रूप में अंग्रेजी में प्रकाशित पुस्तक के शोध-पत्रों के हिन्दी सारांश से संबंधित है।

भारत जैसे सुसम्पन्न सांस्कृतिक पृष्ठभूमि वाले देश में पर्यावरण के प्रति जागरूकता प्रारंभ से ही दृष्टिगत होती है। मानव की सम्पूर्ण शारीरिक रचना पर्यावरणीय तत्वों पर अवलम्बित है। यह जानते हुए भी वह स्वयं के ही शरीर को हानि पहुँचाने की भूल करता है। डॉ. सरोज यादव ने उसी पृष्ठभूमि को ध्यान में रखते हुए पुस्तक के प्रथम खंड में भारतीय वेदों में पर्यावरणीय अवबोध पर प्रकाश डाला है। साथ ही संसाधन एवं पारिस्थितिकी तंत्र, प्रदूषण के कारण ग्रीन हाऊस प्रभाव उत्पन्न करने वाली गैसेस इत्यादि पर्यावरणीय समस्याओं की भी समीक्षा की है। पर्यावरणीय समस्याएँ मूलतः मनुष्य के जीने की कला से उत्पन्न होती हैं। मनुष्य की अव्यवस्थित जीवन प्रणाली, स्वार्थपरता जानकर भी न जानने की अनभिज्ञता किस प्रकार पर्यावरण को प्रभावित कर सकती है यह मायारानी देवड़ा ने उनके शोध-पत्र के माध्यम से प्रस्तुत किया है। आर्थिक विकास से पर्यावरण किस प्रकार प्रभावित हो रहा है। विशेषरूप से सेज (SEZ) के संदर्भ में यह सिद्ध करने का प्रयास सुधा अग्रवाल एवं किरण गुप्ता द्वारा किया गया है। एक कला विशेषज्ञ संगीत व स्वास्थ्य का सरोकार पर्यावरण से किस प्रकार स्थापित कर सकता है डॉ. सुवर्णा तावसे ने यही उनके शोध-पत्र के माध्यम से स्पष्ट किया है।

पुस्तक का द्वितीय खंड जो कि पर्यावरणीय प्रभाव तथा प्रदूषण से संबंधित है, प्राचीन धरोहर पर पर्यावरणीय प्रभाव की चर्चा से प्रारम्भ होता है। इसका एक ज्वलंत उदारहण प्राचीन प्रसिद्ध बाघ की गुफाएं हैं जिन पर ऋतु अपक्षय

एवं जल रिसाव के चिह्न स्पष्ट अंकित हुए हैं। यही नहीं दीवारों पर अंकित चित्रकारी भी पर्यटकों द्वारा प्रभावित हो रही है जिनका संरक्षण नितान्त आवश्यक है। यही दर्शाने का प्रयास राजश्री विभूते एवं कविता पाल ने किया है। पर्यावरणीय प्रभावों की चर्चा भारत में नदियों पर बने बांधों के संदर्भ में किये बगैर अधूरी ही रहेगी। अतः इस संदर्भ में इस खंड में तीन शोध-पत्र प्रकाशित हैं। बांध निर्माण से पुनर्वास किस प्रकार एक अनसुलझी समस्या बन जाता है यह नर्मदा नदी पर बने इंदिरासागर परियोजना के संदर्भ में गरिमा डोंगरे ने सिद्ध करने का प्रयास किया है। इसी कड़ी में सरदार सरोवर परियोजना भी नर्मदा नदी पर बने बांधों के संदर्भ में एक विवादास्पद परियोजना है जिससे उत्पन्न पर्यावरणीय प्रभावों का विवेचन डॉ. एस.एस. बघेल एवं अभय सिंह मंडलोई द्वारा किया गया है। इसी श्रृंखला में पी.सी. यादव का एक शोध-पत्र धरमपुरी तहसील की डूब एवं पुनर्वास समस्या से संबंधित है।

द्वितीय खंड का ही दूसरा महत्वपूर्ण भाग प्रदूषण संबंधित शोध-पत्रों का है। वायु प्रदूषण जो वर्तमान में प्रायः सभी नगरों एवं महानगरों की ज्वलंत समस्या है इससे वाहनों का अन्तर्सम्बन्ध जानने का प्रयास इन्दौर नगर के संदर्भ में डॉ. अर्चना शर्मा द्वारा किया गया है। महानगरों में व्याप्त एक अन्य प्रदूषण है शोर प्रदूषण जिससे उत्पन्न समस्याओं व सुझावों को इन्दौर नगर के संदर्भ में डॉ. मंजु पाटनी एवं डॉ. सुषमा शर्मा द्वारा प्रस्तुत किया गया है। पर्यावरण एवं सामाजिक सरोकारों की चर्चा का एक अभिन्न अंग जनजातीय बाहुल्य क्षेत्र है। पर्यावरणीय प्रदूषण से जनजातीय बाहुल्य क्षेत्र भी अछूता नहीं है। अजय कुमार राय ने उनके शोध-पत्र में प्रदूषण एवं उससे उत्पन्न प्रभाव का विश्लेषण किया।

पर्यावरणीय ह्रास का एक स्पष्ट उदाहरण महानगरों में कैंसर की भांति फैलती मलिन बस्तियां हैं। इनसे पर्यावरण को गंभीर खतरा उत्पन्न हो रहा है इसी संदर्भ में डॉ. देवेन्द्र कौर एवं शुचि वर्मा का शोध-पत्र है। इन्हीं सरोकारों का एक महत्वपूर्ण पक्ष मलिन बस्तियों से उत्पन्न सामाजिक अवनयन है इस विषय पर साईश्वरी कौल ने उज्जैन नगर के संदर्भ में चर्चा की है।

खंड 'ब' अत्यन्त विविधतापूर्ण है इसी खंड में एक अद्भुत पर्यावरणीय प्रभाव वैचारिक पर्यावरण का मनोकायिक प्रभाव की सूक्ष्म विवेचना प्रो. प्रमोदिनी

मोने द्वारा की गई है। इन्दौर नगर की जलवायु परिवर्तन से संबंधित शोध-पत्र स्कूल ऑफ एडवान्स्ड लिबरल स्टडीज के शोध छात्रों के समूह द्वारा किया गया है।

उज्जैन नगर म.प्र. का ही नहीं अपितु भारत का भी एक प्रमुख ज्योतिर्लिंग व धार्मिक केन्द्र है, धार्मिक आयोजनों से उत्पन्न प्रदूषण की चर्चा संदीप सारवान एवं लोकेश शर्मा द्वारा की गई है। इलेक्ट्रॉनिक उपकरणों का प्रयोग प्राय: सभी क्षेत्रों में सामान्य रूप से हो रहा है। इनसे निष्कासित इलेक्ट्रॉनिक कबाड़ पर्यावरण के लिये एक गंभीर चुनौती बनता जा रहा है। इसी विषय पर एक आलेख सुमित्रा जोशी एवं कविता चंदानी का है।

पुस्तक का खंड 'स' पर्यावरणीय प्रबन्धन से सम्बन्धित है। इसमें पर्यावरणीय प्रबन्धन हेतु ठोस सुझाव प्रस्तुत किये गये हैं। वन संसाधन उपयोग एवं अवबोध शोध-पत्र में डॉ. राखी शुक्ला ने वनों के प्रति मानवीय दृष्टिकोण को वन प्राधान्य ग्राम के संदर्भ में रेखांकित किया है। वन संसाधनों की सुरक्षा उसी परिवेश में निवास करने वाली जनसंख्या के हाथों में है यदि वे उसके दुरूपयोग अथवा वास्तविक उपयोग के प्रति जागरूक हैं तो वन संरक्षण कठिन नहीं है। प्राकृतिक संसाधनों का प्रबन्धन कई कारकों पर निर्भर है उन्हीं में से एक वॉटर शेड मिशन भी है जिसकी भूमिका का विश्लेषण डॉ. जूलियट ओंकार एवं डॉ. रेखा वर्मा ने उनके शोध-पत्र के माध्यम से किया है।

नगरीय उपशिष्ट जल वर्तमान में प्राय: सभी महानगरों की सामान्य समस्या है, इसका निष्पादन किस प्रकार किया जा सकता है, इसे अर्चना पुरोहित द्वारा स्पष्ट करने का प्रयास किया गया है। कृषि पारिस्थितिकी प्रदेश एवं पर्यावरणीय प्रबंधन हेतु झाबुआ जिले के संदर्भ में डॉ. सुधा कपूर द्वारा सुझाव प्रस्तुत किये गये हैं। जैविक कृषि पर वर्तमान परिदृश्य में विचार किया जाना आवश्यक है, क्योंकि इससे भी मृदा प्रदूषण की रोकथाम की जा सकती है। इसे डॉ. प्रगति भोकरदनकर एवं नितिन चौरसिया द्वारा उनके शोध-पत्र में प्रस्तुत किया गया है। स्कूल ऑफ एडवान्स्ड लिबरल स्टडीज के भूगोल के एक छात्र समूह द्वारा ठोस अपशिष्ट प्रबन्ध हेतु किये जाने वाले प्रयासों की चर्चा उनके शोध-पत्र के माध्यम से की है।

प्रस्तुत पुस्तक का खंड 'द' जनधारणाएँ शीर्षक के माध्यम से व्यक्त किया गया है, जिसमें अंग्रेजी अंक में प्रकाशित शोध-पत्रों के हिन्दी सारांश सम्मिलित हैं इसमें पर्यावरणीय सरोकार, समस्याएँ, प्रभाव, विभिन्न प्रकार के प्रदूषण, विषयक शोध-पत्र सम्मिलित हैं। इस प्रकार प्रस्तुत पुस्तक दो खण्डों में प्रकाशित है यथा हिन्दी एवं अंग्रेजी खण्ड। हिन्दी खण्ड में कुल 24 पूर्ण शोध-पत्र प्रकाशित हैं, जिनके अंग्रेजी में सारांश अंग्रेजी खण्ड में प्रकाशित हैं इसी प्रकार अंग्रेजी के कुल 21 पूर्ण शोध-पत्रों के हिन्दी सारांश प्रस्तुत हिन्दी खण्ड में प्रकाशित हैं।

अतः इसी आशा के साथ कि बहुआयामी पर्यावरणीय सरोकारों में संबंधित प्रस्तुत पुस्तक शोध को एक नई दिशा देने की चेष्टा करेगी।

डॉ. वेनु त्रिवेदी

(विभागाध्यक्ष, भूगोलशास्त्र

स्नातकोत्तर कन्या महाविद्यालय,

मोती तबेला, इन्दौर)

विषय सूची

खण्ड–ब : पर्यावरणीय प्रभाव तथा प्रदूषण

खण्ड–स : पर्यावरणीय प्रबंधन

खण्ड–द : अंग्रेजी में प्रस्तुत शोध-पत्रों के हिन्दी सारांश

पर्यावरणीय समस्याएँ तथा उपक्रमण

भारत गत कुछ वर्षों से बहुत सी प्राकृतिक तथा मानव निर्मित समस्याओं से ग्रसित रहा है। महाराष्ट्र में बाढ़ का प्रकोप विशेष रूप से मुम्बई में, भुज गुजरात में भूकम्प, तमिलनाडु में सुनामी का आतंक, तटीय उड़ीसा में चक्रवात का प्रभाव, उत्तरपूर्वी प्रांतों में अनेपक्षित सूखा तथा वैश्विक उष्णन, ये सभी प्राकृतिक समस्याएँ हैं। दूसरी ओर कुछ मानवजन्य समस्याएँ जैसे दिन प्रतिदिन तीव्र गति से बढ़ती जनसंख्या, बड़े बांधों का विनाशकारी प्रभाव, विषैले अपशिष्टों का रिसाव, प्रदूषण इत्यादि ने पर्यावरण पर विपरीत प्रभाव डाला है। जिसका सामना भारतीय नागरिकों ने भी किया है। विज्ञान तथा तकनीकी के क्षेत्र में उन्नति आधुनिक युग की मांग है किंतु पर्यावरण की लागत पर यह हमेशा हानिकारक सिद्ध होगी।

उपरोक्त समस्याओं को ध्यान में रखते हुए इस दो दिवसीय संगोष्ठी की केन्द्रीय विषय वस्तु "पर्यावरण समस्याएँ तथा उपक्रमण" चयनित की गई है। वास्तव में सम्पूर्ण विश्व दिन प्रतिदिन बढ़ती हुई पर्यावरणीय समस्याओं से ग्रसित है। ये समस्याएँ तीव्र आर्थिक विकास तथा मानव द्वारा क्षेत्र के रूपान्तरण द्वारा और बढ़ रही हैं। इसमें कोई संदेह नहीं है कि वर्तमान समय की प्राकृतिक मांग किसी प्रदेश का आर्थिक विकास है, किंतु उसके विभिन्न क्षेत्रों तथा मानव समुदाय पर हानिकारक प्रभाव अनदेखे नहीं किये जा सकते हैं। विकास पर्यावरण के अस्तित्व को अस्वीकार करते हुए मात्र एक लघुकालिक विकास होगा किंतु दीर्घकाल में तो यह नकारात्मक विकास होगा और यह मनुष्य की पीड़ा बढ़ती हुई निर्धनता इत्यादि की लागत पर होगा। इसी को ध्यान में रखते हुए यह समस्या कई तरीकों से विवेचित किये जाने का प्रयास किया है। प्रथम तथा सबसे महत्वपूर्ण आवश्यकता है पर्यावरणीय समस्याओं के कारणों को विश्लेषित

करने की। यद्यपि इसके लिये मात्र एक कारक ही उत्तरदायी नहीं हैं। अत: शोधकर्ताओं को विभिन्न उत्तरदायी कारकों की ओर ध्यान दिलाना अत्यंत आवश्यक हैं।

यह समस्या इसके अतिरिक्त इससे भी स्पष्ट होगी की यह किस प्रकार समाज तथा जनसंख्या को प्रभावित करता है। पर्यावरणीय समस्याएँ एक प्रकार से सामाजिक समस्या भी हैं। इसका जन्म सामान्यत: मनुष्य द्वारा, मनुष्य के कारण होता है तथा ये मनुष्य पर ही समाप्त होती हैं, क्योकि मनुष्य ही इसका शिकार होता है।

यह एक सामान्य अनभिज्ञता तथा उदासीनता के कारण उत्पन्न होती है। यह वह मनुष्य ही है जो बुरा पर्यावरण निर्मित कर रहा है तथा बुरे से बदतर बनाने वाला भी नि:संदेह मनुष्य ही है।

यह समस्या स्थानीय तथा प्रादेशिक स्तर पर भी अध्ययन की जा सकती है ताकि उपचारित कदम भी इस दिशा में बढ़ाए जा सकें। प्रत्येक प्रदेश की स्वयं की विशेषताएँ होती हैं तथा यह विशेषताएँ समस्या की प्रकृति को दर्शाती हैं। अत: यह व्यक्तिगत प्रदेश पर निर्भर करती है।

पर्यावरणीय समस्याएँ प्रत्येक उस स्थान को प्रभावित करती हैं जहाँ ये जन्म लेती हैं। यह संभव है कि यह उस सम्पूर्ण प्रदेश को ही प्रभावित करे या मानव समुदाय को। प्रभाव वैश्विक भी हो सकता है जैसे वैश्विक उष्णन। यह समस्याएँ सामाजिक प्रत्युतर तथा उपक्रमण उत्पन्न करती हैं। यह कार्य कई संस्थाओं जैसे अशासकीय या शासकीय संगठनों, पर्यावरण तथा वन मंत्रालय, भारत सरकार तथा प्रत्येक राज्य का विज्ञान एवं तकनीकी विभाग जो कि इसकी सुरक्षा, संरक्षण तथा संवर्धन में गहराई से जुड़ा है द्वारा किये जाते हैं। बेहतर पर्यावरण प्रबन्ध हेतु समय-समय पर शासकीय संगठनों तथा गैर-शासकीय संगठन द्वारा संभावित नीति कार्यक्रम तथा उसके अनुप्रयोग की नितियाँ निर्धारण कर प्रयास किये जाते हैं।

विकासशील देशों की पर्यावरण समस्याएँ सिर्फ अत्यधिक औद्योगिकरण के कुप्रभाव के कारण ही नहीं है बल्कि उन देशों का विकास यथोचित रूप से न होने अथवा एकतरफा होना इसका कारण है। वर्तमान संदर्भ में विकास

प्रकृति पर आक्रमण का पर्याय बन गया है। एडवर्ड थामसन नामक एक ब्रिटिश लेखक ने एक बार महात्मा गांधी को कहा था कि वन्यजीव बड़ी तेजी से विलुप्त होते जा रहे हैं तो गांधीजी का उत्तर था कि वनों से तो विलुप्त होते जा रहे हैं किंतु शहरों में बढ़ते जा रहे हैं। अभी भी समय है कि हम विज्ञान तथा तकनीकी ज्ञान द्वारा इन समस्याओं पर अंकुश लगा सकें तथा उसमें सुधार लाकर भूखे, आवासहीन, तृतीय विश्व के करोड़ों लोगो को भोजन, जल, आवास, स्वच्छता इत्यादि प्रदान कर सकें। यथोचित पर्यावरणीय प्रबन्धन द्वारा रेगिस्तान को हरा भरा तथा पथरीले पर्वतों को आवास योग्य बनाया जा सकता है। जनता में पर्यावरणीय बोध जागृत कर पारिस्थितिकी ठोस विकास मार्ग प्रशस्त किया जा सकता है।

इस संगोष्ठी के सहभागियों के सुझाव नियोजन एवं भविष्य में पर्यावरणीय शोध तथा विकास हेतु सहयोगी सिद्ध होंगे, यह विश्वास है। यह पर्यावरणीय समस्याएँ तथा उपक्रमण की दिशा में विकास के नये आयाम स्थापित करें शोध हेतु नवीन द्वार खोलें इसी भावना के साथ इसका प्रारंभ होता है।

डॉ. वेनु त्रिवेदी

प्रतिभागियों की सूची
(List of Contributors)

अग्रवाल, सुधा, वाणिज्य विभाग, शासकीय स्नातकोत्तर कन्या महाविद्यालय मोती तबेला, इन्दौर (म.प्र.)।

बघेल, एस.एस., भूगोल विभाग, शासकीय स्नातकोत्तर महाविद्यालय, धार (म.प्र.)।

भोकरदनकर, प्रगति, भूगोल विभाग, शा. कला एवं वाणिज्य महाविद्यालय, इन्दौर (म.प्र.)।

चंदानी, कविता, सहायक प्राध्यापक, एम.के.एच.एस. गुजराती कन्या महाविद्यालय, इन्दौर (म.प्र.)।

चौहान, सरिता, शोध छात्रा, स्कूल ऑफ एडवान्स्ड लिबरल स्टडीज देवी अहिल्या विश्वविद्यालय, इन्दौर (म.प्र.)।

चौरसिया, नितिन, शोध छात्र, शा. कला एवं वाणिज्य महाविद्यालय, इन्दौर (म.प्र.)।

देवड़ा, मायारानी, भूगोल विभाग, शासकीय स्नातकोत्तर महाविद्यालय, रतलाम (म.प्र.)।

डोंगरे, गरिमा, शोध छात्रा, शासकीय स्नातकोत्तर कन्या महाविद्यालय, इन्दौर (म.प्र.)।

गोहिया, अनिल, शोध छात्र, स्कूल ऑफ एडवान्स्ड लिबरल स्टडीज, देवी अहिल्या विश्वविद्यालय, इन्दौर (म.प्र.)।

गुप्ता, किरण, वाणिज्य विभाग, शासकीय स्नातकोत्तर कन्या महाविद्यालय, इन्दौर (म.प्र.)।

जोशी, सुमित्रा, सहायक प्राध्यापक, एम.के.एच.एस. गुजराती कन्या महाविद्यालय, इन्दौर (म.प्र.)।

कपूर, सुधा, भूगोल विभाग, शासकीय स्नातकोत्तर कन्या महाविद्यालय, इन्दौर (म.प्र.)।

कौल, साईश्वरी, अतिथि विद्वान, भूगोल, शासकीय स्नातकोत्तर महाविद्यालय, आगर, जिला उज्जैन (म.प्र.)।

कौर, देवेन्द्र, भूगोल विभाग, शा. कला एवं वाणिज्य महाविद्यालय, इन्दौर (म.प्र.)।

खोब्रागड़े, अंकुश, शोध छात्र, स्कूल ऑफ एडवान्स्ड लिबरल स्टडीज, देवी अहिल्या विश्वविद्यालय, इन्दौर (म.प्र.)।

लववंशी, मनीषा कुमारी, शोध छात्रा, स्कूल ऑफ एडवान्स्ड लिबरल स्टडीज, देवी अहिल्या विश्वविद्यालय, इन्दौर (म.प्र.)।

मंडलोई, अभयसिंह, भूगोल विभाग, शासकीय स्नातक महाविद्यालय, धामनोद जिला धार (म.प्र.)।

मेश्राम, पराग, शोध छात्र, स्कूल ऑफ एडवान्स्ड लिबरल स्टडीज, देवी अहिल्या विश्वविद्यालय, इन्दौर (म.प्र.)।

मोने, प्रमोदिनी, वनस्पतिशास्त्र विभाग, शासकीय स्नातकोत्तर कन्या महाविद्यालय, मोती तबेला, इन्दौर (म.प्र.)।

ओंकार, जूलियट, भूगोल विभाग, शासकीय स्नातकोत्तर महाविद्यालय, महू (म.प्र.)।

पाल, कविता, भूगोल विभाग, शासकीय स्नातक महाविद्यालय, धामनोद जिला धार (म.प्र.)।

पंडारे, अमिता, शोध छात्रा, स्कूल ऑफ एडवान्स्ड लिबरल स्टडीज, देवी अहिल्या विश्वविद्यालय, इन्दौर (म.प्र.)।

पाटनी, मंजू, गृह विज्ञान विभाग, शासकीय स्नातकोत्तर कन्या महाविद्यालय मोती तबेला, इन्दौर।

पुरोहित, अर्चना, भूगोल विभाग, शा. कला एवं वाणिज्य महाविद्यालय, इन्दौर (म.प्र.)।

राय, अजय कुमार, शोध छात्र, बाबा साहब अम्बेडकर राष्ट्रीय शोध संस्थान, महू जिला इन्दौर (म.प्र.)।

राजुरकर, नविता, शोध छात्रा, स्कूल ऑफ एडवान्स्ड लिबरल स्टडीज, देवी अहिल्या विश्वविद्यालय, इन्दौर (म.प्र.)।

सारवान, संदीप, शोध छात्रा, स्कूल ऑफ एडवान्स्ड लिबरल स्टडीज, देवी अहिल्या विश्वविद्यालय, इन्दौर (म.प्र.)।

साहू, सुनिता, शोध छात्रा, स्कूल ऑफ एडवान्स्ड लिबरल स्टडीज, देवी अहिल्या विश्वविद्यालय, इन्दौर (म.प्र.)।

सावले, मनोज, शोध छात्रा, स्कूल ऑफ एडवान्स्ड लिबरल स्टडीज, देवी अहिल्या विश्वविद्यालय, इन्दौर (म.प्र.)।

सरयाम, श्वेता, शोध छात्रा, स्कूल ऑफ एडवान्स्ड लिबरल स्टडीज, देवी अहिल्या विश्वविद्यालय, इन्दौर (म.प्र.)।

शर्मा, अर्चना, अर्थशास्त्र विभाग, शासकीय स्नातकोत्तर कन्या महाविद्यालय, मोती तबेला, इन्दौर।

शर्मा, लोकेश, शोध छात्र, स्कूल ऑफ एडवान्स्ड लिबरल स्टडीज, देवी अहिल्या विश्वविद्यालय, इन्दौर (म.प्र.)।

शर्मा, सुषमा, गृह विज्ञान विभाग, शासकीय कन्या स्नातकोत्तर महाविद्यालय मोती तबेला, इन्दौर (म.प्र.)।

सोलंकी, संध्या, शोध छात्रा, स्कूल ऑफ एडवान्स्ड लिबरल स्टडीज, देवी अहिल्या विश्वविद्यालय, इन्दौर (म.प्र.)।

शुक्ला, राखी, भूगोल विभाग, शासकीय स्नातकोत्तर कन्या महाविद्यालय, मोती तबेला, इन्दौर (म.प्र.)।

तावसे, सुवर्णा, संगीत विभाग, शासकीय स्नातकोत्तर कन्या महाविद्यालय, मोती तबेला, इन्दौर (म.प्र.)।

ठाकुर, जितेन्द्र, शोध छात्र, स्कूल ऑफ एडवान्स्ड लिबरल स्टडीज, देवी अहिल्या विश्वविद्यालय, इन्दौर (म.प्र.)।

वर्मा, रेखा, भूगोल विभाग, शासकीय स्नातकोत्तर महाविद्यालय, महू जिला इन्दौर (म.प्र.)।

वर्मा, शुचि, शोध छात्रा, स्कूल ऑफ एडवान्स्ड लिबरल स्टडीज, देवी अहिल्या विश्वविद्यालय, इन्दौर (म.प्र.)।

वास्केल, रानी, शोध छात्रा, स्कूल ऑफ एडवान्स्ड लिबरल स्टडीज, देवी अहिल्या विश्वविद्यालय, इन्दौर (म.प्र.)।

विभूते, राजश्री, भूगोल विभाग, शासकीय स्नातक महाविद्यालय, धामनोद जिला धार (म.प्र.)।

यादव, पी.सी., भूगोल विभाग, शासकीय स्नातकोत्तर महाविद्यालय, महू जिला इन्दौर (म.प्र.)।

यादव, सरोज, हिन्दी विभाग, शासकीय स्नातकोत्तर कन्या महाविद्यालय, मोती तबेला, इन्दौर (म.प्र.)।

योगी, प्रियंका, शोध छात्रा, स्कूल ऑफ एडवान्स्ड लिबरल स्टडीज, देवी अहिल्या विश्वविद्यालय, इन्दौर (म.प्र.)।

खण्ड–अ

पर्यावरणीय सरोकार: सैद्धान्तिक पक्ष

1

पर्यावरण, सामाजिक सरोकार व पहल
एक विहंगावलोकन

डॉ. सरोज यादव

परिचय

क्षिति, जल, पावक, समीर और गगन पाँच स्थूल तत्त्व हैं जिनसे समस्त प्राणियों के देह की रचना होती है। जलचर, थलचर और नभचर जीवधारियों का समुचित जीवन निर्वाह इन पंच महाभूतों के सामंजस्य व समन्वय से सम्भव होता है। मानव, पशु-पक्षी, कीट-पतंग तथा वनस्पति जगत् के कलेवर एवं आन्तरिक प्रक्रिया का स्वस्थ संचालन-संयोजन इस निर्माण सामग्री की शुद्धता पर आश्रित हैं। यदि इन भौतिक घटक पदार्थों में अपमिश्रण व दूषण है तो उसका प्रतिकूल प्रभाव निःसंदेह ही पेड़-पौधों, चौपाये-दोपाये, उड़ने वाले, रेंगने वाले, तैरने वाले एवं समस्त चर-अचर जीवों पर होगा।

विवेचन

पर्यावरणीय अवबोध

पर्यावरण के विभिन्न तत्त्वों को कारक या घटक कहते हैं। क्षिति, जल, पावक, वायु और आकाश पर्यावरण के भौतिक कारक हैं तथा वनस्पति, जन्तु और मानव जैविक कारक हैं।

आदि काल से ही पर्यावरण अवबोध व चेतना के अधीन, भौतिक कारकों की पावनता एवं शुद्धता का संदेश वेद-शास्त्रों में दिया है। कतिपय झलकियाँ प्रस्तुत हैं–

अथर्ववेद के भूमिसूक्त में कथन है कि हे भूमि, तेरे वन हमारे लिए सुखदायी हों। भूमि, तेरे वृक्षों को मैं इस तरह काटूँ कि शीघ्र ही वे पुनः अंकुरित हो जायें, सम्पूर्ण रूप से काटकर मैं तेरे मर्मस्थल पर प्रहार न करूँ। भूमि को औषधियों की माता माना गया है।

अरण्यं ते पृथिवी स्योन मस्तु (अर्थव. 12.1.11)
मातरम् औषधीनाम् (अर्थव. 12.1.17)
मा ते मर्म विमृग्वरि मा ते हृदयमर्पिपम् (अर्थव. 12.1.35)

यजुर्वेद में राष्ट्र की ओर से वृक्षों, औषधियों एवं अरण्यों के रक्षक नियुक्त करने तथा उन रक्षकों को उचित सम्मान देने का निर्देश मिलता है।

बनानां पतये नमः (यजु. 16.18)
वृक्षणां पतये नमः (यजु. 16.19)
औषधीनां पतये नमः (यजु. 16.19)
अरण्यानां पतये नमः (यजु. 16.20)

ऋग्वेद की स्थापना है कि शुद्ध जल के भीतर अमृत समाया होता है एवं उसमें औषध का निवास रहता है। शुद्ध जल का पान शरीर के मलों के बाहर निकालता है। शुद्ध जल के सेवन से मनुष्य रसवान् हो जाता है।

अप्स्वन्तरमृतम अप्सु भेषजम् (ऋ. 1.23.19)
अप्सु मे सोमो अब्रवीदन्त विश्वानि भेषजा (ऋ. 1.23.20)
इदमापः प्रवहत यत्किन्च दुरितं मयि (ऋ. 1.23.22)
आपो अद्यान्वचारिषं रसेन समगमहि (ऋ. 1.23.23)

अथर्ववेद में जल कई प्रकार के वर्णित किए गये हैं। अपेक्षा की गई है कि वे सबके लिए प्रदूषणशामक एवं रोगनिवारक हों।

शं त आपो हैमवती: शमु ते सन्तू त्सया:
शं ते सनिष्यदा आप: शमु ते सनतु वर्ष्या: (अथर्व. 19.2.1)

हिमालय के जल, स्रोतों के जल, सदा बहते रहने वाले जल और वर्षा जल समूचे प्राणी जगत के लिए कल्याणकारी हों।

वैदिक संस्कृति में अग्नि का बहुत महत्त्व है। आयुर्वेद के चरक, योग रत्नाकर, गद निग्रह आदि ग्रन्थों में कई ऐसे योग विवेचित हैं, जिनकी आहुति अग्नि में देने से वायुमण्डल शुद्ध होता है। श्वास द्वारा धूनी अन्दर लेने से रोग दूर होते हैं। सामवेद प्रेरणा देता है कि तुम अग्नि में शोधक द्रव्यों की आहुति देकर वायुमण्डल को शुद्ध करो।

आ जुहोता हविषा मर्जयध्वम् (साम. 63)

अग्नि वायुमण्डल से समस्त दूषक तत्त्वों का उन्मूलन करता है।

अग्निर्वृत्राणि दयसते पुरुणि (ऋ. 10.80.2)

अग्नि में होमी गई हवि से आयु बढ़ती है, प्राण सबल होता है।

आयुयीन कल्पतां, प्राणों यज्ञेन कल्पतां (यजु. 18.29)

अग्निहोत्र से अभिप्रेत हैं, अग्नि में उपयुक्त द्रव्य की आहुति देकर वायुमण्डल की शुद्धि करना, दुर्गन्ध का विलोपन कर सुगन्ध स्थापित करना। अग्नि द्रव्य को सूक्ष्म कणों में विभाजित कर देती है जिनका विस्तार व्यापक होता है एवं दूर-दिगन्त तक जीव जगत को इसका लाभ मिलता है। अनावृष्टि, अल्पवृष्टि एवं अतिवृष्टि पर नियंत्रण पाने के लिए अग्नि एवं हवि (द्रव्य या पदार्थ) की गुणवत्ता एवं मात्रा पर वैज्ञानिक अनुसंधान को गति प्रदान करना प्रस्तावित है।

स्वच्छ वायु का सेवन ही प्राणियों के लिए हितकर है। ऋग्वेद में कथन है कि वायु हमें ऐसी औषध प्रदान करे जो हमारे हृदय के लिए शान्तिकर एवं

आरोग्यकर हो। वायु हमारी आयु को बढ़ाए। वायु में जो अमृत की निधि रखी हुई है उसमें से कुछ अंश हमें भी प्रदान करें जिससे हम दीर्घजीवी हों।

वात आ वातु भेषजं मयोभु नो हृदे (ऋ. 10.186.1)
यददो वात ते गृहे अमृतस्य निधिर्हितः (ऋ. 10.186.2)

हवि की सुगन्ध से समन्वित पवमान वायु अपने पवित्रतादायक गुण से प्राणियों को पवित्र करता है।

पवमानः सो अ नः पवित्रेण विचर्षणिः।
यः पोता स पुनातु मा। (यजु. 19.42)

प्रकृति में सूर्य प्रदूषण का निवारक है। वह अपने रश्मि जाल से तथा अपने द्वारा की जाने वाली वर्षा से पवित्रता प्रदान करता है।

उभाम्यां देव सवितः पवित्रेण सवेन च।
मा पुनीहि विश्वतः।। (यजु. 19.42)
सुर्य अमृत बरसाता है।
स धा नो देवः सविता साविषदमृतानि भूरि (अथर्व. 6.1.3)

संसाधन एवं पारिस्थितिकी तंत्र

पर्यावरण प्राणीमात्र के जीवन का सबल व सार्थक आधार है। यह समस्त जीवों की सांझी विरासत है। पर्यावरण के वे पक्ष जिनके द्वारा मनुष्य की आवश्यकता की पूर्ति एवं सुविधा के साधन उपलब्ध कराये जाते हैं, संसाधन कहलाते हैं। मानव स्वयं एक संसाधन है। वह वस्तुतः भौतिक और जैविक कारकों के रूप में उपलब्ध विभिन्न संसाधनों का निर्माता व उपभोक्ता दोनों हैं। सूर्य-ऊर्जा मनुष्य के लिए प्रकृति प्रदत्त अमूल्य उपहार है। पेट्रोलियम, लोहा, कोयला व अन्य खनिज पदार्थ सीमित मात्रा में धरा के गर्भ में संचित हैं। ये परिमित एवं संरक्षित उपयोग के संसाधन हैं। वन, चरागाह, कृषिक्षेत्र, जीव-जन्तु, जल तथा मृदा मर्यादित व नियंत्रित उपयोग के संसाधन हैं। मानव का संयम एवं विवेक

इनके दीर्घकालीन परंतु अनवरत उपयोग के लिए उत्तरदायी है। दोहन एवं पुनर्स्थापन की एकान्तर प्रक्रिया से ये लगभग अक्षय स्त्रोत सरीखे बन सकते हैं। जल प्रकृति से विरासत में मिला एक अमूल्य संसाधन है, जो गैस, द्रव्य तथा ठोस तीनों अवस्थाओं में उपलब्ध है। यह जीव-मण्डल या समूचे प्राणी जगत का एक महत्त्वपूर्ण घटक है।

पारिस्थितिकी तंत्र का अभिप्राय है जीवित और अजीवित घटकों की परस्पर अन्तरक्रिया तथा निर्भरता का समुच्चय। पारिस्थितिकी तंत्र एक चक्र के रूप में सदैव क्रियाशील रहता है। आवश्यकता के अनुरूप प्राणीस्वरूप विभिन्न तत्त्वों को जल-मण्डल, स्थल-मण्डल तथा वायु-मण्डल से ग्रहण करते हैं, प्रयुक्त करते हैं। जिससे उन्हें पोषण और ऊर्जा मिले एवं तदन्तर शेष भाग इन मण्डलों में मुक्त कर देते हैं। मानव भी पृथ्वी के इकोतंत्र का एक भाग है। उसका स्वयं का अस्तित्व विविध पेड़-पौधों एवं नाना प्रकार के जन्तुओं पर आश्रित है। प्रारंभ में मानव जाति की सुख-सुविधा तो बढ़ी परन्तु पर्यावरण में अनेक समस्याएं पैदा हो गईं। पर्यावरण प्रदूषित हुआ। वनस्पति व जन्तुओं का विलोपन, ऊर्जा संकट, वनों की क्षति, प्राकृतिक स्त्रोतों का स्खलन, रेडियोधर्मी कणों की वायु-मण्डल में उपस्थिति, ओजोन पर्त का क्षरण, हरित-गृह प्रभाव, वाहनों एवं कल-कारखानों का शोर, जनसंख्या विस्फोट व भयावह गरीबी निरन्तर बढ़ते प्रदूषण के कतिपय प्रभाव हैं। इकोतंत्र असन्तुलित हो गया है। पृथ्वी के इकोतंत्र में हुइ असाधारण विसंगति के कारण सभी के नष्ट होने का खतरा उत्पन्न हो गया है।

पर्यावरणीय प्रदूषण

पर्यावरण समस्या के अन्तर्गत प्रदूषण की धमक सबसे अधिक भयावह है। प्रदूषण के कारण पृथ्वी के समस्त प्राणियों का जीवन-यापन संकटों से ग्रस्त है। पर्यावरण प्रदूषण उन्नत मानव की विकासोन्मुखी महत्त्वाकांक्षा तथा आधुनिकता की देन है। प्रदूषण से आशय है—पर्यावरण के किसी भी कारक में होने वाला ऐसा परिवर्तन जिसका प्राणियों पर प्रतिकूल प्रभाव पड़ता है। प्रदूषण फैलाने वाले तत्त्वों को प्रदूषक कहते हैं। कार्बन मोनो-आंक्साइड,

सल्फर-डायऑक्साइड, नाइट्रोजन ऑक्साइड, कार्बन-डायऑक्साइड, रासायनिक उर्वरक, कीटनाशक पदार्थ, रेडियोधर्मी पदार्थ, शोर, धुंआ आदि प्रमुख प्रदूषक हैं। इनके कारण भूमि प्रदूषण, जल प्रदूषण, वायु प्रदूषण व आकाश/शोर प्रदूषण पैदा होता है। ये भौतिक प्रदूषण है। मानव समाज की गुणवत्ता में भी तद्नुरूप ह्रास होता है।

भूमि को प्रदूषित करने प्राकृतिक कारकों में सम्मिलित हैं—ज्वालामुखी उद्गार, भू-स्खलन, समुद्री तूफान, मरूस्थलीय पवन, पर्वतीय क्षेत्रों में प्रवाहित जल, ज्वालामुखी से उत्सर्जित लावा एवं गंधक युक्त राख मृदा पर जम जाती है जिससे ऊपरी पर्त की उर्वरता समाप्त हो जाती है। समुद्री तूफान के कारण लवण युक्त जल तटवर्ती भूमि पर फैल जाता है जिससे उसकी उत्पादन शक्ति घट जाती है। भूमि को प्रदूषित करने वाले मानवीय कारकों में सम्मिलित हैं—उद्योग, घरेलू व कृषि अपशिष्ट, ईंट भट्टा व्यवसाय, वन विनाश, सिंचाई पद्धति, रासायनिक उर्वरक, भूमिगत वैज्ञानिक परीक्षण।

प्रवाहित जल को मार्ग की चट्टानों के घुलनशील रसायन प्रदूषित कर देते हैं। बिहार एवं पश्चिम बंगाल में यहाँ-वहाँ जल में आर्सेनिक की समस्या है। मृत पादप, जन्तु और जलीय वनस्पति जल को प्रदूषित करते हैं। जलकुंभी को बंगाल के आतंक के नाम से जाना जाता है। वस्त्र उद्योग, चीनी उद्योग, वस्त्र रंगने व चमड़ा शोधन करने वाले तथा अन्य उद्योग बड़ी मात्रा में हानिकारक रसायन व अपशिष्ट पदार्थ नदी में बहा देते हैं। भारत की अधिकांश बड़ी नदियाँ प्रदूषण की शिकार हो गई हैं। गंगा नदी अत्यधिक प्रदूषित हो चुकी है। मल-जल के कारण बड़े नगरों में जल का प्रदूषण होता है। मनुष्य एवं मवेशियों के कारण नदी तटों पर स्थित बस्तियों के मल-जल विसर्जन से नदियों में प्रदूषण बढ़ता जा रहा है। पावन नदियों में अस्थियों एवं अधजले शवों का विसर्जन भी प्रदूषण बढ़ाता है। कृषि में रासायनिक उर्वरकों व कीटनाशकों का प्रयोग किया जाता है जिससे कम कृषि क्षेत्र से अधिक उपज मिल सके। इन उर्वरकों के नायट्रेट व फास्फेट रिसाव के साथ भूमिगत जल को प्रदूषित करते हैं व प्रवाह के साथ नदी के जल को प्रदूषित करते हैं। सागरीय तली से खनिज तेल की खुदाई की जाती है। यह तेल रिसकर विस्तृत सतह पर फैलकर समुद्री

जल को प्रदूषित कर देते हैं। समुद्रों में डाला गया परमाणु कचरा जल प्रदूषण का कारण है। अम्लीय वर्षा जल प्रदूषण का एक प्रमुख कारण है। समुद्रों में प्रदूषण के कारण तटवर्ती में ग्रूव वन नष्ट हो रहे हैं जिससे तटीय अपरदन बढ़ रहा है।

समस्त प्राणियों के लिए वायु जीवन का मूल आधार है। कतिपय क्षेत्रों में ज्वालामुखी के उद्गार से राख, धुआं, विभिन्न प्रकार की गैस से वायु प्रदूषित हो जाती है। दावाग्नि से भी वायु प्रदूषण होता है। उल्कापात, सुक्ष्मजीव, परागकण, धुल व धुआं वायु प्रदूषण के सीमित कारण हैं। वायु प्रदूषण के कारणों में सर्वाधिक महत्त्वपूर्ण है—परिवहन के साधनों द्वारा प्रदूषण। पेट्रोल डीजल व कोयले के दहन में पर्याप्त मात्रा में ऑक्सीजन की खपत होती है। दहन की क्रिया में उत्सर्जित कार्बन-मोनोऑक्साइड, सल्फर-डायऑक्साईड व नाइट्रोजन ऑक्साइड वायुमण्डल को प्रदूषित करते हैं। घरों में प्रयुक्त ईंधन के दहन से इसी प्रकार की गैस उत्सर्जित होती है। उद्योगों की चिमनियाँ भी इसी प्रकार की गैसें उगलती हैं। विकसित देशों में हेलिकॉप्टर द्वारा विस्तृत कृषि फार्म पर कीटनाशक का छिड़काव किया जाता है जिसकी कुछ मात्रा अन्ततागत्वा वायुमंडल में प्रवेश कर जाती है। खनन स्थलों में खनिज के महीन कण वायुमंडल में तैरते रहते हैं। भूमिगत खदानों से निकलने वाली हानिकारक गैसें भी वायुमंडल को शुद्ध नहीं रहने देती। परमाणु परीक्षणों के कारण वायु में रेडियोधर्मी पदार्थ फैल जाते हैं। रेडियोधर्मी प्रदूषण से प्रभावित मनुष्यों एवं जन्तुओं के गुणसूत्रों में परिवर्तन आ जाते हैं। इनके दुष्प्रभाव दूरगामी होते हैं।

ग्रीन हाऊस प्रभाव उत्पन्न करने वाली गैसें जैसे—कार्बन-डायऑक्साइड, मीथेन, नायट्रस-ऑक्साइड, क्लोरो फ्लोरो कार्बन गैस (सी.एफ.सी) आदि की वायुमंडल में वृद्धि तापमान को बढ़ा रही है। सी.एफ.सी. वायुमंडल में स्थित प्राणरक्षक ओजोन पर्त को क्षति पहुँचा रही है। ओजोन पर्त के क्षरण से सूर्य से आने वाली पराबैंगनी किरणें सीधे भू-पृष्ठ तक पहुँचकर तापमान में वृद्धि करती हैं। सी.एफ.सी. का प्रयोग रेफ्रिजरेटरों, एअर कंडीशनरों, सुगंधित कॉस्मेटिक आदि के निर्माण में किया जाता है। तापमान में वृद्धि के कारण जलवायु में अन्तर्राष्ट्रीय स्तर पर भयावह परिवर्तन हो सकते हैं। जलवायु

परिवर्तन के सूखा, तूफान और बाढ़ की विपदाएँ विश्व को त्रस्त करेगी। वर्षा के प्रतिरूप में व्यापक परिवर्तन होगा एवं ऋतुचक्र बदल जाएगा। बढ़ती गर्मी के कारण "अलनीनो प्रभाव" में वृद्धि होगी तथा चक्रवातों की संख्या बढ़ेगी। समुद्रों के जल स्तर में वृद्धि होगी। समुद्रतटीय नगर डूब जायेंगे।

आकाश, वायु, अग्नि, जल व भूमि का संबंध शब्द, स्पर्श, रूप, रस और गन्ध से है। शब्द ध्वनि है जो स्रोत के कम्पन से पैदा होती है। शोर उस ध्वनि को कहते हैं जो अवांछनीय है। शोर आकाश में व्यापक होता है। ध्वनि की तीव्रता डेसीमल में नापी जाती है। विभिन्न देशों में अधिकतम ध्वनि सीमा 75 से लेकर 85 डेसीमल तक है। शोर पर्यावरण प्रदूषण का ऐसा रूप है जो दिखाई नहीं देता। इसे अदृश्य प्रदूषण कहा जा सकता है। यह संवेदना आँख द्वारा नहीं कान द्वारा ग्रहण की जाती है। विकासशील देशों में इस प्रदूषण का प्रभाव चिन्ताजनक है। महानगरों में निरंतर बढ़ते शोर प्रदूषण का प्रमुख कारण वाहनों की बढ़ती संख्या है। कल कारखानों में चलने वाली भारी मशीनों की गड़गड़ाहट शोर प्रदूषण का प्रमुख स्रोत है। खनन क्षेत्रों में विस्फोट, मंगल अवसरों पर आतिशबाजी, ध्वनि विस्तारक यंत्र, बैण्ड-बाजे शोर के संभावित स्रोत हैं। शोर का प्रभाव मनुष्य के मानसिक स्वास्थ्य पर होता है तथा इसीलिए इसे धीमा जहर कहा जाता है। तीव्र शोर से नींद में अवरोध उत्पन्न होता है। बच्चों की स्मरण शक्ति पर शोर का प्रतिकूल प्रभाव होता है। पौधों एवं जन्तुओं का विकास अवरुद्ध हो जाता है।

संरक्षण

पर्यावरण संरक्षण हेतु अधोलिखित अधिनियम बनाकर भारत सरकार ने सार्थक एवं सकारात्मक दिशा निर्धारित की है—

1. वन्यजीव (संरक्षण) अधिनियम, 1972
2. जल (प्रदूषण निवारण और नियंत्रण) अधिनियम, 1974
3. वन (संरक्षण) अधिनियम, 1980
4. वायु (प्रदूषण निवारण और नियंत्रण) अधिनियम, 1981
5. पर्यावरण (संरक्षण) अधिनियम, 1986

निष्कर्ष

भारत के संदर्भ में पर्यावरण अपघटन का एकमात्र सर्वाधिक महत्त्वपूर्ण कारण गरीबी से होने वाला प्रदूषण है। संयुक्त राष्ट्र संघ के तत्त्वाधान में जून 1972 में आयोजित विश्व पर्यावरण सम्मेलन में भारत सहित 119 देशों ने विचार किया। तब से ही जनचेतना जागृत करने हेतु प्रतिवर्ष 5 जून को विश्व पर्यावरण दिवस मनाया जाता है। अभीष्ट परिणाम प्रतीक्षित है। पर्यावरण प्राणी जगत् के जीवन का आधार है। यह समूचे ब्रह्माण्ड में व्यापक व विस्तरित है। यह जीव जगत् की सांझी विरासत है। इसके संरक्षण हेतु जन जागृति को एक अभियान के रूप में चलाना श्रेयस्कर होगा। कदाचित् गरीबी और अशिक्षा के निवारण में ही पर्यावरण की समस्या का निवारण निहित है।

2

पर्यावरण बनाम जीने की कला

श्रीमती मायारानी देवडा

परिचय

पर्यावरण प्रारंभ से ही भूगोल का मूल विषय रहा है परन्तु 1950-70 के बीच इसका अध्ययन कम हो गया क्योंकि भूगोल में अवस्थितिक विश्लेषण, भू-वैन्यसिक संगठन के अध्ययन, सांख्यिकी एवं गणित में भूगोल विज्ञानिकों की रूचि बढ़ गयी थी। भूगोल के शास्त्रीय युग में प्रतिपादित मानव पर्यावरण अंतर्सम्बन्ध से संबंधित विचार धाराओं को निश्चयवाद और सम्भववाद के रूप में हम अध्ययन करते हैं। आज बढ़ती जनसंख्या, नगरीकरण और औद्योगिकरण के प्रभाव से पर्यावरण अवनयन तथा प्रदूषण विश्वस्तरीय चिंता का विषय बन गया है। हरितगृह प्रभाव में वृद्धि ओजोन छिद्र का निर्माण, भूमंडलीय तापन आदि ने विश्व के वैज्ञानिकों प्रशासकों, शिक्षाविदों और जन साधारण को पर्यात्ररणीय विनाश के प्रति सचेत कर दिया है। इस प्रकार पर्यावरण शिक्षा प्रत्येक विषय में और अलग से विषय के रूप में स्थापित हो चुकी है।

विवेचन

वे प्रदूषक जिनसे बडे पैमाने की पर्यावरणीय समस्यायें उत्पन्न होती हैं, वे हैं कारखानों, वायुयानों, डीजल इंजन से निसृत गैसें, नाभिकीय संयंत्रों, नाभिकीय ईधनों से निसृत रेडियों एक्टिव तत्व, जीवाश्म ईंधन के जलने, औद्योगिक

प्रक्रियाओं तथा कचरे के सडने से उत्पन्न कार्बन डाई-ऑक्साइड, कार्बन मोनो-आक्साइड, रेफ्रिजरेशन प्रणाली से निसृत क्लोरो फ्लूरो कार्बन।

ओजोन की अल्पता के लिये क्लोरोफ्लूरो कार्बन हरित गृह प्रभाव में वृद्धि के लिये मिथेन (बायोमास व जीवाश्म ईंधन के जलने से, अम्ल वर्षा के लिये सल्फर डाई-ऑक्साइड (तापशक्ति गृह, खनिज तेल शोधन शालाएँ, स्वचलित वाहन (वायु प्रदूषकों का 20%) उत्तरदायी है। उपयुक्त बडी पर्यावरणीय समस्यायें विकसित देशो की देन है, इस अवांछित बोझ और इसके प्रभाव को ढोने के लिए हम मजबूर हैं और इसके निराकरण के लिये कोई ठोस उपाय भी नहीं है।

विश्व के छः परमाणु शक्ति राष्ट्रों में से एक और उपग्रह स्थापित करने की तकनीक का ज्ञान रखने वाले छः राष्ट्रों में से एक होने के बावजूद हमारे यहाँ उपजी पर्यावरणीय समस्यायें भयावह तस्वीर पेश नही करती, साथ ही इनके निदान भी संभव है। न तो हमारे यहाँ बडी औद्योगिक प्रक्रियायें तथा रेफ्रिजरेशन प्रणाली, न ही खनिज तेल शोधन शालाएँ या स्वचलित वाहन प्रणाली है। जो विद्यमान है वे क्षेत्रफल व जनसंख्या की तुलना में नगण्य है।

इससे यह आशय कदापि नहीं है कि हमारे यहाँ पर्यावरण प्रदूषण नही है। प्रदूषण है, समस्यायें भी हैं परंतु समस्यायें हमारी अनभिज्ञता, स्वार्थी विचारधारा और अव्यवस्थित जीवन प्रणाली से उपजी है और निदान हमारे आसपास ही संभव है।

पेयजल के संबंध में भारत की गिनती समृद्धतम देशों में है फिर भी जल प्रदूषित है। प्रदूषण के मुख्य कारण औद्योगिकरण, कृषि में प्रयुक्त उर्वरक एवं कीटनाशक, नगरीय आवासों उनके सेप्टिक टेंको से निकला गंदा पानी जल स्त्रोतों से मिलना है। मालवांचल में पीथमपुर को छोड दें तो अन्यत्र सर्वत्र औद्योगिकरण बिखरे हुए रूप में दिखाई देता है बल्कि इन्दौर, रतलाम, उज्जैन की बडी इकाईयाँ तो बंद हो रही है। इस प्रकार औद्योगिकरण से जल प्रदूषण की मात्रा अपने आप ही कम हो गयी है। शेष बचे जल प्रदूषण (जल प्रदूषण के 60-70%) के लिये नगरीय जनसंख्या उत्तरदायी है।

वायु के मुख्य प्रदूषकों में है सल्फर डाई-आक्साइड, कार्बन मोनो-आक्साइड (पेट्रोल जलने) कार्बन डाई-आक्साइड तथा वायु मण्डल में

लम्बित धूल कण। पूरे देश में उद्योगों से होने वायु प्रदूषण 14% है इस प्रकार बचा हुआ मुख्य वायु प्रदूषण है घरेलू ईंधन (16%) और परिवहन के डीजल पेट्रोल चलित वाहन और सडकों पर इनके कारण उठती धूल और धुंआ।

जल और वायु की तरह थल (भू) प्रदूषण भी वर्तमान औद्योगिक युग की समस्या है। आज जो देश जितना विकसित, जो व्यक्ति जितना सभ्य और समृद्ध कहलाता है वह उतना ही अधिक कचरा पर्यावरण में छोड रहा है। क्यों न हम अपने विकसित न होने पर गर्व करें। थल प्रदूषणों में दो मुख्य हैं: अवशिष्ट पदार्थ एवं मिट्टी गुणवत्ता ह्रास। अवशिष्ट पदार्थ पुन: दो प्रकार का है एक कार्बनिक अपशिष्ट जिस पर बैक्टीरिया और सूक्ष्म जीवाणुओं का पोषण होता है इनसे दुर्गंध एवं विभिन्न गैसें बनती हैं वायु प्रदूषण करती है परन्तु पुनः चक्रीकरण प्रक्रिया में आ जाते हैं। दूसरे अपशिष्ट अन्य पदार्थ हैं जो चक्रीकरण में बाधा डालकर परिस्थितिक संतुलन को बिगाडते हैं, प्लास्टिक काँच, रबड, क्राकरी आदि। कीटनाशक और औद्योगिक निसृत पदार्थो से मिट्टी की गुणवत्ता उपयोगिता में ह्रास हुआ है।

निष्कर्ष

समस्याओं का निदान संभव हैं। वस्तुत: जिन पक्षों को पर्यावरणीय समस्याएं समझा जा रहा हैं वे समस्या नहीं बल्कि गलत सिस्टम है आज आवश्यकता इस बात की है कि समस्याओं को दानवाकार भूत दिखाने के बजाय समाज को जीने का तरीका दिखाया जाये।

जल एक ऐसा अमूल्य संसाधन है जिसका उपयोग जीवन के हर क्षेत्र में जैसे घरेलू आवश्यकताओं, उद्योगों, कृषि, निर्माण कार्य इत्यादि में होता है। पेयजल की उपलब्धता निरंतर कम होती जा रही है। यदि पानी के महत्व को समझ कर नगरीय जनसंख्या इसका उपयोग मितव्ययिता से करें तो अमूल्य संसाधन का संरक्षण और जल स्त्रोतों का प्रदूषण दोनों कम होंगे।

गंदे पानी की निकासी, ठोस अपशिष्टों का निपटारा, पेयजल का अपव्यय रोकना, सड़क साफ और सुरक्षित रखना (ताकि रोगाणुओं के वाहक धूल कण अधिक न उड़े) इत्यादि कार्यों में समाज के प्रत्येक व्यक्ति की भागीदारी हो। इसके लिये प्रशासन पर निर्भरता के बजाय सामुदायिक व्यवस्था हो।

औद्योगिक प्रदूषण रोकने के लिये शासन ने कुछ नियम कायदे बना रखे हैं यदि इनका समुचित पालन होता है, तो स्वयं में पर्याप्त है।

प्राचीन भारतीय दर्शन और परम्पराओं ने पर्यावरण संरक्षण सिखाया। प्रकृति को आदर दिया। पेड़-पौधे, नदियां, भूमि इन सबको केवल भौतिक रूप में नहीं देखा बल्कि जीवन और प्राण तत्व के साथ जोड़ा है। वर्तमान परिपेक्ष्य में पुनः इस धारणा की आवश्यकता है।

रासायनिक उर्वरकों और कीटनाशकों से रहित कृषि जैविक कृषि के रूप में प्रारंभ हो चुकी है। पर्यावरण संरक्षण हेतु आवश्यकता है कि धीरे-धीरे रसायनों का उपयोग कम करके जैविक कृषि को बढ़ावा दिया जाये।

3

आर्थिक विकास एवं पर्यावरणीय क्षति
(विशेष आर्थिक क्षेत्र (SEZ) के सन्दर्भ में)

प्रो. सुधा अग्रवाल एवं प्रो. किरण गुप्ता

परिचय

विश्व के देशों की तीव्र आर्थिक विकास की लालसा पर्यावरण एवं परिस्थिति को अपूरणीय क्षति पहुँचा रही है। आर्थिक विकास हेतु अपनायी जाने वाली अनियोजित प्रक्रिया की कीमत आज विश्व के देशों को पर्यावरणीय क्षति के रूप में चुकानी पड़ रही है।

मानव विकास रिपोर्ट के अनुसार भारत में भी आर्थिक विकास के फलस्वरूप भारी पर्यावरणीय ह्रास हुआ है। भारत में वर्तमान समय में लगभग 10 से 12 बिलियन अमेरिकी डॉलर के बराबर पर्यावरणीय क्षति का आँकलन किया गया है जो इसके सकल घरेलू उत्पाद का लगभग 5% से 6% तक भाग है।

भारत में गरीबी उन्मूलन एवं उच्च विकास दर को प्राप्त करने के लिए सतत प्रयत्न किए जा रहे हैं। आर्थिक विकास ही इसके लिए एकमात्र साधन है। आर्थिक विकास किये बिना न तो जीवन की मौलिक आवश्यकताओं हेतु अनिवार्य सामग्रियों की पूर्ति हो सकती है और न ही उच्चतर भौतिक साधन सुलभ हो सकते हैं। इन सबके लिये विभिन्न प्रकार के भौतिक वस्तु निर्माण उद्योग का विकास करना अत्यावश्यक है।

यद्यपि उद्योग में ही पर्याप्त रोजगार सृजन की क्षमता होती है, तथापि उद्योगों को स्थापित करने के लिए भूमि एवं अन्य कच्ची सामग्री का दोहन

पर्यावरण से ही किया जाता है। प्रत्येक कदम पर पर्यावरण को प्रभावित किए बिना कोई भी औद्योगिक उत्पादन संभव नही है।

SEZ (Special Economic Zone) की आवश्यकता एवं महत्व

"विशेष आर्थिक क्षेत्र (SEZ) आर्थिक विकास का इंजन है।" विशेष आर्थिक क्षेत्र में स्थापित होने वाली औद्योगिक इकाईयों को आयकर, उत्पादन शुल्क, कस्टम ड्यूटी, सर्विस टेक्स, केन्द्रीय विक्रय कर आदि की छूट से नवाजा गया है। विशेष आर्थिक क्षेत्र (SEZ) का विकास करने वाले उद्यमियों को सिर्फ स्थापित इकाइयों से होने वाली आय पर ही कर की छूट नहीं रहती, बल्कि सहयोगी इकाइयों को भी यह सुविधा मिलती है। साथ ही ऊर्जा, पानी, सड़क यातायात जैसी सुविधाएँ भी दी जाती हैं।

औद्योगिक जगत का तर्क है कि देश के सकल घरेलू उत्पाद में औद्योगिक क्षेत्र का योगदान केवल 17% है और उच्च विकास दर प्राप्त करने के लिए यह आवश्यक है कि भारतीय उद्योग प्रतिस्पर्धी बने, नए निवेश आमंत्रित करें और राजस्व के अवसर बढ़ें। उनकी मान्यता है कि विशेष आर्थिक क्षेत्र के निर्माण से देश की ग्रामीण अर्थव्यस्था औद्योगिक अर्थव्यवस्था की ओर कदम रखेगी।

चीन और मलेशिया ने भी विशेष आर्थिक क्षेत्र (SEZ) को ही अपने विकास का वाहन बनाया है। उद्योग एवं वाणिज्य मंत्रालय का कहना है कि SEZ से विदेशी निवेश, निर्यात एवं रोजगार में भारी बढ़ोत्तरी होगी। SEZ में स्थापित होने वाली इकाइयों को पहले पाँच साल तक करों में 100% सीधे निवेश छूट दी जाती है।

भारत सरकार ने 267 विशेष आर्थिक क्षेत्रों को विकसित करने की दिशा में निर्णय लिया जिसमें से 150 को औपचारिक स्वीकृति दी गयी है और 117 को सिद्धान्ततः मंजूरी दे दी गई है। SEZ में भारत में पिछले साल लगभग 5 अरब डॉलर का निवेश हुआ।

विशेष आर्थिक क्षेत्र (SEZ) का प्रभाव एवं कठिनाइयां

आर्थिक विकास एवं पर्यावरण संरक्षण एक ही सिक्के के दो पहलू हैं। यही संविकास का मूलाधार है। संविकास यानि बिना विनाश किए विकास

(Development without destruction) इसे Sustainable Development या सम्पोषिय विकास कहते हैं।

चूंकि भारत ने चीन और मलेशिया से प्रभावित होकर SEZ के माध्यम से उच्च विकास दर को प्राप्त करने का प्रयास किया है। SEZ को विकसित करने का सबसे दु:खद और चिंतनीय पहलू यह है कि इसके अंतर्गत छोटे-बड़े सभी तरह के कृषकों की लगभग 45000 एकड़ कृषिभूमि का अधिग्रहण किया जा रहा है। फलत: इसका कृषकों में भारी विरोध हुआ है।

रिलायंस उद्योग समूह के सहयोग से 25000 एकड़ में विकसित किए जाने वाले SEZ की शुरूआत हेतु एक बड़े कृषि भू-भाग का अधिग्रहण वर्ष 2001 की कीमत पर किया गया है। इसी तरह दादरी में रिलायंस पॉवर द्वारा 10000 मेगावॉट का गैस आधारित विद्युत संयंत्र स्थापित किए जाने हेतु उत्तर प्रदेश सरकार द्वारा 2500 एकड़ कृषिभूमि का अधिग्रहण किया गया है।

हाल ही में पंजाब सरकार ने अमृतसर जिले में 1000 एकड़ कृषिभूमि का अधिग्रहण किया है, जिसे एक रियल स्टेट कंपनी को सौंपा गया है। कृषक अपनी पुश्तैनी भूमि से बेदखल हो रहे हैं। उन्हें थोड़ा-बहुत नकद मुआवजा ही प्राप्त हुआ है। इसी तरह महाराष्ट, गुजरात, पश्चिम बंगाल, आन्ध्र प्रदेश, उड़ीसा आदि राज्यों में SEZ के नाम पर कृषकों की हजारों एकड़ कृषिभूमि अधिग्रहित की गई है।

आज केन्द्र सरकार द्वारा स्वीकृत SEZ में से सबसे अधिक (94) SEZ चार राज्यों महाराष्ट्र, आन्ध्र प्रदेश, तमिलनाडु तथा कर्नाटक में प्रारंभ किए जा रहे हैं। मध्य प्रदेश के लिए स्वीकृत (5) SEZ में देश का पहला ग्रीनफील्ड SEZ इन्दौर जिले में पीथमपुर औद्योगिक क्षेत्र में 1100 हेक्टेयर भूमि पर विकसित किया जा रहा है। इसके अतिरिक्त म.प्र. शासन इन्दौर में क्रिस्टल आय.टी. पार्क SEZ विकसित कर रहा है। निजी क्षेत्र में भी (3) SEZ स्वीकृत किए गए हैं, जिनमें से दो इन्दौर में है और एक भोपाल में है।

कई वर्गों ने विरोध करते हुए SEZ को किसानों के साथ धोखाधड़ी और भूमाफिया को लाभ पहूँचाने वाला कदम बताया। यह भी कहा गया है कि 267 SEZ निर्मित होने से देश की करीब 112900 हेक्टेयर भूमि कृषि क्षेत्र के लिए उपलब्ध नहीं रहेंगी।

कुछ सरकारें भी SEZ के बहाने किसानों की भूमि का कम मूल्य पर अधिग्रहण करके कारपोरेट जगत को अधिक मूल्य पर बेच रही है। आज भी किसानों को अधिग्रहण का मुआवजा सरकार द्वारा संचालित वर्ष 1854 के अधिनियम के अनुसार ही निर्धारित किया जा रहा है। विशेष आर्थिक क्षेत्रों के निर्माण के कारण बड़े शहरों के पास कृषि योग्य भूमि किसानों से छीनी जा रही है।

SEZ के खिलाफ कई किसानों ने याचिका भी लगाई है। गुजरात सरकार ने मुकेश अंबानी के स्वामित्व वाली रिलायंस के लिए जामनगर के पास पांच गांवों की 10000 एकड़ जमीन अधिग्रहित की है। स्थानीय किसानों ने इस अधिग्रहण को उच्च न्यायालय में चुनौती दी है।

आज देश की अर्थव्यवस्था में कृषि का योगदान घटकर 20 प्रतिशत हो गया है। आने वाले दिनों में विकसित देशों की तरह यह और भी कम होता जाएगा।

सुझाव

विश्व के कुल क्षेत्रफल का (अंटार्कटिका को छोड़कर) सिर्फ 11 प्रतिशत ऐसा क्षेत्र है, जो कृषि के लिए सर्वथा अनुकूल है, परंतु दुर्भाग्यवश ऐसे क्षेत्र पर फसल उगाने के अतिरिक्त अन्य कई उपयोगों की मांग बढ़ती जा रही है। अब भारत में SEZ को भी उपजाऊ भूमि ही दी जा रही है। SEZ के माध्यम से सरकार और उद्योगपतियों ने आर्थिक विकास की जो नीति अपनाई है, वह पर्यावरण विनाश के लिए जिम्मेदार है। पर्यावरण और आर्थिक विकास में सामंजस्य स्थापित करने के लिए निम्न सुझाव दिए जा सकते हैं :

1. देश में भूमि उपयोग का निर्धारण पारिस्थितिकी तंत्र के अनुरूप करना आवश्यक है। इसके लिए अच्छी कृषि योग्य भूमि को फसलों के लिए आरक्षित करना होगा।
2. वर्तमान दसवीं पंचवर्षीय योजना के अंतर्गत ऐसे सभी अनुपयोगी एवं अलाभकारी कार्यक्रमों को विराम देकर इससे बची राशि को हमें कृषि क्षेत्र की उत्पादन संबंधी योजनाओं पर व्यय करना होगा।
3. सभी वर्गों के लिए रोजगार, खाद्यान्न, ऊर्जा, जल तथा स्वास्थ्यप्रद पर्यावरण की आवश्यकताओं की पूर्ति करना।

4. यथासंभव कम से कम भूमि SEZ हेतु अधिग्रहण की जाए एवं केवल खाली तथा बंजर भूमि पर ही SEZ स्थापित किए जाए।
5. SEZ अधिनियम 2005 का संपूर्ण नियंत्रण वाणिज्य मंत्रालय के अधीन है, इसलिए इसे लागू करने तथा दिशा निर्देश तैयार करने का अधिकार भी उसके पास रहना चाहिए।
6. सरकार द्वारा भूमि अधिग्रहण की नीति को बदला जाए और यह काम उन औद्यागिक घरानों पर ही छोड़ दिया जाए, जिन्हें उद्योग लगाना है।
7. नए SEZ स्वीकृत करने पर पूरी तरह से पाबंदी लगा दी जाए।

निष्कर्ष

पर्यावरण का विनाश सिर्फ अत्यधिक आर्थिक विकास के कारण ही नहीं, वरन् अत्यधिक निर्धनता का भी प्रतिफल होता है। बिना पर्यावरण को क्षति पहुंचाए आर्थिक विकास असंभव है। जहाँ विकसित देशों में पर्यावरण का विनाश संपन्नता का परिणाम है, वहीं अल्पविकसित (भारत) देशों में पर्यावरण का ह्रास विपन्नता की देन है।

सम्पोषिय विकास के बारे में जिन बातों पर ध्यान दिया जाता है, उसके तहत आम आदमी के जीवन को प्रभावित करने वाली बातों को टाला नहीं जा सकता। पानी, ऊर्जा और खाद्यान्न या खेती हमारे लिए जमीन के साथ जुड़े मुद्दे हैं। जमीन प्रकृति द्वारा प्रदत्त सीमित संसाधन है, जिसमें वृद्धि नहीं की जा सकती।

यदि विशेष आर्थिक क्षेत्र (SEZ) का निर्माण भारत को करना ही है, तो यह ध्यान रखना होगा कि उनका निर्माण बंजर भूमि पर ही हो। विकास का मॉडल जब तक पर्यावरण और प्राकृतिक संसाधनों के दुरूपयोग पर आधारित होगा, तब तक पर्यावरण क्षति को रोकना असंभव है।

•

4

पर्यावरण का संगीत एवं स्वास्थ्य से संबंध

डॉ. सुवर्णा तावसे

पर्यावरण शब्द अंग्रेजी के 'Environment' का हिन्दी अनुवाद है, जो दो शब्दों 'Environ' तथा 'Ment' से मिलकर बना है। इसका अर्थ क्रमशः घेरना तथा आस-पास होता है। अर्थात् पर्यावरण का शाब्दिक अर्थ है, आसपास से घिरा हुआ। इसका सामान्य अर्थ यह हुआ कि जो कुछ भी हमारे चारों ओर है, वही पर्यावरण है।

पर्यावरण का संगीत से सम्बन्ध

प्रकृति के जितने भी कार्य संचालित होते हैं उनमें एक लय होती है। खाने-पीने, उठने-बैठने उसमें भी एक लय होती है। पक्षी कूँजते हैं, कुत्ते भौंकते हैं, रेलगाड़ी चलती है, सूर्य, चन्द्र और तारे, उनमें भी लय होती है। सूक्ष्म से सूक्ष्म अणु से अंतरिक्ष ग्रह ब्रह्माण्ड भी अपनी निश्चित जाति और लय रखते हैं। मानव भी प्रकृति का एक महत्वपूर्ण अंग है। इसलिये कदापि आश्चर्य की बात नही होगी कि उनका संगीत की ओर रूझान हो, क्योंकि "संगीत भी क्रमबद्ध ध्वनियों तथा लय का ही समूह हैं।"

प्रकृति के काल घनघोर बादल को देखकर मयूर नाचने लगता है। बसंत में कोयल अपनी मधुर ध्वनि से सबका मन मोह लेती है। इस प्रकार सृष्टि सौंदर्य, लय, ताल के सामन्जस्य आदि ने संगीत को जन्म दिया। एक कला विशेषज्ञ के अनुसार—

"मनुष्य को संगीत का मनोरम उपहार प्रकृति से प्राप्त है अर्थात् संगीत प्राकृतिक नादजन्य ऊर्जा है।"

मनुष्य ने प्रकृति से कितनी भी निष्ठुरता क्यों न दिखाई हो, परन्तु प्रकृति ने सदा ही समृद्धि प्रदान की है। पर्यावरण ने ऋतुओं का संतुलन कायम किया, जिससे मनुष्य को गर्मी, वर्षा, ठण्ड आदि माध्यम से अन्त जल, वस्त्र एवं भौतिक सुख-साधनों की पूर्ति की है। प्रकृति के रम्य वातावरण से चित्तवृत्तियाँ प्रफुल्लित होती हैं एवं मनुष्य को संगीत की ओर जाने की तीव्र इच्छा होती है। आन्तरिक सुख भी प्रकृति ने ही उपलब्ध किया है और उनसे उत्पन्न आनंद दुगना करने के लिए संगीत एवं स्वरों की उत्पत्ति में भी प्रकृति का ही हाथ है। संगीत के सात सुरों से उत्पन्न नाद लहरी से पशु-पक्षी, वृक्ष आनन्दित होते हैं एवं सम्मोहित होते हैं। स्वरों के चमत्कार से वृक्षों में नये पत्ते प्रस्फुटित होते हैं। वैज्ञानिकों ने संगीत के द्वारा पशुओं का अधिक दूध देना व खेतों में फसलों का उत्पादन की क्षमता अधिक तथा हरियाली अधिक होना यह सिद्ध कर दिया है।

राग-मियाँ मल्हार के स्वर सामर्थ्य से बरसात होती है। इस प्रकार की घटनाएँ वैदिक काल से लेकर आज तक होती दिखाई देती हैं। महान् एवं श्रेष्ठ संगीतज्ञ तानसेन ने दीप राग गाकर अग्नि प्रदीप्त करके दीप प्रज्वलित किये थे। स्वरों की महत्ता एवं प्रकृति के पशु-पक्षियों द्वारा संगीत को प्रदान किये गये उपहारों का वर्णन करते हुए संगीत दर्पझंकार कहते हैं :

मयूर, चातक, बकरा, क्रौंच, कोकिला, मेंढक, हाथी इनकी आवाज से सा रे ग म प ध नि इन सात स्वरों का ज्ञान मानव को प्राप्त हुआ है।

प्रकृति के मुक्त स्वच्छंद एवं सुरम्य वातावरण में विचरण करने वाले अरण्यवासी मनुष्यों से लेकर तो सुसंस्कृत और सभ्य समझने वाले मानव तक इन सबमें संगीत का अस्तित्व है।

कुछ संगीतज्ञ संगीत का पर्यावरण से संबंध स्पष्ट करते हैं। तदानुसार- सा-सागर से, रे-रेती से, ग-गगन से, म-मनुष्य से, प-पराक्रम से, ध-धन से, नि-निर्वाण से उत्पन्न माना गया है।

पर्यावरण एवं प्रकृति संगीत से परिपूर्ण है। झरने का प्रवाह और उसकी कर्ण मधुर कलकल ध्वनि कवि हृदय की भावना उत्तेजित मेघों की गड़गड़ाहट

बाँसों के वन से प्रवाहित होती तेज हवा द्वारा उत्पन्न ध्वनि से सब संगीतमय वातावरण मनुष्य के मन को प्रफुल्लित करने में समर्थ होते हैं।

ऊँची-ऊँची पहाड़ियों की कतार, हरे-भरे वृक्ष, कल-कल करता हुआ पानी का झरना आदि कवि के मन को काव्य रचना गाने के लिए बाध्य करते हैं।

इसी पर्यावरण में योगीजनों को योग-साधनों ऋषियों एवं मुनियों की यज्ञादि क्रियाकर्म करने का मोह उत्पन्न होता है।

वैदिक संगीत में ऋतु और प्रहर के हिसाब से जो गायन-वादन का विधान है, वह संगीत के किसी अमूल्य धरोहर का संकेत देता है। पं. रविशंकर के सितार वादन का वनस्पतियों पर सकारात्मक प्रभाव परखा जा चुका है।

इस प्रकार हम देखते हैं कि संगीत का पर्यावरण से पारस्परिक संबंध अटूट है।

संगीत का स्वास्थ्य से संबंध किस प्रकार है एवं रोगों को दूर करने में किस प्रकार सहायक है जो रोग पर्यावरण के दूषित होने से विशेषकर एवं ध्वनि के प्रदूषण से उत्पन्न होते हैं। इस सम्बन्ध में चर्चा आवश्यक है।

संगीत और स्वास्थ्य का सम्बन्ध

पर्यावरण में उपस्थित वायु एवं ध्वनि प्रदूषण सबसे अधिक मनुष्य के स्वास्थ्य को प्रभावित करते हैं। मनुष्य को जीवनपर्यनत श्वसन क्रिया के लिए वायु की आवश्कता पड़ती है। लेकिन वायु में किसी प्रकार की अशुद्धि है तो उसका दुष्प्रभाव मानव के स्वास्थ्य पर पड़ता है और अनेक रोगों का कारण बनता है।

इसी प्रकार शोर प्रदूषण (ध्वनि) का सबसे अधिक दुष्प्रभाव मनुष्य पर ही पड़ता है। मनुष्य पर शोर प्रदूषण का प्रभाव तुरन्त दिखाई देता है। सामान्य शोध से भी मनुष्य के शारीरिक व मानसिक स्वास्थ्य पर विपरीत प्रभाव पड़ता है।

वैदिक साहित्य में अनेक सूत्रों द्वारा विविध ग्रन्थों में संगीत तथा मनुष्य के स्वास्थ्य का संबंध दर्शाया गया है यथा-"नादोधिनम्मनोजगतः नाद ब्रम्हेति उपासित" सम्पूर्ण जगत् ही नाद के आधीन है। व्यक्ति को नाद की उपासना

करना चाहिए। यह योगशास्त्र का सूत्र है। जिसमें नाद की विधिवत् उपासना को नादानुसंधान क्रिया कहा गया है।

इसी नादानुसंधान क्रिया के द्वारा ही मनुष्य सम्पूर्ण मनोजैविक स्वास्थ एवं प्रकृति पर विजय प्राप्त करता है। इसको समझाते हुए योगशास्त्र के मीमांसकों ने ऐसा कहा है कि नाद शब्द की व्युत्पत्ति "नकारो प्राणवायुश्च दकारो अग्निउत्यते" अर्थात् नाद शब्द में वायु और अग्नि की सम्मिलित ऊर्जा निहित है और नादानुसंधान के द्वारा वैश्विक ऊर्जा की प्राप्ति की कामना तथा प्रयत्न किया जाता है। नादानुसंधान का जो माध्यम है वह मुख्य रूप से स्वर तथा लय में निहित है। यहाँ स्वर का अर्थ प्राण, अपान श्वास तथा उश्वास से है तथा श्वासोश्वास की गति या प्राणायाम की गति का नियंत्रण इसे ही लय कहा गया है। इस प्रकार हम देखते हैं कि जहाँ एक ओर संगीत शास्त्र में प्रयुक्त होने वाली संज्ञाएँ जैसे–स्वर, लय एवं नाद इन तीनों के माध्यम से योग पद्धति में शारीरिक स्वास्थ एवं मुक्ति का अनुभव योग पद्धति से अभ्यास प्राप्त कर सकते हैं।

जब मनुष्य आनंदित होता है तब वह नाचने लगता है और गुनगुनाने लगता है अनुसंधान के द्वारा यह सिद्ध हुआ है कि मानव शरीर में कई ऐसी विशेष प्रकार की तरंगें हैं, जो वातावरण में उपस्थित विशेष तरंगों में साम्य रखते हैं। यही कारण है कि संगीत में रागों को समय के हिसाब से गाया–बजाया जाता है।

संगीत के स्वरों में इतना सामर्थ्य है कि उनसे अनेक रोगों पर सकारात्मक प्रभाव पड़ता है, तथा रोगों को दूर किया जाता है। जैसे :

राग–तोड़ी, पूर्वी	–	हायपर टेंशन
भैरवी, सोहनी	–	सिरदर्द, स्यानल प्राब्लम्स
खमाज, पुरिया	–	हिस्टीरिया
मुलतानी, रामकली	–	टी.बी.
हिंडोल	–	मलेरिया
मारवा, भूपाली	–	इन्टसटायनल प्राब्लम्स

आज भी डॉक्टरों के युग में औषधि पर विश्वास रखने वाले लोग भी संगीत थेरेपी के द्वारा रोग मुक्त होने वाले अनेक व्यक्ति हैं। संगीत मनोरंजन के

साथ-साथ स्वास्थरक्षण भी करता है। प्रोफेसर डी. रेहलाक के अनुसार हर पदार्थ का ऊर्जा रूप होता है जो विशेष तरह की तरंगों और कंपनों के रूप में विद्यमान रहता है। हर पदार्थ की तरंग की एक विशेष आवृत्ति होती है। किसी पदार्थ पर जब उसकी आवृत्ति की तरंगें या कंपन टकराते हैं तो उस पर अच्छा प्रभाव या बुरा प्रभाव डालते हैं।

प्रो. ऐल्विन और डॉ. ब्रान्डी के अनुसार संगीत की स्वरलहरियाँ लिम्बिक प्रणाली के आनंद केन्द्रों (प्लेजर सेंटर्स) पर प्रभाव डालती हैं। इसके अलावा अच्छा संगीत फैटाकोलामाइन्स और एड्रेलाइन का भी स्तर कम करता है। इस जैव रसायन के स्तर में कमी आ जाने से हृदय गति, रक्त दाब और फैटी अम्लों का स्तर कम होता है और हृदय रोगों, रक्तचाप तथा माइग्रेन जैसे रोगों की आशंकाएँ कम होती है।

इसका मतलब यह भी नहीं कि किसी भी तरह की संगीत की स्वर लहरियाँ स्वास्थ्यरक्षण में मानव के लिए उपयोग ही होगा। न्यूयार्क के डॉ. जॉन डायमंड का मानना है कि आजकल रॉक संगीत दिल की धड़कन को सुधारने के बजाय धड़कने बढ़ाकर रोगों को न्यौता देता है।

इस क्षेत्र में अनुसंधान कर रहे पर्यावरण स्वास्थ्यविद् डॉ. प्रदीप तराणेकर एवं उनके चिकित्सक सहयोगी द्वारा गत सात वर्षों से इस पद्धति द्वारा प्रत्यक्ष रोगियों पर नासिक स्थित डॉ. तराणेकर से मैंने प्रत्यक्ष रूप से चर्चा की इस बारे में उनका कहना है कि जिस प्रकार एक्स-रे तथा सोनोग्राफी द्वारा फोटोग्राफ लिये जाते हैं। उसी प्रकार इस चिकित्सा (संगीतोपचार) के पूर्व तथा चिकित्सा के पश्चात् भी फोटो लिये जा सकते हैं। जिससे संगीत का प्रभाव वैज्ञानिक तरीके से भी देखा जा सकता है। इस प्रकार पर्यावरण का संगीत एवं स्वास्थ्य से घनिष्ट पारस्परिक संबंध है।

खण्ड–ब

पर्यावरणीय प्रभाव तथा प्रदूषण

5

पर्यावरण अवनयन का प्राचीन धरोहर पर प्रभाव (बाघ गुफाओं के संदर्भ में)

श्रीमती राजश्री विभूते एवं श्रीमती कविता पॉल

परिचय

आज हम 21वीं सदी में प्रवेश कर चुके हैं। जिसमें विज्ञान और प्रौद्योगिकी एक महत्वपूर्ण भूमिका निभा रहे हैं। इस प्रगति ने जहाँ एक ओर ब्रह्माण्ड के अनेक रहस्यों को सुलझाया है। वहीं दूसरी और मानव को अनेकानेक सुख सुविधाऐं प्रदान की हैं। इस मानवीय प्रगति एवं विकास में पर्यावरण तो सदैव सहायक रहा है। परन्तु इस विकास की दौड़ में हमने पर्यावरण की उपेक्षा की और उसका अनियन्त्रित शोषण किया है। तत्कालिन लाभों के लालच में मानव ने स्वयं अपने भविष्य को दीर्घकालीन संकट में डाल दिया है। परिणाम स्वरूप जीवन के स्त्रोत पर्यावरण का अवनयन होता जा रहा है। इसी परिप्रेक्ष्य में यह शोधपत्र प्रस्तुत है।

आंकड़ों के स्त्रोत एवं विधितन्त्र

प्रस्तुत शोधपत्र में सांख्यिकी विभाग द्वारा प्रकाशित आंकड़े सर्वेक्षण द्वारा क्षेत्र का अवलोकल तथा प्रश्नावली पद्धति से लिये गऐ साक्षात्कार से

जानकारी एकत्र की गई है साथ ही मानचित्र एवं फोटो चित्रों का प्रयोग किया गया है।

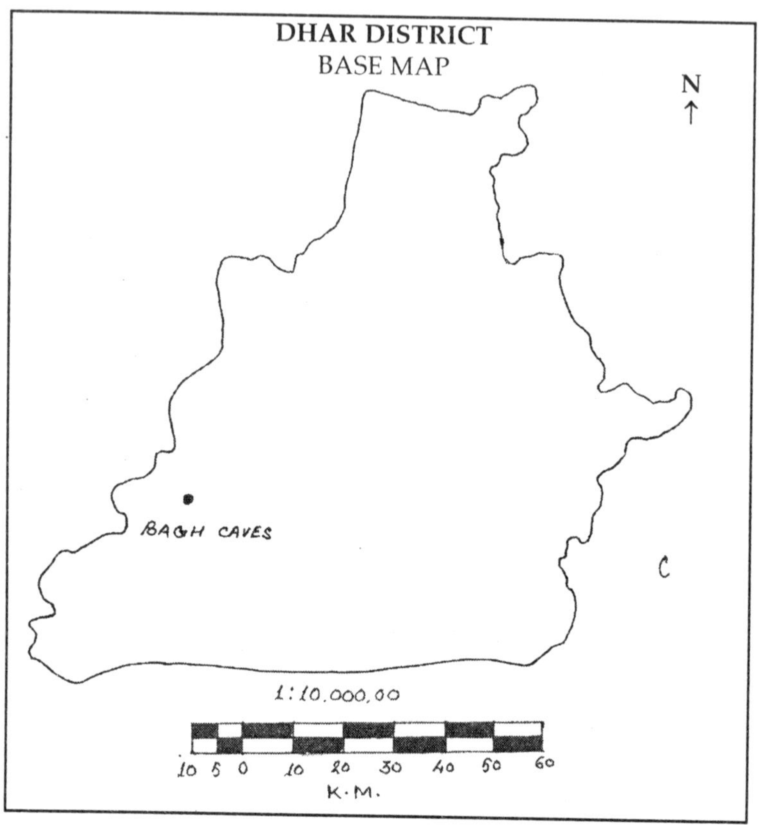

उद्देश्य

(1) प्राचीन धरोहर के रुप में बाघ गुफाओं पर पर्यावरणीय प्रभाव का अध्ययन करना है।

(2) बाघ गुफा क्षेत्र की भूगार्भिक संरचना का अध्ययन करना ताकि पर्यावरणीय अवस्था के कार्यों को जाना जा सके।

(3) बाघ गुफाओं की संरक्षण के उपायों की समीक्षा करना है।

अध्ययन क्षेत्र

प्रस्तुत अध्ययन क्षेत्र बाघ गुफाएं धार जिले की कुक्षी तहसील में विन्ध्यन पहाड़ी की दक्षिण ढ़लान के बीच नर्मदा घाटी में स्थित है। ये गुफाऐं धार से दक्षिण–पश्चिम में 94 कि.मी. तथा कुक्षी से उत्तर में 18 कि.मी. की दूरी पर स्थित हैं। निकटतम रेलवे स्टेशन महू से 152 कि.मी. दूर है। बाघ विकास खण्ड का क्षेत्रफल 521 वर्ग कि.मी. है। इसकी अक्षांशीय स्थिति 22° 22' उत्तर तथा 74° 18' पूर्व देशांश पर स्थित है। इसकी समुद्र सतह से ऊंचाई 281 मीटर है।

गुफा के समीप बाघनी नदी बहती है जो बाघ कुक्षी और निसरपुर होती हुई नर्मदा में मिल जाती है। धार जिले की जलवायु मुख्यतः गर्म व शुष्क है। यहाॅ का औसत तापमान 40.6° तथा न्यूनतम तापक्रम 7.6° सेन्टीग्रेट रहता है। बाग विकास खण्ड की 2004–2005 की औसत वर्षा 731.90 मि.मी. है। यहाँ की वनस्पति शुष्क पर्णपाती है। जो दो प्रकार की है–(1) शुष्क सागौन, (2) शुष्क मिश्रित वन।

बाघ विकास खण्ड में 14493 (हेक्टेयर) वन क्षेत्र है, जिसमें अंजन, गुलम, सलाई, महुआ और सागौन के वृक्ष प्रमुख हैं।

शैल समूह

बाघ के निकट मेटा अवसाद समनतिक, अभिनति में वलित है। जो दक्षिण पूर्व में अवनमित दिखाई देते है। बायोटिक नाइस गुलाबी से हल्के भूरे रंग के हैं उनमें मेफिक्स के साथ एफटिक मेल्स पारमय पदार्थो की तनु पट्टियाँ अन्तविष्ट हैं। नाइस बाघ नदी खण्ड अनुभाग में खेरा और ओरिया के बीच में गदरी नदी अनुभाग में खेरा और पिपरी के बीच बकतला के आसपास मिलती है, स्लेट तथा फाइलाइट गुलाबी से भूरे रंग के होते हैं और बाघ , वानदा, देवझिरी तथा बरखेडा के निकट मिलते है।

बाघ सस्तर, निमाड़, बलुआ पत्थर ग्रन्थिक चूना पत्थर देवला, माल्य और प्रवालमय चूना पत्थरों के आरोही क्रम से मिलकर बना है। दकन ट्रेप में

नवीनतशायी रूप में पाये जाते हैं। इनमें से तीन अत्याधिक जीवाश्यमय है इसकी मोटाई 25 मीटर है। इन सस्तंरणों का उद्‌गम समुद्री अवसादों से हुआ है। बाघ के निकट डायनासोर के अवशेष प्राप्त हुए हैं। कुछ समय पूर्व मनावर क्षेत्र के निकट एक बार फिर डायनासोर के जीवाश्म मिले हैं। 100 से अधिक डायनासोर के अण्डे प्राप्त किये हैं। जो उत्तर किटेशियस काल से 7 करोड़ वर्ष पुराने हैं। ये सोरावोर्ड डायनासोर के अण्डे हैं। जिनका कद 30 से 90 फुट तक हुआ करता था। प्राप्त अण्डों का व्यास 18 से 15 से.मी. तक है। यह पृथ्वी पर डायनासोर की अंतिम प्रजाति के विलुप्ति की अवस्था के अण्डे हैं। यहाँ 12 से 14 करोड़ वर्ष पुराने अवसादी चट्‌टान के डायनासोर के जीवाश्म खोजने में सफलता मिली है।

बाघ गुफाओं का परिचय

बाघ गुफायें बौद्ध धर्म से संबंधित हैं। बाघ गुफाओं के निकट बाघ ग्राम स्थित होने के कारण तथा इन क्षेत्रों में बाघ अधिक होने के कारण इन गुफाओं का नाम बाघ गुफा पड़ा है। विन्धय पहाड़ी को काटकर यह गुफा बनाई गई इस प्रकार की गुफा पहाड़ों को काटकर मांडव में लोहानी गुफा तथा पंचमढ़ी में पाडंव गुफाऐं बनायी गयीं थीं। बाघनी नदी के समीप विन्ध्य पहाड़ी पर 150 फीट ऊँची यह गुफा बनायी गयी थी। निर्माणकाल में यहां कुल नौ गुफाऐं बनायी गयीं थीं। इसका निर्माण बौद्ध भिक्षुओं ने अपने निवास ध्यान तथा धर्म सभाऐं आयोजित करने के लिये पहाड़ी की खड़ी चट्‌टानों के पार्श्वो पर गुफाऐं बनायीं, उपयोग की दृष्टि से समस्त गुफाऐं भिन्न प्रकार से निर्मित थीं।

पहली गुफा

पहली गुफा जिसका क्षेत्रफल 23×14 फीट था और यह गुफा कमरे के समान थी। वर्तमान में इस गुफा का पहाड़ी क्षेत्र धंस गया है।

दूसरी गुफा

इसे पांडवों की गुफा कहते हैं। यह वर्गाकार है जिसमें तीनों और छोटी-छोटी कोठरिया काटकर बनायी गई हैं और बाहर स्तंभों पर आधारित बरामदा है और पीछे एक स्तूपाकार गर्भ भाग है।

तीसरी गुफा

इसका नाम हाथीखाना है। यह संभवतः आवास के लिये बनायी गयी होगी। क्योंकि इस गुफा की कोठरियों को टेम्परा चित्रों से सुसज्जित किया गया है।

चौथी गुफा

इसे रंग महल कहते हैं। जिसमें सुन्दर चित्रों के अवशेष सुरक्षित हैं। इसमें 84 फुट लम्बा मण्डप है। यहाँ के दरवाजों पर बेकिटो में जो मूर्तियाँ हैं, वह साँची की शैली से समानता रखती है।

पॉंचवी गुफा

95×44 फीट की यह गुफा है जिसमें दोनों ओर स्तम्भों की पक्तियाँ हैं। इन गुफाओं में छतों, स्तम्भों तथा दीवारों पर टेम्परा चित्र बने है।

छठी गुफा

इसमें एक वर्गाकार 46 फुट का हॉल है। जिसके साथ पॉच कोठरियाँ भी काटी गई हैं।

सातवीं, आठवीं तथा नौवीं गुफा के विषय में बहुत कम जानकारी मिल पाती है क्योंकि इन गुफाओं की छतें गिर चुकी हैं। चट्टानों तथा पत्थरों से दरवाजे बन्द हो जाने के कारण प्रवेश मार्ग अवरूद्ध हो गया है।

बाघ गुफाओं में चित्रकारी

बाघ गुफाओं में सर्वश्रेष्ठ चित्र चौथी तथा पांचवी गुफा के बाहरी बरामदे तथा भीतरी गुफाओं के सामने की दीवार तथा ऊपरी भाग में सुरक्षित थे परन्तु

बरामदे की छत गिर जाने से चित्र नष्ट हो गए। यहाँ प्रदेश की पूर्ण विकसित चित्रकला के चिन्ह देखे जा सकते हैं। ये गुफाऐं अजन्ता की गुफाओं की

समकालीन मानी जाती हैं। इन चित्रकारियों में सामाजिक संवेदना, अर्थव्यवस्था, संगीत कला, घुड़सवारी, राजकीय दृश्यों तथा भगवान बुद्ध की कलाओं का दृश्य प्रस्तुत किया गया है। चित्रकारी में काले, सफेद तथा फिरोजी रंग प्रमुख हैं।

बाघ गुफाओं की वर्तमान स्थिति

अध्ययन क्षेत्र के अवलोकन के आधार पर वर्तमान में बाघ गुफाओं में नौ गुफा में से केवल पांच गुफाऐं ही शेष हैं। इन गुफाओं पर भी चित्रकारी लगभग समाप्त हो चुकी है। मात्र दूसरी गुफा में ही चित्रकारी के विहंगम दृश्य रह गये हैं। अन्य गुफाओं में चट्टानों के अपक्षय जल रिसाव, तथा पर्यटकों के चित्रकारी पर छेडछाड करने से चित्रकारी लगभग समाप्त हो गई है। साथ ही गुफा के संरक्षण के कारण दीवारों एवं छतों पर सीमेन्ट से सुधार कार्य द्वारा शेष चित्रकारी भी विलुप्त होती जा रही है।

बाघ गुफाओं पर पर्यावरण अवनयन का प्रभाव

पर्यावरण अवनयन पृथ्वी के किसी एक क्षेत्र विशेष से नहीं वरन् समस्त भू-मण्डल से प्रभावित है जिसका प्रत्यक्ष प्रभाव भूमण्डलीय तापन के रूप में

सामने आया है। फलस्वरूप समस्त पृथ्वी के तापक्रम में वृद्धि हुई है और सम्पूर्ण मौसम तंत्र परिवर्तित हुआ है। स्थानीय साक्षात्कार के आधार पर इस क्षेत्र के तापमान में औसतन 2° से 4° सेन्टीग्रेट वृद्धि हुई है। वर्षा काल में पूर्व

में वर्षा वाले दिन 44 होते थे जो अब मात्र 34 रह गए। गुफा के आसपास के वृक्ष में कमी होती गई है। वर्तमान में गुफा के ऊपर की पहाड़ी लगभग वृक्षविहीन हो गई है।

वृक्षों की नग्णता के कारण मृदा अपरदन हुआ जिससे शैल दृश्यांश दिखने लगे। आवरण विहीन चट्टानों में अपक्षय की क्रिया तीव्रगति से होने

लगी और यह क्रिया भौतिक रासायनिक तथा जैविक अपक्षय द्वारा सम्पादित होने लगी। जिसमें गुफा में दरारें पड़ीं जिससे जल रिवास होने लगा और धीरे-धीरे गुफा की छत धंसने लगी और दीवारों में नमी के कारण प्रसिद्ध गुफा पर चित्रकारी विलय होने लगी। दीर्घकालीन प्रभाव होने के कारण वर्तमान में नौ में से केवल चार गुफाऐं ही अपने अस्तित्व में बची हैं। इन गुफाओं में कुछ पुराने स्तम्भ ही बचे हैं। शेष नये स्तम्भों की सहायता से इन गुफाओं को संरक्षित रखा जा रहा है। पर्यावरणीय क्रियाओं के दुष्प्रभाव से बाघ गुफाओं का अस्तित्व धीरे-धीरे समाप्ति की ओर अग्रसर हो रहा है।

गुफाओं का संरक्षण

गुफाओं की बढ़ती दुदर्शा पर अन्ततः पर्यटन विभाग का ध्यान आकर्षित हुआ और विगत आठ वर्ष से संरक्षण कार्य प्रांरभ किया। वर्तमान में गुफाओं के अन्दर स्तम्भ स्थापित किये जा रहे हैं। छतों पर सीमेन्ट की परत चढ़ाई जा रही है। पहाड़ की छत पर पूरा प्लास्टर बिछा दिया गया है। इस हेतु शासन से 10-15 लाख का प्रतिवर्ष बजट प्रस्तावित रहता है किन्तु इस संरक्षण क्रिया से गुफाऐं अपना मूलरूप खो रही हैं। जिससे उसका ऐतिहासिक स्वरूप परिलक्षित नहीं हो पा रहा है।

धार जिले में इस स्थान को पर्यटन की दृष्टि से भी महत्वपूर्ण नहीं माना गया है। जबकि यह गुफाऐं भी अजन्ता की गुफाओं की समकालीन हैं। अजन्ता की गुफा के संरक्षण पर विशेष ध्यान दिया जाता रहा और गुफाओं में चित्रकारी भी पूर्णरूप से संरक्षित है।

उपाय

1. गुफाओं के संरक्षण में सरकार द्वारा बचे वृक्षों को काटकर वहाँ सीमेन्टीकरण कर दिया गया। जिससे वृक्षों की जड़ें जो कि चट्टानों के अन्दर तक फैली थीं, वह सूख गई और चट्टनों की दरारे चौड़ी हो गईं। जिससे अपरदन और तीव्र हो गया। इसके विपरीत यदि गुफा की पहाड़ी के ऊपर तथा आसपास अधिक से अधिक वृक्षारोपण किया जाता तो गुफा को अपक्षय एवं अपरदन से बचाया जा सकता था।
2. चित्रकारी को संरक्षित रखने के लिये उनमें काँच की फ्रेम लगाई जा सकती थी।
3. बाघ की गुफाओं को भी पर्यटन की दृष्टि से उपयोगी माना जाए।

निष्कर्ष

अतिप्राचीन धरोहर वर्तमान में अपनी पीड़ा के आँसू बहाते हुए शून्य में पहुँच गई है, अब तो कथन ही शेष रह गए हैं। समय की हथेली पर गुप्तकालीन सत्य जो युग की मानवीय चेतना मानवीय पर्यावरण और मानवीय सोच को उद्धत क्रिया करती थी, अब केवल कहानी किस्सों का विषय बन कर रह गई है।

6

इंदिरा सागर परियोजना—पुनर्वास समस्या पर्यावरण के लिए एक चुनौती
(हरसूद क्षेत्र का प्रतीकात्मक अध्ययन)

गरिमा डोंगरे

प्रस्तावना

यह समकालीन युग का ज्वलंत प्रश्न है कि राष्ट्रों, राज्यों और संगठनों की नजर में विकास क्या है? पिछले कुछ सालों से विवाद में चली आ रही नर्मदा घाटी और उस पर बनने वाले बाँध इसका सबसे अच्छा उदाहरण है जो एक ओर मानव को विकसित होने की संज्ञा से मण्डित कर रहे हैं। वहीं दूसरी ओर इन बाँधों से उत्पन्न पुर्नविस्थापन की समस्या धीरे-धीरे विकराल रूप धारण करती जा रही है।

इंदिरा सागर परियोजना के डूब क्षेत्र से प्रभावित 249 गाँवों में से हरसूद एक मात्र शहरी क्षेत्र था। जिसका पुर्नविस्थापन खण्डवा जिले में स्थित छनेरा गाँव में सागौन के विकसित वनक्षेत्र को काटकर किया जा रहा है।

अध्ययन क्षेत्र

हरसूद 22°5' उत्तरी अक्षांश तथा 76°40' पूर्वी देशान्तर की भौगोलिक स्थिति लिए हुए था। यह समुद्र सतह से 322 मीटर ऊँचाई पर स्थित था। हरसूद खण्डवा जिले की प्रमुख तहसील भी थी, इस तरह यह तहसील मुख्यालय भी था। यह ब्राडगेज की रेलवे लाइन का एक छोटा-सा स्टेशन था।

पुर्नविस्थापन हेतु चुना गया गाँव छनेरा, खण्डवा से 35 कि.मी. पूर्व में स्थित है। जो अब नए हरसूद के नाम से जाना जाता है। यह समुंद्र सतह से 302 मी. ऊँचाई पर स्थित है। यह 22°3' उत्तरी अक्षांश तथा 76°38' पूर्वी देशान्तर की भौगोलिक स्थिति लिए हुए है।

अध्ययन के उद्देश्य

प्रस्तुत अध्ययन क्षेत्र अत्यंत विवादास्पद क्षेत्र रहा है अतः वस्तुस्थिति की जानकारी प्राप्त करने के लिए प्रमुख उद्देश्य निम्नानुसार है—

1. पुर्नविस्थापन से पर्यावरणीय ह्रास का विश्लेषण करना।
2. वास्तविक पुर्नविस्थापन का विश्लेषण।
3. पुराने व नये हरसूद के संदर्भ में एक तुलनात्मक अध्ययन प्रस्तुत करना।

विधितंत्र एवं आधार

प्रस्तुत अध्ययन हरसूद व उसके समीपवर्ती क्षेत्रों के साधन क्षेत्रीय अध्ययन पर आधारित है। इस अध्ययन में मुख्य रूप से पुर्नविस्थापन द्वारा पर्यावरणीय ह्रास तथा पुर्नविस्थापन में हरसूद की वास्तविक स्थिति का अध्ययन किया गया है। इस हेतु प्राथमिक व द्वितीयक आँकड़ों का संकलन किया गया है। प्राथमिक आँकड़ों का संकलन अध्ययन क्षेत्र में जाकर किया गया है। तथा द्वितीयक आँकड़ों का संकलन खण्डवा सांख्यिकीय विभाग, एन.एच.डी.सी. विभागों से किया गया है।

प्रस्तुत अध्ययन पुर्नविस्थापित हरसूद व पुराने हरसूद के तुलनात्मक अध्ययन पर आधारित है। जिसके लिए निम्न मापदण्ड लिये गए हैं— जनसंख्या, सड़कों की लंबाई, उद्योग, भूमि उपयोग। इन मापदण्डों का विश्लेषण दण्डारेख, रेखिकारेख व वृत्तारेख की सहायता से किया गया है।

विश्लेषण

पुर्नविस्थापित हरसूद अभी भी बिखरे हुए रूप में है। वर्तमान में अधिकतम 1000 मकान निर्मित हैं। जो हरसूद की 22,000 की जनसंख्या के लिए अपर्याप्त हैं। प्रस्तुत अध्ययन पुराने व नये हरसूद के तुलनात्मक अध्ययन पर आधारित है जिसके लिए निम्न मापदण्ड लिये गए हैं—

जनसंख्या—हरसूद की जनसंख्या वृद्धि 2001–2004 के बीच इस दण्डारेख में देखी जा सकती है। परन्तु 2004 में डूब में आने के बाद जनसंख्या का कोई विश्लेषण नहीं है।

भूमि उपयोग—डूब में आये हरसूद का भूमि उपयोग प्रस्तुत वृत्तरेखा चित्र 6·1(अ) से स्पष्ट है। जहाँ 42·3% रहवासी, 9·2% व्यवसायिक, 10·6% औद्योगिक, 11·20% यातायात, 14·25% वन तथा 12·16% मनोरंजन कार्यों के लिए भूमि उपलब्ध थी। जबकि नया हरसूद झोपड़ियों, टप्पर तथा शरणार्थी शिविर के अतिरिक्त शायद ही कुछ हो।

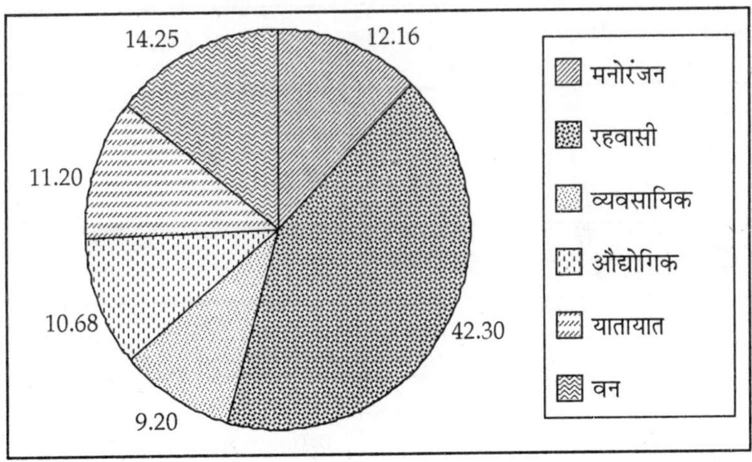

स्रोत—जिला सांख्यिकी कार्यालय, जिला खण्डवा (पूर्व निमाड़) म.प्र. वर्ष 2001

चित्र 6·1: पुराना हरसूद : भूमि उपयोग

उद्योग

हरसूद में 2 शीतगृह, 10 कुटीर उद्योग, 7 बीड़ी उद्योग, 8 कृषि के औजार बनाने के कारखाने व अन्य उद्योग थे। जबकि नया हरसूद (छनेरा) इसमें एक भी संख्या दर्ज नहीं करवा रहा है।

तालिका 6.1: हरसूद : उद्योगों की संख्या में वृद्धि

वर्ष	उद्योगों की संख्या
2000	18
2001	18
2002	20
2003	32
2004	32
2005	–

स्रोत–जिला सांख्यिकी कार्यालय जिला खण्डवा (पूर्व निमाड़) (म.प्र.)

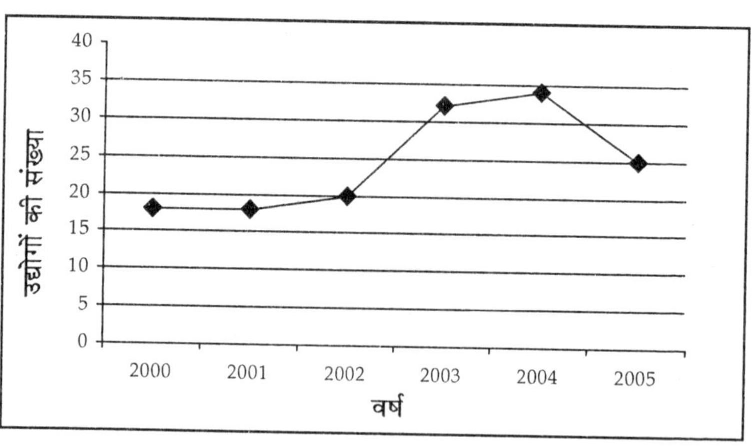

चित्र 6.2: पुराना हरसूद : उद्योगों की संख्या

सड़क

पुराना हरसूद तहसील इकाई होने के कारण जिले के अधिकांश गाँवों से जुड़ा हुआ था। जबकि नया हरसूद अभी बसने के लिए आयाम खोज रहा है।

तालिका 6.2: हरसूद : परिवहन

वर्ष	उद्योगों की संख्या
2000	175
2001	205
2002	211
2003	263
2004	160
2005	—

स्रोत—जिला सांख्यिकी कार्यालय जिला खण्डवा (पूर्व निमाड़) (म.प्र.)

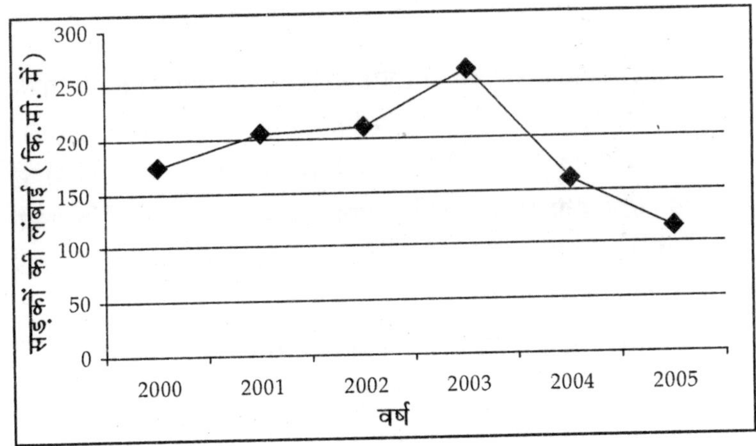

चित्र 6.3: पुराना हरसूद : सड़क की लंबाई

निष्कर्ष

पुर्नविस्थापित हरसूद में हजारों तथाकथित मकान हैं परन्तु उन्हें मकान कहा नहीं जा सकता, और यदि वे हैं भी तो मिलकर एक शहर नहीं बनते। हरसूद के लोग अभी भी एक नया हरसूद खोज रहे हैं।

पुराना हरसूद सतपुड़ा की दक्षिण-पूर्वी श्रेणी में स्थित था जो कि दुल्हि देव श्रेणी में आती थी, ये सभी पहाड़ियाँ वनाच्छिादित थीं, जो अब इंदिरा सागर की डूब प्रभावित श्रेणी में आती हैं। हरसूद में स्थित गौमुख झरना बारह महिने बहता था तथा लगभग 100 एकड़ क्षेत्र को सिंचित करता था। हरसूद में कालीभीत, सागौन वन के अंतर्गत धावड़ा, टिनसा, शीशम, तेन्दु, हल्दू, खैर आदि के पेड़ थे, जो अब डूब में आकर परिस्थितिकी तंत्र से अपना नाम हटा चुके हैं। यहाँ पर कई वन्य जीव जैसे शेर, चीता, बारहसिंगा, चितल, देशी सोनकुत्ता आदि जीव थे। जो अब कहाँ गए हैं, इसका कुछ पता नहीं है। हरसूद में एक तालाब था, जो वहाँ के मछुआरों को 200 से 250 रुपये तक की आमदनी देता था, और अब यही लोग वहाँ मजदूरी कर 25 से 30 रुपये कमा रहे हैं।

पुर्नविस्थापित हरसूद अर्थात छनेरा का निर्माण लगभग 3 कि.मी. त्रिज्या वाले वन आच्छादित क्षेत्र को काट कर किया गया। इस स्थान पर पाए जाने वाले प्राणी कहाँ गए ये पता नहीं है। डूब से प्रभावित होने के कारण छनेरा को नई रेलवे लाईन डालकर मार्ग से जोड़ा गया। इस रेलवे लाईन का निर्माण उस कृषि भूमि पर किया गया है जो अत्यंत उपजाऊ थी, परंतु अब वह मात्र यातायात का मार्ग बन गई है।

पुर्नवास कोई बुरा नहीं है और न ही विकास हेतु बड़े बाँधों का निर्माण परंतु इस जद्दोजहद में होने वाले पर्यावरणीय ह्रास की कीमत किस रूप में चुकानी होगी यह कोई भी नहीं जानता।

7

सरदार सरोवर परियोजना एवं पर्यावरणीय प्रभाव

प्रो. एस.एस. बघेल एवं प्रो. अभयसिंह मण्डलोई

परिचय

नर्मदा नदी पर स्थापित नर्मदा घाटी परियोजना भारत की पांचवी सबसे बड़ी नदी घाटी परियोजना है। इसका उद्देश्य सिंचाई जल विद्युत उत्पादन व विभिन्न कार्यों के किये जाल की आपूर्ति करना है। यह गुजरात मध्यप्रदेश महाराष्ट्र और राजस्थान राज्यों की संयुक्त परियोजना है। नर्मदा नदी प्रायद्वीपीय भारत की एक महत्वपूर्ण नदी है जो अपने उद्गम स्थान अमर कंटक से प्रारंभ होकर भड़ोच के निकट खम्बात की खाड़ी (अरब सागर) में गिरती है। नर्मदा नदी की कुल लम्बाई 1312 कि.मी. तथा कुल अपवाह क्षेत्र 98800 वर्ग किमी. है इसमें से 1079 कि.मी. लम्बाई केवल म.प्र. में है।

अध्ययन क्षेत्र, स्थिति

नर्मदा घाटी का विस्तार 21° उत्तरी अक्षांश से 23° उत्तरी अक्षांश एवं 71° पूर्वी देशान्तर से 81° के मध्य है जिस प्रकार मध्य प्रदेश भारत का हृदय राज्य है उसी प्रकार नर्मदा घाटी भी मध्य प्रदेश का हृदय स्थल है। इस परियोजना के अंतर्गत नर्मदा व उसकी सहायक नदियों पर 29 बड़े बांध, 135 मध्यम श्रेणी और 3000 छोटे बांधों का निर्माण किया जाना प्रस्तावित है।

सरदार सरोवर परियोजना गुजरात राज्य के भड़ोच जिले के नवागाम बांध अथवा परियोजना नदी पर प्रस्तावित है। इसका मध्य प्रदेश में 87.8%, गुजरात में 11%, महाराष्ट्र में तथा राजस्थान में 0.25% भाग सम्मिलित है। सरदार सरोवर परियोजना की स्थापना 1947 से प्रस्तावित थी तबसे आज तक 60 वर्षों की ऐतिहासिक यात्रा को नाना प्रकार की राजनैतिक कानूनी दाव पेंच, तकनीकी तथा पर्यावरणीय समस्याओं के दलदल से होकर गुजरना पड़ा है।

विश्लेषण

1. पर्यावरण संबंधी समस्याएँ

सरदार सरोवर परियोजना से संबंधित पर्यावरणविदों, स्वयंसेवी सामाजिक संगठनों समाज सेवियों तथा सक्रिय कार्यकर्ताओं का मत है कि इस परियोजना से सैकड़ों वर्ग कि. मी. क्षेत्र जलमग्न हो जाने के कारण पर्यावरण में अवनयन तथा प्रदूषण एवं पारिस्थिति असन्तुलन उत्पन्न हो जायेगा। इस परियोजना के कार्यान्वयन से निम्न पर्यावरणीय एवं पारिस्थितिकीय समस्याएं उत्पन्न होगी- मध्य प्रदेश, महाराष्ट्र तथा गुजरात में जलमग्नता के कारण लगभग 42061 हेक्टेयर वन भूमि नष्ट हो जाएगी। इस तरह पौधों की महत्वपूर्ण जातियाँ विलुप्त हो जायेंगी। वास्तव में जलमग्नता के कारण जन्तुओं के प्राकृतिक आवासों के स्थान भी नष्ट होने के कारण जन्तुओं की जातियों का विलोपन हो जायेगा। गुजरात में दक्षिणी तटीय भागों में नहर द्वारा सिंचाई के कारण जलभराव होने से पहले से स्थित क्षारीयकरण की समस्या और अधिक विकट हो जायेगी।

2. सुरक्षा संबंधी समस्या

सरदार सरोवर में स्थित अपार जलराशि द्रवस्थैतिक दाब के कारण नीचे स्थित शैलों में अव्यवस्था उत्पन्न हो जायेगी। इस कारण प्रचण्ड भूकम्प, ज्वालामुखी, भूमिगत जल, वनों में सुरक्षा, ग्रामीण व नगरीय सुरक्षा आदि का संकट खड़ा हो जाएगा।

3. आर्थिक उपादेयता

आर्थिक दृष्टि से नर्मदा घाटी परियोजना तथा नर्मदा सागर परियोजना उपयोगी तथा लाभप्रद नहीं है क्योंकि इस परियोजना के अन्तर्गत विस्तृत वन क्षेत्र के जलमग्न हो जाने से 40,000 करोड़ रू. की क्षति होगी नर्मदा सागर परियोजना से 33,000 करोड़ रू की क्षति तथा सरदार सरोवर परियोजना से 7,000 करोड़ रू की क्षति होगी।

4. पुनर्वास की समस्या

सरदार सरोवर के निर्माण के कारण विस्तृत क्षेत्र के जलमग्न हो जाने के कारण भारी संख्या में जन जातियों को विस्थापित होना पड़ेगा। नर्मदा घाटी परियोजना के अन्तर्गत परियोजना से प्रभावित लोगों के पुनर्वास के लिए अति उदार नीति अपनायी गई है।

तालिका 7.1: सरदार सरोवर बांध : जलमग्नता का प्रभाव

क्र.	इकाई	गुजरात	म.प्र.	महाराष्ट्र	योग
1.	प्रभावित परिवार	19	36	182	237
2.	प्रभावित परिवार	3222	1357	7500	12180
3.	प्रभावित जनसंख्या	10593	11000	45000	66593
4.	जलमग्न होने वाली वन भूमि (एकड़ में)	11168	8541	6756	26465
5.	सिंचित क्षेत्र (एकड़ में)	4634	3751	19464	27849
6.	अन्य भूमि (एकड़ में)	2639	3930	25205	31774
	स्कल भूमि (एकड़ में)	**18441**	**16222**	**51425**	**86088**

स्रोत—नर्मदा विकास परियोजना।

सरदार सरोवर (परियोजना) एवं निर्माण निगम लिमिटेड

वास्तव में सरदार सरोवर परियोजना नर्मदा घाटी परियोजना के अंतर्गत नई योजनाओं में से एक है। नर्मदा नदी के जल को मध्य प्रदेश, महाराष्ट्र एवं

गुजरात में कईं स्थानों पर बांध बनाकर जलाशयों में रोकने की व्यवस्था है। गुजरात प्रांत में स्थित सरदार सरोवर परियोजना एक बहुउद्देशीय परियोजनाएँ हैं। गुजरात प्रांत की वर्तमान सिंचाई की सभी योजनाएँ (77 प्रमुख तथा मध्यम परियोजनायें, 4500 छोटी योजनाएँ तथा 3500 ट्यूबवेल तथा अनेक कुँए) प्रांत की सकल कृषिगत भूमि के मात्र 18 प्रतिशत क्षेत्र (18,00,000 हेक्टेयर) को ही जल प्रदाय कर पाती हैं। इस परियोजना के पूर्ण हो जाने पर 12 जिलों में अतिरिक्त 18,00,000 हेक्टेयर कृषि भूमि को सिंचाई की सुविधा प्रदान की जायेगी। इस तरह 3244 गाँव सिंचाई की नयी सुविधा से लाभान्वित होंगे। इससे प्रांत की 20 प्रतिशत ग्रामीण जनसंख्या लाभान्वित होगी। दक्षिणी राजस्थान के जालौर तथा बाड़मेर जिलों की 7,500 हेक्टेयर शुष्क भूमि को सिंचाई की सुविधा उपलब्ध करायी जायेगी। 131 नगरों तथा कस्बों एवं 4700 गाँवों के 29.5 मिलियन लोगों को पेयजल सुलभ कराया जायेगा तथा कुल 1450 मेगावाट जल विद्युत का वार्षिक उत्पादन होगा एवं पेयजल, औद्योगिक प्रतिष्ठानों को जल प्रदान करने से प्रांत को 100 करोड़ रूपये की अतिरिक्त वार्षिक आय भी होगी।

निष्कर्ष

नर्मदा घाटी परियोजना तथा सरदार सरोवर परियोजना से संबंधित पर्यावरणवादियों तथा आलोचकों के दृष्टिकोणों एवं परियोजना के अधिकारियों के दृष्टिकोणों एवं विवेचन से यह तो स्पष्ट हो ही जाता है कि गुजरात तथा दक्षिणी राजस्थान के सूखाग्रस्त क्षेत्रों में सिंचाई के जल एवं पेजजल की व्यवस्था अवश्य होनी चाहिए। किन्तु पर्यावरण पर विपरीत प्रभाव को भी नकारा नहीं जा सकता है। सरदार सरोवर के जल के कारण पर्वतीय तथा वन पारिस्थितिक तंत्र के 86,058 एकड़ भूमि के जलमग्न हो जाने से 66,593 लोगों को अपने घरों से हटना पड़ेगा। विस्थापित आदिवासियों को विभिन्न संस्कृति वाले लोगों के बीच बसाये जाने के कारण उन्हें अपनी प्राचीन सांस्कृतिक विरासत को भी खोना पड़ेगा।

8

धरमपुरी तहसील (धार म.प्र.) की डूब एवं पुनर्वास प्रक्रिया का विश्लेषण

प्रो. पी.सी. यादव

परिचय एवं स्थिति

धरमपुरी तहसील का अक्षांशीय विस्तार 22°25 से 22°50 उत्तर एवं 75°15 पूर्व से 75°35 पूर्वी देशान्तर के मध्य है। यहाँ की जनसंख्या 2001 की जनगणना के अनुसार 1,51,442 के लगभग है जबकि धरमपुरी नगर की जनसंख्या 14,680 है। नर्मदा नदी पर बने सरदार सरोवर बांध निर्माण के कारण धरमपुरी तहसील के लगभग 20 गाँव आंशिक या पूर्ण रूप से डूब प्रभावित हो रहे हैं। ये 20 गाँव धरमपुरी नगर के पूर्व व पश्चिम दिशा में हैं। इन 20 गाँवों में सिर्फ धरमपुरी ही नगर की गिनती में आता है।

नर्मदा नदी का बहाव (प्रवाह) पूर्व से पश्चिम में होने से धरमपुरी तहसील के डूब प्रभावित गाँव नर्मदा नदी के उत्तरी तट पर स्थित है।

विवेचन

धरमपुरी तहसील के 20 गाँव डूब से प्रभावित हो रहे हैं। जो निम्न हैं–

धरमपुरी तहसील के डूब प्रभावित 19 गाँव ऐसे हैं जो धरमपुरी नगर के लिए अनाज, दूध, सब्जी की उपलब्धता करते हैं। ये गाँव पूर्ण रूप से सिंचित हैं, तथा शिक्षित किसान होने से यहाँ पर मुख्यतः कपास, केला एवं गन्ने का

उत्पादन सबसे अधिक होता है, ये गाँव सब्जी का उत्पादन भी अधिक करते हैं। इसका एक प्रमुख कारण यह है कि ये गाँव खलघाट-मनावर रोड़ से जुड़े हुए हैं तथा यहाँ से राष्ट्रीय राजमार्ग क्र. 3 आगरा-मुम्बई मार्ग की दूरी 0-12 कि. मी. तक ये गाँव बसे हुए हैं।

तालिका 8.1: धरमपुरी तहसील डूब प्रभावित गाँव एवं नगर

क्र.	*गाँव का नाम*	*क्र.*	*गाँव का नाम*	*क्र.*	*गाँव का नाम*	*क्र.*	*गाँव का नाम*
01	निम्बोला	06	मोरगड़ी	11	सुलगाँव	16	धरमपुरी
02	बलवाड़ा	07	साला	12	खतड़गाँव	17	खुजावा
03	बैगन्दा	08	खल बुजूर्ग	13	हतनावर	18	लसनगाँव
04	लुन्हेरा खुर्द	09	खलखुर्द	14	शाहपुरा	19	करोरा विराम
05	पिपल्दागढ़ी	10	गाजीपुरा	15	गुलेटी	20	भवगाँव

बाँध के कारण तहसील का डूब क्षेत्र

सरदार सरोवर बाँध बनने के कारण उसके बैक वाटर लेवल से धरमपुरी तहसील का क्षेत्र तथा धरमपुरी नगर भी नर्मदा नदी में डूब जायेगा। हालांकि यह डूब बाँध की ऊँचाई पर निर्भर है। जैसे-जैसे बाँध की ऊँचाई बढ़ती जाएगी, वैसे-वैसे इस तहसील में भी डूब क्षेत्र बढ़ता जाएगा।

सरदार सरोवर बाँध की ऊँचाई 110.64 मीटर रहने पर धरमपुरी तहसील के तीन गाँव डूब प्रभावित होंगे और विस्थापितों की संख्या 40 होगी जबकि बाँध की ऊँचाई 121.92 मीटर होने पर 17 गाँव और डूब में सम्मिलित हो जाएंगे अर्थात इस स्थान तक पानी भरने पर धरमपुरी तहसील के 20 गाँव डूब क्षेत्र में आ जाएंगे, जिसमें 17 गाँव की आबादी तथा कृषि क्षेत्र दोनों डूब में सम्मिलित होंगे, जबकि केवल तीन गाँव ऐसे हैं, जिनकी कृषि भूमि भी डूब में जाएगी। वाटर लेवल 121.92 मीटर की ऊँचाई पर डूब प्रभावित विस्थापितों की संख्या 2853 होगी।

धरमपुरी नगर पर भी जल अतिक्रमण का प्रभाव पड़ेगा। बाँध की ऊँचाई 121.92 मीटर होने पर धरमपुरी नगर में डूब प्रभावितों की संख्या 1785 होगी

जबकि बाँध की ऊँचाई 138.68 मीटर होने पर नगर में डूब प्रभावितों की संख्या 4447 हो जाएगी। धरमपुरी नगर के कुल 15 वार्डों में से 13 वार्ड डूब के अन्तर्गत आ जाएंगे। धरमपुरी नगर की वर्तमान जनसंख्या 14680 है। जिसमें धरमपुरी नगर का कुल डूब क्षेत्र 1,68,134.76 वर्ग मीटर क्षेत्र डूब प्रभावित होगा।

तालिका 8.2: गाँवों की डूब में आने वाली कुल भूमि

क्रमांक	*निजी जमीन 6.105 हेक्टेयर*	*शासकीय जमीन 2.28 हेक्टेयर*
1	कृषि जमीन 05.59 हेक्टेयर	पड़त जमीन 1.62 हेक्टेयर
2.	पड़त जमीन 0.385 हेक्टेयर	बंजर भूमि 0.57 हेक्टेयर
3.	अन्य जमीन 0.3 हेक्टेयर	अन्य भूमि 0.09 हेक्टेयर

डूब के अन्तर्गत आने वाले गाँवों का अध्ययन

बाँध की ऊँचाई 121.92 मीटर होने पर धरमपुरी के विभिन्न गाँवों के जलस्तर में वृद्धि हो जाएगी। जिसके कारण इन गाँवों की आबादी को विस्थापन करना पड़ेगा। धरमपुरी तहसील के जो कुल 20 गाँव डूब प्रभावित क्षेत्र के अन्तर्गत आ रहे हैं उनमें से 17 गाँव ही आबादी वाले हैं। अत: इन गाँवों की आबादी पर ही जल अतिक्रमण का प्रभाव देखने को मिलेगा। इन 17 गाँवों में से भी बैगन्दा ऐसा गाँव है जहाँ जल स्तर 150.68 मीटर हो जायेगा, परन्तु इस गाँव से कोई भी विस्थापित नहीं हो पायेगा, क्योंकि इस गाँव की आबादी क्षेत्र जलमग्न नहीं होगा। इसके बाद सुलगाँव ऐसा गाँव है, जो सबसे पश्चिम में पड़ता है, जहाँ का जल स्तर 164.11 मीटर होगा और यहाँ पर विस्थापितों की संख्या केवल 07 होगी, जबकि धरमपुरी नगर को छोड़कर गाँवों में सबसे अधिक जनसंख्या का विस्थापन गाजीपुरा का होगा, जहाँ का जलस्तर 146.85 मीटर होगा, लेकिन विस्थापितों की संख्या 854 होगी। खुजावा ऐसा गाँव है जहाँ का जल स्तर 146.07 मीटर होगा। विस्थापितों की संख्या 205 होगी। धरमपुरी नगर में वाटर लेवल 147.66 मीटर होगा।

तालिका 8.3: 121.92 मीटर बाँध की ऊँचाई पर विभिन्न गाँवों का प्रभाव

गाँवों का नाम	*सुल-गाँव*	*खतड़-गाँव*	*हतना-वर*	*शाह-पुरा*	*लुन्हैरा खुर्द*	*साला*	*गाजी-पुरा*	*खल बुजूर्ग*	*खल खुर्द*
गाँवों का वाटर लेवल	146.11	146.47	146.77	146.64	146.47	146.84	146.84	146.84	146.87
प्रभावित मकानों की संख्या	7	20	70	71	43	151	567	854	25
प्रभावित विस्थापितों की संख्या	7	27	84	94	52	214	250	491	175
गाँवों का नाम	*धरम-पुरी*	*गुलेरी*	*पिपल्दा-गढ़ी*	*निम्बो-ला*	*मोर गढ़ी*	*बल-वाड़ा*	*बैंगन्दा*	*खुजावा*	
गाँवों का वाटर लेवल	147.66	147.90	149.21	148.78	150.19	150.67	150.67	146.07	
प्रभावित मकानों की संख्या	658	30	44	52	116	57	—	113	
प्रभावित विस्थापितों की संख्या	1816	34	53	120	188	80	—	205	

तालिका 8.4: 25 प्रतिशत से अधिक कृषि डूब प्रभावित गाँव एवं परिवारों की संख्या और क्रय किया हुआ रकबा (हेक्टेयर में)

गाँवों का नाम	*सुलगाँव*	*खतड़ गाँव*	*हतनावर*	*पिपल्दा गढ़ी*	*बलवाड़ा*	*कुल योग*
परिवारों की संख्या	16	13	01	13	03	46
क्रय किया हुआ रकबा	27.772	20.351	00	14.52	06.016	68.615

डूब प्रभावित धरमपुरी नगर

स्थिति

धरमपुरी नगर की समुद्र सतह से ऊँचाई 150 मीटर है। नगर का क्षेत्रफल 06 वर्ग किलोमीटर के लगभग है। धरमपुरी तहसील में डूब से प्रभावित 20 गाँव आ रहे हैं। जिसमें धरमपुरी नगर के पूर्व में 11 गाँव व पश्चिम में 08 गाँव आते हैं। ये डूब से प्रभावित होने वाले ऐसे गाँव हैं जो धरमपुरी नगर के लिए अनाज, दूध, सब्जी आदि उपलब्ध करवाते हैं।

धरमपुरी नगर को इन गाँवों से अनेक प्रकार की सेवा उपलब्ध हो रही है। साथ ही नगर भी इन गाँवों को सेवा उपलब्ध करा रहा है।

धरमपुरी नगर की डूब प्रभावित जानकारी

धरमपुरी नगर की वर्तमान जनसंख्या 2001 तक 14680 है। इस नगर में 15 वार्ड हैं। जिसमें से 13 वार्ड डूब से प्रभावित हो रहे हैं। इन डूब प्रभावित वार्डों में 08 वार्ड ऐसे हैं, जो पूर्ण रूप से डूब प्रभावित हो रहे हैं तथा 05 वार्ड आंशिक रूप से डूब प्रभावित हो रहे हैं। इन डूब प्रभावित वार्डों में अनेक ऐतिहासिक, शासकीय, अर्द्धशासकीय तथा सार्वजनिक सम्पत्तियाँ डूब में आ रही हैं। साथ ही सरदार सरोवर बाँध से धरमपुरी नगर का 1,66,13,416 वर्ग मीटर क्षेत्रफल डूब से प्रभावित हो रहा है। जिसमें 1387 मकान डूब से प्रभावित हो रहे हैं।

धरमपुरी नगर के अन्तर्गत एक बालू रेत खदान तथा नागेश्वर मन्दिर, बिल्वामृतेश्वर महादेव का मन्दिर डूब से प्रभावित हो रहे हैं।

डूब प्रभावित वाले रेत खदान

धरमपुरी नगर के दक्षिण में स्थित नर्मदा नदी के उपभाग में लगभग 02 से 03 कि.मी. लम्बाई व 01 कि.मी. चौड़ाई में लाल बालू रेत खदान है। यहाँ पर प्रतिवर्ष वर्षा के समय जब नदी में बाढ़ आती है तो (नर्मदा नदी में टापू की वजह से) इसके उपभाग में लाल बालू की रेत एकत्रित हो जाती है, जो नगर पालिका धरमपुरी के लिए आय का बहुत बड़ा स्त्रोत है, परन्तु अब यह रेत खदान डूब में आ रही है।

डूब प्रभावित नागेश्वर मन्दिर, बिल्वामृतेश्वर महादेव का मन्दिर

बौद्ध ग्रन्थों में उल्लेख के अनुसार यह हिस्सा अवन्ती महाजनपद के अन्तर्गत था। यह नर्मदा नदी का विशेष भावनात्मक महत्त्व है। इसके किनारे अनेक ऋषियों ने तपस्या की थी, जिसके साक्षी इसके किनारे निर्मित प्राचीन गुफायें, शिवालय हैं। इस नगर में प्रमुख प्राचीन स्थलों में नागेश्वर महादेव का मन्दिर

है। इसके निकट ही रानी रूपमती का दीप स्तम्भ है। इस दीप स्तम्भ के नीचे गुफा निर्मित है।

धरमपुरी में नर्मदा की दो धाराओं के मध्य एक टापू है जिसकी लम्बाई चौड़ाई 2×3 कि.मी. है, जिसके मध्य बिल्वामृतेश्वर का मन्दिर है। इसका उल्लेख स्कन्दपुराण के रेवाखण्ड में उपलब्ध है। धरमपुरी के उत्तर-पश्चिम में कुब्जा (खुज) नदी बहती है। यह नदी नर्मदा में विलीन होती है। यह नदी जहाँ पर नर्मदा में विलीन होती है, उसे संगम कहते हैं। इसके संगम पर चट्टानों को काटकर सुन्दर गुफाओं का निर्माण किया गया है। प्रत्येक गुफा में शिवलिंग स्थापित है। यही संगम पर ही पश्चिम में 10-10 फीट ऊँची तीन पाषाण मूर्त्तियाँ हैं। इसके नरसिंह अवतार, गरूड़ वाहिनी तथा लक्ष्मीनारायण की मूर्त्तियाँ हैं। इसका निर्माण पंवार काल में 1233 ई. के आस-पास हुआ था।

यह टापू क्षेत्र धरमपुरी नगर पालिका के अन्तर्गत आता है तथा सन् 2002 में एक और शिवलिंग का पता लगा है, जहाँ पर शिव मन्दिर का निर्माण किया गया है।

धरमपुरी तहसील के डूब प्रभावित गाँवों के पुनर्वास का अध्ययन

पुनर्वास सम्बन्धित जानकारी

धरमपुरी तहसील के कुछ गाँव ऐसे हैं जो पूर्ण रूप से डूब प्रभावित होने के कारण उन्हें पूनर्बसाहट स्थल पूर्ण प्रदान किये गये हैं। कुछ गाँव के लोगों की भूमि एवं उन्हें रहने के लिए प्लाट की व्यवस्था की गई है। यदि किसी व्यक्ति को प्लाट के बदले नगद राशि चाहिए तो उन्हें 01 वर्ष के पहले उस प्लाट की सूचना सरकार को देना अनिवार्य होगी। अन्यथा उस पर धारा 04 के अन्तर्गत कार्यवाही की जाएगी।

बाँध की ऊँचाई 121.92 मीटर पर पुनर्वास स्थलों में विस्थापितों की संख्या 2853 होगी। बाँध की ऊँचाई 138.68 मीटर पर इस तहसील के पुनर्वास स्थलों में विस्थापितों की संख्या 7231 होगी। इन डूब प्रभावित 20 गाँव के लिए प्रशासन ने 12 पुनर्वास स्थल बनाये हैं।

पुनर्वास स्थलों में प्रशासन की सुविधाएँ

धरमपुरी तहसील के डूब प्रभावित गाँवों के लिए मध्य प्रदेश सरकार ने पुनर्वास स्थलों की व्यवस्था की है। जिसमें प्रत्येक डूब प्रभावित परिवारों के लिए प्लाट देने की व्यवस्था की गई है। इन पुनर्वास स्थलों में पानी, सड़क, नाली, बिजली, गार्डन, मन्दिर एवं सरकारी भवन जैसे–सरकारी अस्पताल, पंचायत भवन, प्राथमिक एवं मिडिल स्कूल, पशुचिकित्सालय, बीज, गोदाम की पर्याप्त व्यवस्था की गई है।

धरमपुरी तहसील के पुनर्वास स्थलों के आवासीय भूखण्डों का आकार 60×90 फीट के स्थान पर 60×40 फीट का प्रावधान किया गया है। पुनर्वास स्थलों में आंतरिक मार्ग आवश्यकतानुसार 09.00 मीटर एवं 12.00 मीटर चौड़ाई में निर्माण किया गया है। सड़क के दोनों किनारों की शेष जमीन सार्वजनिक सुविधाएँ जैसे जल प्रधान लाईन, सीवर लाईन, बिजली के खम्बें तथा सड़क किनारे की नाली निर्माण हेतु छोड़ी गई है। पुर्नवास स्थलों के जलप्रदाय योजना हेतु 70 लीटर प्रति व्यक्ति प्रतिदिन के हिसाब से गणना किया गया है। वितरण प्रणाली हेतु 90 मि.मी. से 200 मि.मी. तक पी.व्ही.सी. पाईप जिसकी दबाव क्षमता 04 किलो प्रति से.मी. के द्वारा किया गया है।

विद्युतीकरण हेतु प्रति प्लाट के लिए एक किलो वाट के हिसाब से गणना की गई है। विद्युत पोल एवं लाईन भी किया गया है।

पुनर्वास का गाँवों पर प्रभाव

ग्रामवासियों को हमेशा से ही एक खुले स्थान (वातावरण) की आवश्यकता होती है क्योंकि गाँवों के अधिकतर लोग किसान एवं पशुपालन करते हैं। इसलिए इनको रहने के लिए, पशुओं के लिए, पशुओं का भुसा, कड़बी रखने के लिए, अनाज गोदाम आदि के लिए पर्याप्त स्थान की आवश्यकता होती है। गाँवों में लोग अपने आवास के सामने खुला बरामदा रखना पसंद करते हैं ताकि शाम के समय जब ये लोग खेत से वापस आते हैं तो बरामदे में चारपाई लगाकर आराम करते हैं, तथा पड़ोसियों से या गाँव के लोग आकार बैठते हैं और बातचीत करते हैं।

इस प्रकार देखा जाए तो डूब प्रभावित गाँवों को पुनर्वास स्थलों पर बहुत कठिनाइयाँ उठानी पड़ेगी।

पुनर्वास का धरमपुरी नगर पर प्रभाव

धरमपुरी तहसील के 20 डूब प्रभावितों में सिर्फ धरमपुरी ही एक मात्र नगर के अन्तर्गत आता है। इस धरमपुरी नगर का पुनर्वास स्थल में बसने से अनेक प्रकार की सुविधाएँ प्राप्त हो रही हैं।

डूब प्रभावित वर्तमान धरमपुरी नगर में सड़कों व गलियों का संकरा होना। दुकानों का अव्यवस्थित होना, पानी की पर्याप्त सुविधा नहीं है, सरकारी कार्यालय व भवनों का व्यवस्थित नहीं होना एवं बाजार भी अव्यवस्थित बसा है। धरमपुरी नगर में मकानों का बसाव भी व्यवस्थित नहीं है।

पुनर्वास स्थल के बनने से धरमपुरी नगर को अब पर्याप्त लम्बी-चौड़ी सड़कें तथा गलियाँ मिल जायेगीं। पर्याप्त पानी, बिजली की व्यवस्था की गई है। जल निकासी हेतु लम्बी-चौड़ी नालियों का निर्माण किया गया है। अलग-अलग बाजारों का निर्माण पुनर्वास स्थल में किया गया है। गार्डन तथा मन्दिरों का निर्माण भी व्यवस्थित रूप से किया गया है।

इस प्रकार यदि ऐसा देखा जाये तो धरमपुरी नगर को पुनर्वास स्थल से फायदा मिल रहा है।

डूब प्रभावित धरमपुरी नगर के लोगों का पुनर्वास अध्ययन

धरमपुरी का पुनर्वास स्थल

धरमपुरी नगर का पुनर्वास स्थल धरमपुरी नगर से 0.2 कि.मी. की दूरी पर धरमपुरी में ही रखा गया है। नवीन नक्शे के आधार पर पुनर्वास स्थल पर भूखण्डों की संख्या 3462 है। बाँध की ऊँचाई 121.92 मीटर पर विस्थापितों को आवंटित भूखण्डों की संख्या 1548 है। बाँध की ऊँचाई 138.68 मीटर पर विस्थापितों की संख्या 4447 है। यहाँ 121.92 मीटर बाँध की ऊँचाई पर विस्थापितों की संख्या 1788 धरमपुरी नगर का पुनर्वास स्थल का निर्माण करने

में सरकार को 1237.00 लाख रुपये की लागत आई। यहाँ पर हैण्डपम्प एवं 24 सिर्स्टन की व्यवस्था की है। पुनर्वास स्थल हेतु अधिगृहित भूमि 143.520 हेक्टेयर में है।

पुनर्वास स्थल के विकास कार्य में आंतरिक मार्ग 32.40 कि.मी. है। पुनर्वास स्थल में आंतरिक मार्ग आवश्यकतानुसार 09.00 मीटर एवं 12.00 मीटर चौड़ाई में निर्माण किया गया है। सड़क के दोनों किनारों की शेष जमीन सार्वजनिक सुविधा जैसे जल पाईप लाईन, ड्रेनेज लाईन, बिजली के खम्बें तथा सड़क किनारे की नाली निर्माण हेतु छोड़ी गई है।

सरदार सरोवर परियोजना से प्रभावित धरमपुरी के विस्थापितों हेतु सरकारी भवनों में 30 बिस्तर का एक अस्पताल, 02 प्राथमिक पाठशालाएँ, 01 आर. आई. (R.I.) आवास एवं चार नग एच टाईप आवास का निर्माण किया गया है।

तालिका 8.5: धरमपुरी तहसील के पुनर्वास स्थलों की जानकारी

गाँवों का नाम	*सुल-गाँव*	*खतड़-गाँव*	*हतना-वर*	*शाह-पुरा*	*लुन्हैरा खुर्द*	*साला*	*गाजी-पुरा*	*खल बुजूर्ग*	*खल खुर्द*
पुनर्वास स्थल का क्षेत्रफल हे. में	16.997 है			49.143	38.887 है		21.732 है		61.216
विकसित भूखण्ड	45	45	—	45	45	425	300	125	300
प्रभावित भूखण्ड	—	—	—	—	—	—	1250	—	805

गाँवों का नाम	*धरम-पुरी*	*गुलेरी*	*पिपल्दा-गढ़ी*	*निम्बो-ला*	*मोर गढ़ी*	*बल-वाड़ा*	*बैंगन्दा*	*खुजावा*
पुनर्वास स्थल का क्षेत्रफल हे. में	143.520 है	4.425 है	34.966 है		50.778 है	24.19 है	13.639 है	49.143 है
विकसित भूखण्ड	1546	24	43	252	105	111	127	290
प्रस्तावित भूखण्ड	3462	—	—	—	229	—	—	520

डूब प्रभावितों की आर्थिक, सामाजिक एवं सांस्कृतिक समस्याएँ

आर्थिक समस्या

इस तहसील के पश्चिम में आने वाले गाँव सबसे पहले डूब प्रभावित होंगे। सबसे पहले डूब प्रभावित गाँव, परिवारों की संख्या एवं 25 प्रतिशत से अधिक

कृषि भूमि डूब से प्रभावित हो रही है। उसे तालिका 8.6 में दर्शाया गया है। जो निम्न है—

तालिका 8.6: 25 प्रतिशत से अधिक कृषि डूब प्रभावित होने वाले परिवार

गाँवों का नाम	*सुलगाँव*	*खतड़ गाँव*	*हतनावर*	*पिपल्दा गढ़ी*	*बलवाड़ा*
परिवारों की संख्या	16	13	01	13	03
अर्जित रकबा	3.871	2.452	1.265	2.462	0.151

धरमपुरी तहसील के डूब प्रभावित लोगों का मुख्य व्यवसाय कृषि व पशुपालन है क्योंकि इन लोगों को सिंचाई के लिए पानी होने के साथ ही यहाँ पर काली एवं काँप मिट्टी होने से फसल को अधिक पोषक तत्त्वों की मात्रा मिलती है। जिससे अधिक फसलों का उत्पादन होता है।

डूब में आने से कृषि का मुख्य फसलोत्पादन वाले क्षेत्र में कमी एवं कृषि भूमि क्षेत्रफल में कमी हो जाएगी। इस कारण लोगों का आर्थिक जीवन संकट में पड़ जायेगा। क्योंकि इन लोगों की आय का मुख्य साधन कृषि एवं पशुपालन ही है।

सामाजिक एवं सांस्कृतिक समस्याएँ

गाँवों में 85 से 90 प्रतिशत जनसंख्या में अनुसूचित जाति एवं अनुसूचित जनजाति के लोग हैं। डूब प्रभावित होने से इन गाँवों पर सामाजिक एवं सांस्कृतिक एकता पर गहरा प्रभाव पड़ेगा। क्योंकि इन लोगों की कृषि भूमि डूबने के साथ ही अनेक ऐतिहासिक, सांस्कृतिक एवं सामाजिक संस्थाएँ डूब से प्रभावित हो रही हैं। जिन्हें तालिका 8.7 में दर्शाया गया है।

तालिका 8.7: डूब प्रभावित सांस्कृतिक धरोहर

क्र.	*गाँव का नाम*	*डूब प्रभावित सांस्कृतिक धरोहर*
01	खुजावा	नरसिंह मन्दिर, श्री भिलट मन्दिर, नर्मदा किनारे प्राचीन मन्दिर-03, शिवजी का पत्थर मन्दिर, भिलट बाबा मन्दिर, भैरवान का मन्दिर
02	बैगन्दा	माता जी का मन्दिर, समाधी भारूड़ समाज, भिलट मन्दिर
03	निम्बोला	श्री गणेश मन्दिर, सती माता मन्दिर, कुल देवी माता मन्दिर, शिव मन्दिर, श्रीराम मन्दिर, मालन बाबा मन्दिर
04	बलवाड़ा	श्री हनुमान मन्दिर, सार्वजनिक मड़ीकुटी।
05	मौरगढ़ी	शंकर मन्दिर सार्वजनिक, शीतला माता मन्दिर, मोटी माता मन्दिर
06	पिल्लदागढ़ी	दुर्गा जी का मन्दिर, बजरंग मन्दिर
07	गाजीपुरा	श्री वैश्य समाज धर्मशाला
08	खलबुजूर्ग	सार्वजनिक हनुमान मन्दिर, मोटी माता मन्दिर, संतोषी माता मन्दिर, प्राथमिक शाला भवन, राजपूत समाज धर्मशाला, प्राथमिक शाला भवन-2, मर्यादित सेवा सहकारी समिति
09	खलखुर्द	नर्मदा मन्दिर, शंकर मन्दिर, शिव मन्दिर, भेरवान भिलट मन्दिर, शिव मन्दिर, पुलिस चौकी, प्राथमिक स्वास्थ्य केन्द्र
10	साला	धर्मशाला सार्वजनिक, मदरसा, मन्दिर, श्रीकृष्ण मन्दिर ग्राम गाजीपुरा।
11	सुलगाँव	हनुमान मन्दिर, निवास कुटिया सार्वजनिक

निष्कर्ष

बाँध तथा पुनर्वास स्थल के बनने से धरमपुरी तहसील में कृषि योग्य भूमि क्षेत्रफल में कमी हो गई है। डूब प्रभावित कृषि भूमि 10.201 हेक्टेयर है। जिसमें 05 गाँव सुलगाँव, खतड़गाँव, हतनावर, पिपल्दागढ़ी और बलवाड़ा के 46 परिवार आते हैं। जबकि पुनर्वास स्थल निर्माण हेतु 22,187.191 हेक्टेयर कृषि भूमि का उपयोग किया जा रहा है। इस प्रकार कुल 22,197.392 हेक्टेयर कृषि भूमि नष्ट हो रही है।

इससे यहाँ पर कृषि भूमि के क्षेत्रफल में कमी होने से अनाज की पूर्ति कम हो जाएगी और लोगों के आर्थिक जीवन पर बुरा प्रभाव पड़ेगा क्योंकि ये लोग कृषि पर ही आधारित है।

बाँध बनने से अनेक ऐतिहासिक मन्दिर-मस्जिद डूब जायेंगे, भूमि का दल-दल होने का खतरा, बाढ़ आने का खतरा, अनेक पेड़-पौधों तथा जीव-जन्तु डूब प्रभावित हो जायेंगे। जिससे पर्यावरण बिगड़ने का खतरा बढ़ जायेगा। इसका प्रभाव मानव पर जरूर पड़ेगा और कभी-कभी बीमारियाँ एवं रोग उत्पन्न होंगे।

संदर्भ

1. *जिला सांख्यिकी पुस्तिका*, जिला धार, म.प्र. 2001।
2. 1:50000 स्थलाकृतिक मानचित्र।
3. आँकड़ें नर्मदा घाटी विकास प्राधिकरण की वार्षिक प्रतिवेदन 2005-06 पुस्तिका से लिये गये।

9

वायु प्रदूषण व वाहनों के अन्तर्सम्बंध का एक अध्ययन (इन्दौर नगर के संबंध में)

डॉ. अर्चना शर्मा

परिचय

स्वच्छ वायु स्वस्थ जीवन के लिए आवश्यक तत्व है। स्वच्छ वायु में सामान्यत: 70 प्रतिशत नाइट्रोजन, 21 प्रतिशत ऑक्सीजन, 0.03 प्रतिशत कार्बन डाई-ऑक्साईड तथा शेष निष्क्रिय गैसें एवं जलवाष्प होती है। वायुमण्डल में ऑक्सीजन तथा कार्बन डाई-ऑक्साइड का एक संतुलन स्थापित रहता है। पेड़ पौधे पारिस्थितिक संतुलन में एक बहुत महत्वपूर्ण भूमिका स्थापित करते हैं। जब वायुमण्डल के बाह्य स्त्रोंतों से विविध प्रकार के प्रदूषक तथा धूल, गैस और वाष्प आदि एक निश्चित मात्रा से अधिक एकत्रित हो जाएं, और उससे वायु के प्राकृतिक गुणों में अंतर आने लगे तथा उससे मानवीय स्वास्थ्य, सुखी जीवन और सम्पत्ति को नुकसान पहुँचे व जीवन की गुणवत्ता बाधित हो, तो उसे 'वायु प्रदूषण" कहते हैं।

अध्ययन का उद्देश्य

इन्दौर नगर में वाहनों व प्रदूषण के अंतर्सम्बंध का पता लगाना। नगर में वाहनों

की बढ़ती संख्या का मानवीय स्वास्थ्य पर पड़ने वाले प्रभावों का पता लगाना। इस समस्या से निपटने के समाधान तलाश करना।

शोध प्राविधि

शोध हेतु द्वितीयक समंकों का प्रयोग किया गया है। समंकों के विश्लेषण हेतु सारणीयन का प्रयोग कर निष्कर्ष निकाला गया है।

शोध क्षेत्र

शोध हेतु इन्दौर नगर को लिया गया है।

अध्ययन क्षेत्र का विवरण

इन्दौर नगर मध्य प्रदेश का सबसे बड़ा नगर है। जनसंख्या के वितरण की दृष्टि से 2001 में सर्वाधिक जनसंख्या इन्दौर नगर की है। 2001 में इन्दौर नगर की जनसंख्या 16,39,044 है, जबकि 1991 में जनसंख्या 11,04,065 थी। नगरीय जनसंख्या में 1991–2001 के मध्य दशकीय वृद्धि दर 16·3 प्रतिशत थी, जबकि 1981 से 1991 के मध्य दशकीय वृद्धि दर 33·11 प्रतिशत थी।

इन्दौर शहर में वाहनों की संख्या

इन्दौर शहर में वाहनों की संख्या प्रतिवर्ष 21 प्रतिशत की दर से बढ़ रही है। दिसम्बर 2006 में इन्दौर में 7,88,175 वाहन पंजीकृत हैं। जिनमें 69,678 कारें हैं, व 5,43,224 दुपहिया वाहन हैं, व 30,000 रिक्शा हैं। नगर में 30 प्रतिशत कारें, दूसरे नगरों से पंजीकृत हैं, जो नगर की सड़कों पर दौड़ रही हैं। इस प्रकार कारों की संख्या लगभग 1,00,000 है। इसी तरह से दूसरे वाहन भी बड़ी संख्या में ऐसे हैं, जो दूसरे नगरों से पंजीकृत हैं और इन्दौर की सड़कों पर दौड़ रहे हैं। नगर में चालित वाहनों में लगभग 30 प्रतिशत वाहन बहुत पुराने हो चुके हैं। इन्दौर नगर में 2006 में पंजीकृत वाहनों की संख्या इस प्रकार रही है–

तालिका 9.1: इन्दौर में दिसंबर 2006 में पंजीकृत वाहनों की संख्या

कार	69,678
दुपहिया	5,43,224
ऑटो रिक्शा	30,150
अन्य	1,45,123
कुल	7,88,175

स्रोत—आर.टी.ओ. कार्यालय, इन्दौर

इन्दौर नगर में हर वर्ष लगभग 4,000 कारें बढ़ जाती हैं। आर.टी.ओ. कार्यालय से प्राप्त जानकारी के अनुसार शहर में प्रति वर्ष औसतन 3,000 कारें पंजीकृत हो जाती हैं। इसके अलावा शहर में बाहर से आने वाली कारों की संख्या भी लगभग 1,000 तक पहुंच जाती हैं, जिससे शहर की सड़कों पर हर वर्ष लगभग 4,000 कारें बढ़ जाती हैं। सड़कों की लम्बाई के हिसाब से मुंबई में प्रति कि.मी. पर 678 कारें हैं, जबकि शहर में सड़कों के हिसाब से प्रति कि.मी. 53 हैं। आर.टी.ओ. कार्यालय में इस समय 70,000 से अधिक कारें पंजीकृत हैं। फिलहाल शहर में इस समय 1,00,000 से अधिक कारें हैं, इनमें वे कारें भी शामिल हैं जो शहर के बाहर से पंजीकृत हुई हैं। इसके अलावा शहर में दूसरे वाहनों की तुलना में इनकी संख्या बहुत तेजी से बढ़ रही है।

शहर में साढ़े आठ सौ कि.मी. की पक्की सड़के हैं। यदि इन पर शहर की सभी कारों को खडा किया जाए तो 600 कि.मी. की जगह तो कारों द्वारा ही घेर ली जायेगी। शहर की जनसंख्या हर वर्ष लगभग 5 प्रतिशत की दर से बढ़ रही है लेकिन कारों की संख्या 21 प्रतिशत की दर से बढ़ रही हैं।

इन्दौर नगर में प्रमुख सड़कों पर वाहनों का दबाव

इन्दौर नगर की विभिन्न सड़कों पर वाहनों का भारी दबाव है। कुछ सड़कों पर वाहनों का दबाव प्रति घंटे बहुत ज्यादा है, जो निम्न सारणी से स्पष्ट है—

तालिका 9.2: विभिन्न सड़कों पर प्रति घण्टा वाहन संख्या

सड़कें	*लंबाई(कि.मी. में)*	*जर्जर*	*वाहन संख्या*
ए.बी. रोड़ (स्कीम नं. 78 बीजलपुर)	10	4.2	3000–3500
एम.जी. रोड़ (गांधी हॉल–व्यास पुल)	03	1.1	2500–2800
मालवा मिल–पाटनीपुरा	01	0.5	1500–1700
जवाहर मार्ग	2.5	1.7	2200–2500
सुभाष मार्ग	2.0	1.3	1400–1600
सपना–संगीता	1.0	0.1	1000–1100
रेस कोर्स रोड़	2.0	0.7	800–1000
व्यास पुल–एयरपोर्ट	4.0	1.2	700–800
व्यास पुल–लाबरिया भेरू	1.0	0.6	1100–1200
विजय नगर चौराहा–रिंग रोड	0.8	0.7	300–400
जंजीरवाला–स्वदेशी मिल	2.0	1.4	500–700
राजवाड़ा–मरीमाता	2.0	1.2	600–700
चंदन नगर–राजेन्द्र नगर	5.0	3.2	400–600

स्रोत—सर्वेक्षणानुसार दिसम्बर 2006 समय 10 से 12 बजे

उपरोक्त सारणी से स्पष्ट है, कि इन्दौर नगर में सड़कों पर वाहनों का दबाव बहुत ज्यादा है, विशेषकर ए.बी. रोड़, एम.जी. रोड़ व जवाहर मार्ग पर प्रति घंटा वाहनों की संख्या 3500 से 2500 के मध्य है।

यद्यपि विकसित देशों की तुलना में नगर में वाहनों की संख्या अधिक नहीं है, परंतु प्रदूषण की समस्या उतनी ही गंभीर है। इसका कारण अधिकांश गाड़ियों का पुराना होना है, उसमें इंजनों का अल्प निष्पादन है। कुछ वाहनों से निकले धुंए में 5.5 से 10 प्रतिशत तक कार्बन मोनो–ऑक्साइड रहता है। जबकि अमेरिका में किसी नई कार के निर्वात नाल से निकले धुएं में केवल 1.5 प्रतिशत कार्बन मोनो–आक्साइड निकाल जाने की कानूनी सीमा निर्धारित है। भारत में इस तरह का कोई कानून नहीं है।

वायु प्रदूषण के दुष्परिणाम

वायु प्रदूषण का परिणाम अपेक्षाकृति अधिक व्यापक होता है। इससे मनुष्य, पेड़-पौधों, जीव-जन्तु व जलवायु आदि सभी पारिस्थितिक घटक प्रभावित होते हैं।

मानवीय स्वास्थ्य पर प्रभाव

प्रदूषित वायु से श्वसन संबंधी रोग जैसे-श्वसनीय शोध (Bronchitis)] बिसिनोसिस (Bissynosis), गले का दर्द, निमोनिया, फुफ्फुस का कैंसर होने की संभावना बढ़ जाती है। वायु में सल्फर डाई-ऑक्साइड व नाइट्रोजन ऑक्साइड की अधिकता कैंसर रोग, मधुमेह व एम्फीसीमा रोग उत्पन्न होते हैं।

वनस्पति पर प्रभाव

वायु प्रदूषण से वृक्ष, फल, सब्जियाँ, पुष्प आदि व्यापक रूप से प्रभावित होते हैं। वायु प्रदूषण से पौधों की वृद्धि प्रभावित होती है, साथ ही उत्पादन भी घट जाता है।

जलवायु पर प्रभाव

पिछले कुछ वर्षो में जलवायु में परिवर्तन आया है। वैज्ञानिकों का मत है, कि आजकल पृथ्वी का वायुमण्डल कार्बन डाई-ऑक्साईड की अधिभारिता झेल रहा है। पौधों द्वारा जितनी कार्बन डाई-ऑक्साइड अवशोषित की जाती है, उससे अधिक मात्रा में उद्योंगो व मोटर वाहनों द्वारा विसर्जित की जा रही है। फलस्वरूप वायुमण्डल में इस गैस की मात्रा में 2 प्रतिशत की दर से प्रतिवर्ष वृद्धि हो रही है, जो ताप वृद्धि का कारण बन रही है। एक अनुमान के अनुसार पिछले पचास वर्षो में पृथ्वी का औसत ताप 1°C बढ़ा है। वैज्ञानिकों ने भविष्यवाणी की है, कि यदि पृथ्वी का ताप वर्तमान ताप से 3.6 बढ़ जाए तो अन्टार्टिक और आर्टिक ध्रुवों के विशाल हिम खण्ड पिघल जाऐगें, और समुद्र की सतह 100 मी. ऊंची हो जाएगी।

इन्दौर में वायु गुणवत्ता

इन्दौर नगर में वायु की गुणवत्ता की जांच प्रदूषण नियंत्रण कार्यालय द्वारा समय-समय पर की जाती है। इन्दौर नगर में वायु की गुणवत्ता की जांच हेतु तीन क्षेत्रों का चयन किया गया है, जिसमें एक क्षेत्र औद्योगिक है, दूसरा

तालिका 9.3: इन्दौर नगर में वायु गुणवत्ता की स्थिति (2003 से 2006)

जांच केन्द्र	*पैरा मीटर*	*स्टैण्डर्ड मूल्य*	*2003 वार्षिक औसत*	*2004 वार्षिक औसत*	*2005 वार्षिक औसत*	*2006 वार्षिक औसत*
पोलोग्राउन्ड (औद्योगिक क्षेत्र)	एस.पी.एम.	360	258	307.76	276.69	209.70
	आर.पी.एम.	120	171	142.71	158.25	127.55
	सल्फर डाई-आक्साइड SO_2	80	19	15.92	10.66	7.70
	आक्साइड NOx ऑफ नाइट्रोजन	80	42	28.43	20.12	16.34
कोठारी मार्केट (व्यवसायिक क्षेत्र)	एस.पी.एम.	140	308	314.07	242.29	191.21
	आर.पी.एम.	60	152	140.90	139.26	116.61
	सल्फर डाई-आक्साइड SO_2	60	19	15.50	10.34	6.59
	आक्साइड ऑफ नाइट्रोजन NOx	60	37	27.61	19.29	14.86
स्कीम नं.78 अरण्य (रहवासी क्षेत्र)	एस.पी.एम.	140	191	145.99	168.86	153.05
	आर.पी.एम.	60	108	89.67	105.79	95.97
	सल्फर डाई-आक्साइड SO_2	60	14	11.20	6.44	4.09
	आक्साइड NOx ऑफ नाइट्रोजन	60	30	21.66	14.27	10.38

स्रोत—जिला प्रदूषण नियंत्रण कार्यालय, इन्दौर

टिप्पणी—सभी मूल्य $\mu g/m^3$(माईक्रोग्राम प्रति क्यूबिक मीटर) एस.पी.एम.—सस्पेन्डेड पर्टिकुलेट मैटर, आर.पी.एम.—रिसपाइरेवल पर्टिकुलेट मैटर

व्यवसायिक व तीसरा रहवासी क्षेत्र है। इन क्षेत्रों में सन् 2003 से 2006 तक वायु की गुणवत्ता कैसी रही यह निम्न सारणी से स्पष्ट है।

उपर्युक्त सारणी से स्पष्ट है, कि यद्यपि पिछले वर्षों की तुलना में वायु प्रदूषण की मात्रा में सुधार आया है।

औद्यौगिक क्षेत्र (पोलोग्राउण्ड)—इस क्षेत्र में एस.पी.एम. की मात्रा में 2004 से लगातार कमी आई है। आर.पी.एम. की मात्रा में भी 2004 से लगातार कमी आ रही है। 2006 में अभी भी आर.पी.एम. स्टैण्डर्ड मान से अधिक है। सल्फर डाई–ऑक्साइड व नाइट्रोजन ऑक्साइड में 2003 से लगातार कमी आ रही है।

व्यवसायिक क्षेत्र (कोठारी मार्केट)—इस क्षेत्र में एस.पी.एम., आर. पी.एम. में पिछले वर्षों से लगातार कमी आ रही है, लेकिन इनकी मात्रा 2006 में स्टैण्डर्ड मान से बहुत ज्यादा है। सल्फर डाई–ऑक्साइड व नाइट्रोजन ऑक्साइड में 2003 से लगातार कमी आ रही है, व इनकी मात्रा में स्टैण्डर्ड मान से काफी कमी आई है।

रहवासी क्षेत्र (स्कीम नं. 78 अरण्य)—इस क्षेत्र में एस.पी.एम. 2003 से लगातार उतार–चढ़ाव देखने को मिल रहे हैं, 2006 में एस.पी.एम. की मात्रा स्टैण्डर्ड मान से अधिक रही है। यही स्थिति आर.पी.एम. की मात्रा में भी देखने को मिलती है। 2006 में इसकी मात्रा स्टैण्डर्ड मान से 60 प्रतिशत अधिक रही है। सल्फर डाई–ऑक्साइड व ऑक्साइड ऑफ–नाइट्रोजन की मात्रा में 2003 से लगातार कमी आ रही है। सन् 2006 में इनकी मात्रा क्रमशः 4.09 व 11.07$\mu g/m^3$ रही है।

प्रमुख वायु प्रदूषक व उनके मानवीय स्वास्थ्य पर प्रभाव

1. कार्बन डाई–ऑक्साइड

स्रोत–मुख्यतः ऊर्जा उत्पादन के लिए ईंधन दहन से यह गैस उत्सर्जित होती है।

प्रभाव–7 कालांतर में पृथ्वी के तापमान में वृद्धि।

2. **कार्बन मोनो-ऑक्साइड**
   स्रोत-ईंधन का अधूरा दहन जैसे मोटर वाहन।
   प्रभाव-सांस के रोगियों पर विशेष प्रभाव, ऑक्सीजन के ऊतक घटाता है।
3. **सल्फर डाई-आक्साइड**
   स्रोत-गंधयुक्त ईंधन का जलना जैसे कोयला, तेल।
   प्रभाव-श्वास की बीमारी, दम घुटना, गले में खराश, आंखों में जलन।
4. **सस्पेंडेड पर्टिकुलेट मैटर**
   स्रोत-वाहनों का धुंआ।
   प्रभाव-विशेष मिश्रण के अनुसार जहरीला प्रभाव अलग-अलग होता है। धुंध छाती है, जंग लगता है।
5. **नाइट्रोजन ऑक्साइड**
   स्रोत-मोटर-वाहन और भट्टियों में ईंधन जलना।
   प्रभाव-बच्चों में श्वास के तीव्र रोगों का संक्रमण, नजले की शिकायत आदि।
6. **ऑक्सीडेंट व ओजोन**
   स्रोत-मोटर वाहन से निकला धुंआ।
   प्रभाव-आंखों में जलन व रोगियों के फेफड़ों को बेकार कर देता है।

वायु प्रदूषण नियंत्रण के सुझाव

1. वायु में कार्बन डाई-ऑक्साइड की अतिभारिता को संतुलित करने हेतु नगर को अधिक हरा-भरा बनाना होगा।
2. स्वचालित वाहनों से उत्पन्न धुएं को निर्वात नाल पर छन्ना तथा पश्च ज्वलक इत्यादि लगाकर कम किया जा सकता है।
3. डीजल ईंधन में संयोजी पदार्थों को मिलाकर तथा पेट्रोल से लेड व सल्फर को निकालकर इनके कारण होने वाले प्रदूषण को कम किया जा सकता है।

4. वाहनों के आन्तरिक दहन इंजनों की संरचना में ऐसे सुधार किए जाने चाहिए, जिससे ईंधन का सम्पूर्ण दहन हो तथा प्रदूषण कम मात्रा में उत्पन्न हों।
5. अत्याधिक वायु प्रदूषणकारी पुराने वाहनों के मुख्य मार्गों पर चलने पर पाबंदी तथा अन्य वाहनों से उत्पन्न धुंए को एक निश्चित स्तर से अधिक होने से संबंधित कानूनी नियम बनाना चाहिए। नगर में सड़कों का सही रख-रखाव किया जाने पर एस.पी.एम., आर.पी.एम. की मात्रा को नियंत्रित किया जा सकता है।
6. वायु प्रदूषण को रोकने हेतु हमे ऐसे इंजन का उपयोग करना चाहिए, जो पर्यावरण मित्र हो, जैसे हर्बल से बना ईंधन, प्लास्टिक से बना ईंधन। यह ईंधन न केवल सस्ता है, बल्कि साथ ही पर्यावरण मित्र भी है। इसके अतिरिक्त समय-समय पर वाहनों के विभिन्न पार्ट्स की जाँच की जानी चाहिये।
7. सी.एन.जी. को ईंधन के रूप में प्रयोग करने से वायु प्रदूषण में लगभग 30 प्रतिशत तक कमी लाई जा सकती है।
8. नगर में ऐसी यातायात व्यवस्था हो, ताकि ट्रैफिक जाम की स्थिति उत्पन्न न हो।

निष्कर्ष

शोध-पत्र का विश्लेषण करने पर यह निष्कर्ष निकलता है कि यद्यपि इन्दौर नगर में वायु प्रदूषण का प्रमुख कारण मोटर वाहन रहे हैं, किन्तु पिछले चार वर्षों में मोटर वाहनों की संख्या में प्रतिवर्ष 21 प्रतिशत वृद्धि होने के कारण नगर में किए गए वायु गुणवत्ता परीक्षण से यह स्पष्ट होता है कि नगर में वायु प्रदूषण में कमी आई है। इसका कारण मोटर वाहनों में आधुनिक इंजनों का प्रयोग व पेट्रोल का लेडरहित होना है। इसके साथ ही बहुत से वाहनों का एल.पी.जी. से चलना रहा है। इन्दौर नगर में आगामी छः महीनों में वाहनों के सी.एन.जी. से चलने की संभावना है, जिससे न केवल मितव्ययिता प्राप्त होगी, बल्कि यह पर्यावरण मित्र होने से पर्यावरण के लिए लाभप्रद होगा। नगर के प्रमुख वायु

प्रदूषक एम.पी.एम. व आर.पी.एम. रहे है। अतः हमें नगर को वायु प्रदूषण से मुक्त रखने हेतु न केवल मोटर वाहनों से निकले धुएं पर ध्यान देना है, बल्कि सड़कों का सही रख-रखाव व ज्यादा से ज्यादा वृक्षारोपण द्वारा इस समस्या से काफी हद तक निजात पाया जा सकता है।

संदर्भ ग्रंथ

1. प्रमिला कुमार, *मध्य प्रदेश एक भौगोलिक अध्ययन*, मध्य प्रदेश, हिन्दी ग्रन्थ एकेदमी, भोपाल

10

शोर प्रदूषण : इन्दौर नगर के संदर्भ में प्रतीकात्मक अध्ययन

डॉ. मंजू पाटनी एवं डॉ. सुषमा शर्मा

परिचय

ध्वनि हमारे जीवन के प्रत्येक दिन का एक अभिन्न अंग है। ध्वनि हमारे सभी कार्यों को संभव बनाती है। यह हमें विभिन्न तरीकों से आनन्द की अनुभूति कराती है, जैसे संगीत के माध्यम से या कभी पक्षियों के गुनगुनाने से। ध्वनि हमारे परिवार के सदस्यों तथा दोस्तों के बीच भाषायी संचार को समर्थ बनाती है। ध्वनि हमें सावधान करने का कार्य भी करती है जैसे टेलिफोन के रिंग की ध्वनि, सायरन की ध्वनि, आदि।

विभिन्न विद्वानों के गहन परीक्षणों के परिणामस्वरूप जो तथ्य उभर कर आया है, उसे देखने पर ज्ञात होता है कि जो ध्वनि हमारे जीवन का सहज अंग है वही हमारे लिये हानिकारक भी है। आज के समाज के नये परिवेश में ध्वनि के साथ बहुत छेड़छाड़ की जा रही है। बहुत सी ध्वनियाँ ऐसी होती हैं जो कि अप्रसन्नतादायक तथा अनचाही होती है जिसे हम शोर या ध्वनि प्रदूषण के नाम से जानते हैं। शोर वास्तव में ध्वनि का ही एक तीव्र रूप है। ये प्रदूषित ध्वनि का स्तर मानव जाति के लिए बहुत ही खतरनाक सिद्ध हो सकता है क्योंकि तीव्र ध्वनि जब हमारे कान के परदे पर टकराती है तो इससे हमारे कान खराब हो सकते हैं तथा हमारी सुनने की शक्ति भी प्रभावित होती है। हमारे कान की

रचना इस प्रकार की है जो कि ना तो अत्याधिक तीव्र ध्वनि जहाँ हमें विचलित कर देती है वहीं अत्यधिक कम ध्वनि हमें सुनाई ही नहीं देती। अतः ध्वनि का मानव जीवन पर बहुत ही गहरा प्रभाव पड़ता है।

शोर एक "धीमा जहर" है, जिसे व्यक्ति अज्ञानता के कारण नहीं जान पाता है। एक अमेरिकन पर्यावरण शास्त्री ने भविष्यवाणी की है कि यदि शोर का स्तर वर्तमान दर से बढ़ता रहा है तो अधिकांश व्यक्ति जो महानगरों के क्षेत्र में रहते हैं वह वर्ष 2050 तक बहरे हो जायेंगे। शोर एक अंतर्राष्ट्रीय विचार है। विश्व के करीब–करीब सभी शहर शोर के दुष्प्रभाव से पीड़ित हैं।

के.एफ.एच. मुरेल (K.F.H. Murrell) के अनुसार—"शोर अनावश्यक समय में अनावश्यक स्थान पर होने वाली अनावश्यक आवाज है।"

ध्वनि को कान की प्रतिक्रिया के आधार पर लॉगरिदमिक डेसिबल कठ पैमाने द्वारा ऊर्जा या शक्ति की तुलनात्मक इकाई के रूप में मापा जाता है। डेसिबल यानी बल का दसवाँ भाग। यह एक भौतिक इकाई है जो उस हल्की से हल्की ध्वनि पर आधारित है, जिसे इंसान के कान सुन सकते हैं। शून्य डेसिबल सुनने का न्यूनतम चरम बिन्दु है जबकि 120 डेसिबल से ऊपर मानवीय जीवन के लिये कष्टदायक स्थिति है। अतः ध्वनि का मानव जीवन के ऊपर बहुत गहरा प्रभाव पड़ता है।

प्रदूषण नियंत्रण बोर्ड के अनुसार ध्वनि सीमा निम्नानुसार होना चाहिए—

	दिन के समय, डेसिबल में	*रात के समय, डेसिबल में*
इंडस्ट्रीयल जोन	75 डेसिबल	75 डेसिबल
कमर्शियल जोन	65 डेसिबल	55 डेसिबल
रेसिडेंशियल जोन	55 डेसिबल	45 डेसिबल
साइलेंट जोन	50 डेसिबल	40 डेसिबल

स्रोत—प्रदूषण नियंत्रण बोर्ड, इन्दौर (म.प्र.) वर्ष 2007

Occupational Safety and Health Administration (OSHA) U.S. जो कि श्रम विभाग की संस्था है उसने शोर के वातावरण में सुरक्षित रहने की सीमा बताई है जिसे कई राष्ट्रीय और अंतराष्ट्रीय स्तरों में मान्य किया जाता

है। OSHA ने उद्योगों में कार्य करने वाले व्यक्तियों की निर्धारित सीमा निश्चित की है।

ध्वनि स्तर डेसिबल में	*स्वीकृत समय घण्टे में*
80	32
85	16
90	8
95	4
100	2
105	1
110	0.5
115	0.25
120+	0.125+
125+	0.063+

नोट—तालिका के अनुसार शोर का स्वीकृत समय +115 डेसिबल के ऊपर के वातावरण में रहने की अनुमति नहीं दी जाती है।

अध्ययन के उद्देश्य

1. इन्दौर शहर के रहवासी व व्यवसायिक क्षेत्रों के शोर के स्तर का मापन करना।

2. शोर का व्यक्ति की अध्ययन क्षमता, नींद, बातचीत पर पड़ने वाले प्रभाव का अध्ययन करना।

परिकल्पना—1. इन्दौर शहर के रहवासी व व्यवसायिक क्षेत्रों में स्वीकृत सीमा से अधिक शोर पाया जा रहा है।

2. व्यक्ति की अध्ययन क्षमता, नींद व बातचीत का शोर के साथ कोई सार्थक प्रभाव नहीं पड़ता है।

शोध प्रविधि—1. ध्वनि मापन यंत्र द्वारा (Sound Level Meter, 2230) शोर के स्तर का मापन—यह अध्ययन इन्दौर शहर में किया गया जिसमें ध्वनि मापन यंत्र द्वारा (Sound Level Meter, 2230) रहवासी क्षेत्रों की 75 इकाइयों व व्यवसायिक क्षेत्रों की 75 इकाइयों के शोर के स्तर का मापन किया

गया। इन्दौर शहर के रहवासी व व्यवसायिक क्षेत्रों को 15–15 भागों में विभक्त करके प्रत्येक क्षेत्र से 5 इकाइयाँ लेकर कुल 150 इकाइयों के शोर के स्तर का मापन दिन के दो समय अर्थात दोपहर 12 बजे व सायं 6 बजे किया गया।

2. प्रश्नावली विधि द्वारा—प्रश्नावली विधि द्वारा शोर का व्यक्ति की अध्ययन क्षमता, नींद, बातचीत पर पड़ने वाले प्रभाव का अध्ययन किया गया। प्रश्नावली में ऐसे प्रश्नों को सम्मिलित किया गया है, जो ध्वनि प्रदूषण से संबंधित हैं। इस प्रश्नावली को विशेषज्ञों द्वारा जांच करवाकर सत्यापित कराया गया तत्पश्चात् इसे इन्दौर शहर के रहवासी व व्यवसायिक क्षेत्रों में रहने वाले व्यक्तियों से साक्षात्कार लेकर भरवाया गया व आँकड़े एकत्र किये गये हैं।

तालिका 10.1: इन्दौर शहर के रहवासी व व्यवसायिक क्षेत्रों का ध्वनि स्तर

क्र.	*व्यवसायिक क्षेत्र*	*ध्वनि स्तर डेसिबल में समय*		*रहवासी क्षेत्र*	*ध्वनि स्तर डेसिबल में समय*	
		दोपहर 12 बजे	*सायं 6 बजे*		*दोपहर 12 बजे*	*सायं 6 बजे*
1.	राजबाड़ा	84.04	81.12	सुदामा नगर	59.20	53.00
2.	रीगल चौराहा	74.24	76.34	उषा नगर	59.44	57.52
3.	मालगंज	86.98	82.44	क्रांतिकृपलानी	58.60	54.64
4.	पलासिया क्रासिंग	82.94	89.51	ब्रज विहार	50.86	50.28
5.	भंवरकुआं	86.63	92.11	सूर्यदेव नगर	56.46	53.34
6.	गंगवाल बस स्टैंड	89.78	91.38	बैंक कॉलोनी	57.86	54.06
7.	एम.जी. रोड	70.58	78.76	गुमाश्ता नगर	52.92	49.26
8.	कलेक्टोरेट	68.88	72.26	लोकमान्य नगर	49.14	48.05
9.	एरोड्रम रोड	88.08	91.78	मधुबन कॉलोनी	49.00	46.66
10.	गीता भवन चौराहा	73.22	75.22	सिल्वर ऑक्स	53.52	49.36
11.	अन्नपूर्णा रोड	66.38	64.34	विश्वकर्मा नगर	45.05	53.32
12.	राजेन्द्र नगर रेलवे स्टेशन	86.58	85.14	केशरबाग कॉलोनी	53.88	54.06
13.	भण्डारी मिल	90.63	86.67	पलसीकर	59.46	54.14
14.	स्मृति टॉकिज	88.42	91.06	वैशाली नगर	58.06	52.32
15.	एम.वाय. हास्पिटल	77.16	83.48	भवानीपुर कॉलोनी	53.34	45.08
	औसत	81.04	82.81	औसत	54.65	51.82

स्रोत—क्षेत्र सर्वेक्षण वर्ष 2006

निष्कर्ष

1. **रहवासी क्षेत्र**—रहवासी क्षेत्र में दिन के समय की रीडिंग का औसत 54.65 डेसीबल देखा गया तथा शाम का औसत 51.82 डेसीबल अंकित किया गया। इससे यह निष्कर्ष निकलता है कि रहवासी क्षेत्र में शाम की अपेक्षा दिन के समय शोर अधिक होता है जो कि निर्धारित ध्वनि स्तर 40 डेसिबल से 14 प्रतिशत अधिक है।
2. **व्यवसायिक क्षेत्र**—व्यवसायिक क्षेत्र में दिन के समय की रीडिंग का औसत 81.04 डेसीबल देखा गया तथा शाम का औसत 82.81 डेसीबल अंकित किया गया। इससे यह निष्कर्ष निकलता है कि व्यवसायिक के लिए निर्धारित ध्वनि स्तर 60 डेसिबल से ज्ञात मात्रा 22 प्रतिशत अधिक है।

   अत: रहवासी तथा व्यवसायिक क्षेत्रों में मानक ध्वनि स्तर से अधिक ध्वनि स्तर पाया गया। जो कि एक खतरनाक स्थिति है।

तालिका 10.2: शोर का व्यक्ति की अध्ययन क्षमता, नींद, बातचीत पर पड़ने वाला प्रभाव

क्र.	*चर*	*व्यवसायिक क्षेत्र प्रतिशत में*			*रहवासी क्षेत्र प्रतिशत में*		
		हाँ	*नहीं*	*कभी-कभी*	*हाँ*	*नहीं*	*कभी-कभी*
1.	अध्ययन क्षमता	70	10	20	55	15	30
2.	नींद पर प्रभाव	65	15	20	60	15	25
3.	बातचीत पर प्रभाव	80	—	20	55	20	25

स्रोत—क्षेत्र सर्वेक्षण वर्ष 2006

3. **अध्यन क्षमता पर प्रभाव**—शोर का अध्ययन क्षमता पर पड़ने वाले प्रभाव का अध्ययन करने पर ज्ञात होता है कि व्यवसायिक क्षेत्रों में रहने वाले व्यक्तियों पर इसका प्रभाव अधिक देखा जाता है।
4. **नींद पर प्रभाव**—शोर का नींद पर पड़ने वाले प्रभाव का अध्ययन करने पर ज्ञात होता है कि रहवासी व व्यवसायिक क्षेत्रों में रहने वाले

व्यक्तियों पर इसका समान प्रभाव देखा जाता है। यद्यपि व्यवसायिक क्षेत्रों में रहने वाले व्यक्तियों पर थोड़ा अधिक प्रभाव देखा जाता है।

5. **बातचीत पर प्रभाव**—बातचीत पर शोर का प्रभाव जानने पर ज्ञात होता है कि व्यवसायिक क्षेत्रों में रहने वाले व्यक्तियों पर इसका प्रभाव अधिक देखा जाता है।

इस प्रकार इस अध्ययन से यह निष्कर्ष निकलता है कि रहवासी व व्यवसायिक दोनों ही क्षेत्रों में शोर प्रदूषण स्वीकृत सीमा से अधिक है।

अत: शोर प्रदूषण से निपटने के लिए केवल कानून बनाना ही पर्याप्त नहीं है वरन् जन-जागृति फैलाना भी आवश्यक है। इन्दौर में शोर प्रदूषण को कम करने के लिए निम्नानुसार सुझाव दिये जा सकते हैं—

1. यह देखा गया है कि आगरा-बाम्बे रोड पर अधिकतम ट्राफिक होता है। पहले यह बाहरी मार्ग था, किन्तु अब यह शहर का हृदय स्थल बन गया है अत: रिंग रोड जिसका सर्वे चल रहा है, उसे तुरंत बनाया जाना चाहिये, जिससे बाहरी ट्राफिक उस सड़क पर विभाजित हो जायेगा और शोर प्रदूषण कम हो जायेगा।
2. शहर में राजबाड़ा पर अधिकतम ट्रेफिक देखा गया। यह इन्दौर शहर का प्रमुख व्यापारिक केन्द्र है। इस स्थल पर ट्रेफिक को नियंत्रित किया जाना चाहिए। कार, स्कूटर, टेम्पो, रिक्शा आदि की पार्किंग सभी दिशाओं में आधा किलोमीटर दूर होना चाहिए। यहाँ केवल साईकिल की ही अनुमति होनी चाहिए। इस प्रकार ध्वनि प्रदूषण नियंत्रित किया जा सकेगा और मनुष्य स्वस्थ रह सकेगा।
3. शहर का उचित नियोजन किया जाना चाहिए। शहरों को तीन मुख्य सेक्टर में बांटना चाहिए। पहला—शोरगुल वाला सेक्टर जहाँ 75 डेसिबल से अधिक शोर होता है जैसे एयरपोर्ट, भारी उद्योग आदि। दूसरा—सहनीय क्षेत्र जहाँ 75 डेसिबल तक का शोर होता है जैसे मुख्य व्यवसायिक बाजार, प्रशासनिक ऑफिस, हल्के उद्योग, मनोरंजन केन्द्र आदि। तीसरा—शांत क्षेत्र जहाँ अधिकतम 50 डेसिबल तक

का शोर होता है जैसे शैक्षणिक संस्थाएँ, अस्पताल, मन्दिर, रहवासी घर आदि।

4. कार, स्कूटर, टेम्पो, रिक्शा आदि के इंजन की नियमित जाँच होना चाहिए एवं नागरिकों को चाहिए कि वे अपने वाहनों में साइलेंसर अवश्य लगायें।
5. प्रेशर हॉर्न तथा लाउडस्पीकर के उपयोग पर सख्ती से प्रतिबन्ध लगाना चाहिए। इसी प्रकार बारातों में बैंड-बाजों पर भी प्रतिबंध लगाया जाना चाहिए।
6. अधिक पेड़ लगाकर। वैज्ञानिकों की राय है कि आम, ताड़, नारियल, इमली आदि के ऊँचे वृक्ष वातावरण से 10 डेसिबल तक शोर कम करते हैं। अत: इन वृक्षों को अधिक से अधिक संख्या में सड़कों के दोनों किनारों पर लगाया जाना चाहिए।
7. यद्यपि देश में शोर की रोकथाम हेतु कानून बनाये जा रहे हैं, किंतु वर्तमान नियम एवं कानून अपर्याप्त हैं। अत: पर्याप्त सख्त कानून बनाना आवश्यक है एवं दोषी व्यक्तियों को कठोर दण्ड दिया जाना चाहिए।
8. भारत में जीवन की गुणवत्ता को उन्नत करने के लिए, इलेक्ट्रॉनिक मीडिया पर जन जागरण अभियान चलाया जाना चाहिए जिसमें उच्च स्तर के शोर से होने वाले कुप्रभावों के बारे में बताया जाये। डॉ. इकबाल मलिक, जो कि जाने माने वातावरण शास्त्री हैं, उन्होंने शोर पर एक रिपोर्ट प्रस्तुत की और दिल्ली के शोर प्रदूषण को कम करने हेतु अभियान प्रारंभ किया। उनके अनुसार भारतीय नागरिक वास्तव में शोर करने वाले व्यक्ति हैं। वे संवेदनहीन हैं अत: उनमें संवेदनशीलता उत्पन्न करनी होगी एवं शिक्षा प्रणाली में इसके संबंध में जागरूकता को सम्मिलित करना होगा।
9. भवन निर्माताओं एवं पदार्थ उत्पादकों के सहयोग से "Quiet Homes Programme" चलाये जाना चाहिए। आर्किटेक्ट को इस बात के लिए प्रोत्साहित करना चाहिए कि वह घरों की डिजाईन इस प्रकार बनाए ताकि शोर प्रदूषण के प्रति पर्याप्त अवरोधकता बनी रहे। सोवियत

ध्वनि विशेषज्ञों का कहना है कि यदि आप घर के आस-पास होने वाले शोर से परेशान हैं तो घर को हल्का नीला या हल्का हरा पुतवा दें। अनुसंधानों से यह ज्ञात हुआ है कि विभिन्न रंगों के ध्वनि अवरोधक गुणों में काफी अंतर होता है। हल्का नीला या हल्का हरा रंग ध्वनि के लिए सर्वाधिक उपयुक्त रंग है।

देश में शोर के विरुद्ध जन जागरण भी जरूरी है। यह अति आवश्यक है कि लोग अपने आसपास फैलते शोर और उसके खतरों को पहचाने और अपने स्तर पर इस प्रदूषण को कम करने के सार्थक प्रयास ईमानदारी से करें।

संदर्भ ग्रंथ

1. Dr. Rashmi Mayur, *'Noise: A Silent Killer'*, Urban Development Inst. Bombay, pp. 1 and 7.
2. Murrell, K.F.H., *'The Elements of Eronomic Practice'*, Chapman and Hall, 1971.

11

जनजातीय बाहुल्य क्षेत्रों में पर्यावरणीय प्रदूषण एवं प्रभाव

अजय कुमार राय

परिचय

पर्यावरण अब विश्व में सर्वाधिक चर्चित विषय बन गया है। मानव ने अपनी इच्छा पूर्ति के लिए प्राकृतिक संतुलन को नष्ट कर दिया है। परिणामस्वरूप नवीन समस्यायें सामने आयी हैं। प्रदूषण या परिस्थितिक असंतुलन का जैसे-जैसे फैलाव हो रहा है। वैसे ही सैमीनारों, संगोष्ठियों तथा अन्य प्रचार माध्यमों द्वारा विश्व जनमत को जागरूक बनाने के प्रयास भी तेज होते जा रहे हैं। सामाजिक पर्यावरण जो समाज वैज्ञानिक का प्रारंभ से ही मूल विषय रहा है, जीव विज्ञानिकों की धरोहर बन गया है। भूगोल वेत्ताओं एवं समाजविदों ने पुनर्रावलोकन के पश्चात् 1970 के बाद पर्यावरण की ओर फिर से पलट कर देखना प्रारंभ कर दिया है।

विवेचन

झारखण्ड राज्य का छोटानागपुर का पठार जो कि जनजातीय बाहुल्य व संसाधनों से धनी प्रदेश है वहाँ की प्रमुख जनजातियाँ विरहोर, संथाल, कोरवा, महली, मुण्डा आदि हैं जो जंगलों पर ही आश्रित हैं। ये वनों से कन्दमूल विभिन्न प्रकार के फल, लकडी, पत्ते तथा कुछ ऐसे पेड हैं जिनकी छाल एवं जडों से

रस्सियाँ बनाई जाती हैं एवं उनका उपयोग जंगलों में शिकार के लिए करते हैं। कुछ जनजातियाँ जंगलों से साल के पत्ते व वनोत्पाद लाकर बाजारों में बेचते हैं। जिनसे उनका भरण पोषण होता है। वनों के विनाश के साथ इन आदिवासियों की कला-संस्कृति आदि भी खतरे में पड़ती जा रही है। वनसम्पदा अर्थव्यवस्था का एक महत्वपूर्ण आधार भी है। वनों की कमी ने आज अनेक प्रश्न खडे कर दिए हैं। राज्य की वनसम्पदा आज वन संरक्षण के लिए विशेष संवेदना एवं सावधानी की मांग करती है, वनों के विनाश के कारण सम्भव नही है।

भारत में जनजातीय विलुप्तिकरण की समस्या बढ़ती जा रही है, इसका सांस्कृतिक जीवन कुछ विशिष्ट और सभ्य समाजों से पृथक रूप में दिखता है और अधिकांश जनजातीय क्षेत्रों का संबंध वनों से है। सरकार एवं जनजातियों के बीच निरंतर संधर्ष बनता रहा है, जिससे इनका जीवन यापन प्रभावित हुआ है। डॉ वी.के. एल्विन की पुस्तक *ए फिलॉसॉफी फॉर-नेफा* के द्वितीय संस्करण के आमुख में पंडित नेहरू ने लिखा है कि हम जनजातीय क्षेत्रों में उनकी समस्याओं के मामले को बहुत देर तक टाल नहीं सकते या उनमें कोई रूचि न लें ऐसा संभव नहीं है और आज के विश्व में यह अपेक्षित नहीं है, इसके साथ ही हमें इन क्षेत्रों में जरूरत से ज्यादा प्रशासन व्यवस्था से भी बचना चाहिये। विशेष रूप से अविदिताओं के बीच की स्थिति में कार्य करना है, वहाँ कई तरह के विकास की आवश्यकता है, जैसे उन क्षेत्रों में संचार, चिकित्सा सुविधाएँ, शिक्षा और बेहतर कृषि की आवश्यकता है।

प्रकृति की धरोहर जनजातीय समुदाय की अस्मिता और संस्कृति के विलोपन पर प्रश्नचिन्ह (?) लग चुका है, आज भारत की जनजातियाँ संक्रमणकालीन स्थिति से गुजर रही हैं, वे स्वतंत्र भारत के स्वच्छंद परिवेश में अपने आपको उपेक्षित महसूस कर रही हैं। उनके समक्ष आज मुख्य समस्या अपनी पहचान व अस्तित्व की है। जिसके कारण उनमें तीव्र असंतोष व आक्रोश समय-समय पर प्रकट हुआ है। जो स्वाभाविक भी है इसी कारण जनजातीय लोगों ने अपने क्षेत्रों में आन्दोलन किये जिनमें मिजो (1810) कोल (1795-1831), मुण्डा (1889), संथाल (1853) आदि हैं।

पंडित नेहरू इनके अस्तित्व और सांस्कृतिक धरोहर की सुरक्षा तथा विकास हेतु जनजातीय पंचशील सिद्धांतों को व्यापक ढॉचे में कार्यान्वयन की सलाह देते हैं–

1. जनजातियों का विकास उनकी प्रकृति के अनुसार हो और उन पर कोई भी बात थोपी न जाए, हर तरह से उनकी परम्परागत कला और संस्कृति को प्रोत्साहित करना होगा।
2. भूमि और वनों पर जनजातियों के अधिकारों को मान्यता दी जानी चाहिये।
3. उस क्षेत्र में प्रशासन व्यवस्था और कार्य हेतु उनके एक दल को प्रशिक्षित करना होगा निःसंदेह आरम्भिक कुछ तकनीकी कर्मियों की बाहर से आवश्यकता होगी फिर भी उनके क्षेत्रों में बहुत अधिक लोगों को नहीं भेजना चाहिये।
4. इन क्षेत्रों में आवश्यक प्रशासन एवं सीमित योजनाएं ही एक बार में शुरू करनी चाहिएं यह कार्य उनका बाहरी लोगों के साथ प्रतिद्वन्दिता के बजाय उनकी अपनी सामाजिक, सांस्कृतिक संस्थाओं के माध्यम से करना चाहिये।
5. अपनी योजनाओं के परिणामों को आंकडों के द्वारा उन योजनाओं पर कितना पैसा खर्च हुआ इससे नही आँकना चाहिये, बल्कि इनके द्वारा कितने मानव चरित्रों का निर्माण हुआ यह देखना चाहिये।

उपयुक्त व्यवहार द्वारा जनजातीय लोग अपनी विशिष्ट पहचान को बनाए रखते हुए लोकतांत्रिक शासन में सहभागी बन सकेंगे और राष्ट्र की मुख्यधारा से भी जुडे रहेंगे वहीं कुछ सरकारी प्रयासों जैसे-नागालैंड, मिजोरम, अरूणाचल प्रदेश, झारखण्ड व छत्तीसगढ़, दक्षिणी मध्य प्रदेश आदि प्रदेशों का निर्माण जनजातीय पहचान के लिए एक सराहनीय कदम माना जा सकता है, वास्तविकता भी यही है कि जनजातीय जीवन विधि को सुरक्षित बनाए रखने से जनजातियों को जहाँ मानसिक व सामाजिक सुरक्षा प्राप्त होगी वहीं धीरे-धीरे जनजातीय

समाज एवं अंतिम तौर पर भारतीय समाज की भी प्रगति हो सकेगी उक्त कदम "राष्ट्रीय एकीकरण" जैसे महान लक्ष्य की प्राप्ति में सहायक सिद्ध होगा।

कोरबा औद्योगिक क्षेत्र

कोरबा स्थित मध्य प्रदेश विद्युत मण्डल, एन.टी.पी.सी., एस.टी.पी. के कारखानों में प्रतिदिन 10,000 टन कोयला जलता है जिससे प्रतिदिन चार हजार टन जली हुई राख बाहर आती है परिणामस्वरूप हसदेव नदी के किनारे अस्थाई राखंड बांध बनाया जा रहा है।

पर्यावरण वैज्ञानिकों के अनुसार कोरबा में वायु प्रवाह की दिशा नौ माह तक उत्तर पूर्व की ओर होती है जिससे कोरबा शहर व कोरबा चांपा वायुमार्ग में प्रदूषण का असर अधिक होता है। प्रदूषण के कारण तेजाबी वर्षा की संभावना कोयले में सल्फर का प्रतिशत कम होने के कारण कम है, लेकिन इससे पेड़ पौधों को काफी नुकसान पहुँच रहा है। भविष्य में मनुष्यों को नुकसान होने की संभावना से इंकार नही किया जा सकता। इस प्रदूषण से हसदेव नदी का जल भी प्रदूषित हो चुका है।

एक हजार मेगावाट वाले बिजली घर की कोयला भट्टियों से 24 घंटे में 2300 मेट्रिक टन कार्बन डाई-आक्साइड निकलती है। इतनी कार्बन डाई-आक्साइड से कार्बन ग्रहण करके आक्सीजन छोड़ने के लिए 1000 हेक्टेयर में फैले जंगल को कम से कम 90 वर्ष का समय लगता है। अनुमान है कि इस शताब्दी में इस तरह से बनी करीब 70 करोड टन कार्बन डाई-आक्साइड वातावरण में जमा है।

निष्कर्ष

परिस्थितकीय संतुलन पर्यावरण अनुरक्षण तथा प्रदूषण नियंत्रण हेतु जन-आंदोलन व संचार माध्यमों तथा पर्यावरण संरक्षण के अन्तर्राष्ट्रीय प्रयासों जिसमें 15 दिसंबर 1972 को स्थापित यूनप (UNAEP) आज विश्व स्तर पर पर्यावरणीय धुरी बन गई है, जिसने जन-जागृति पैदा कर यह जताया है कि प्रकृति और

पर्यावरण से मनुष्य का संधर्ष ही नहीं, अपितु अन्योन्याश्रय का सौहार्दपूर्ण रिश्ता भी है, जिसे सम्प्रति में पर्यावरणविदों, भूगोलवेत्ताओं, प्राणिवैज्ञानिकों, नृशास्त्रियों तथा सक्रियता वादियों की सकारात्मक भूमिका व प्रयत्नों के साथ-साथ समर्पण की भावना ने प्रबल शक्ति प्रदान की है। मानव अस्तित्व एवं पर्यावरणीय आच्छादन तथा बचाव हेतु संघर्षो की आन्दोलनात्मक व सृजनात्मक शक्ति को प्रोत्साहित किया जाना आज के परिस्थितिकीय व पर्यावरण की अपरिहार्यता पूर्णत: बन चुकी एवं यही मानवता की रक्षा भी कर सकेगी साथ ही साथ प्रकृति द्वारा लिया गया ऋण लौटाए एवं राष्ट्र को प्रदूषण मुक्त बनाए।

12

इन्दौर महानगर में मलिन बस्तियों का विकास एवं पर्यावरणीय ह्रास

डॉ. देवेन्द्र कौर एवं शुचि वर्मा

परिचय

19वीं सदी के बाद का समय मानव के लिए नगरीकरण तथा औद्योगिकरण के परिणामस्वरूप अपार समृद्धि और सम्पदा लाया। इसी समय में नगरीय जीवन अपने उत्थान पर था। नगरीय जीवन के महत्त्व के साथ उसकी विशेषताओं ने चुम्बकीय आकर्षण की स्थिति उत्पन्न की। परिणामस्वरूप नगरों तथा महानगरों का विकास हुआ तथा साथ ही साथ विकास हुआ इन मलिन बस्तियों का। नगरीय बस्तियों का अभिन्न अंग होने के साथ-साथ ये बस्तियाँ वर्तमान में नगरों में एक समस्या के रूप में उभर कर आई। यह बसावट नगरीय पर्यावरण के लिए अत्यन्त हानिकारक हैं। महानगरीय दैनिक आवश्यकताओं की देन ये बस्तियाँ स्थानीय पर्यावरण के लिए एक शोचनीय विषय है। यहाँ जीवन अभावों के साथ निम्न कोटि का है तथा मानव स्वास्थ्य के लिए हानिकारक भी है। यहाँ का जनमानस नगरीय गुणवत्ता का लाभ प्राप्त न कर पाने के कारण कई कुण्ठाओं से भी ग्रस्त रहता है। सामाजिक, आर्थिक, शैक्षणिक, स्वास्थ्य एवं पारिवारिक गुणवत्ताओं का अभाव इन क्षेत्रों में जीवन को और अधिक जटिल बना गया है। शहरीकरण की जटिल प्रक्रिया में इन स्थानों की मूलभूत सुविधाओं की भी अनदेखी हो रही है। पर्यावरणीय सुधार इन स्थानों पर एक ज्वलंत

विषय एवं व्यय साध्य प्रक्रिया है। नगरों का एक बड़ा हिस्सा महानगरीय गन्दी बस्तियों के अन्तर्गत आता है। बढ़ती नगरीय जनसंख्या के कारण ये गन्दी बस्तियाँ नगरीय बसाव में बाधा उत्पन्न कर रही हैं। इन बस्तियों को विभिन्न नामों से अलंकृत किया गया है, जैसे—कैंसर एवं रेगिस्तान।

आंकड़ों के आधार एवं विधितंत्र

- सर्वेक्षण के दौरान वर्ष 1997 में अधिसूचित कुल 175 बस्तियों में से लगभग 6190 मकानों का 15 प्रतिशत अर्थात् 1005 मकानों का याद्रच्छिक रूप से सर्वेक्षण कार्य किया गया। इस दौरान कुल 5012 व्यक्तियों से साक्षात्कार लिया गया।
- आंकड़ों का एकत्रीकरण प्राथमिक तथा द्वितीयक दोनों ही आधारों पर किया गया है। प्राथमिक आंकड़ों के एकत्रीकरण हेतु प्रत्यक्ष तथा अप्रत्यक्ष व्यक्तिगत अनुसंधान, स्थानीय संवाददाताओं द्वारा प्रदत्त सूचनाएँ, प्रश्नावली तथा अनुसूची को आधार बनाया गया है जबकि द्वितीयक आंकड़ों के संकलन हेतु प्रकाशित व अप्रकाशित दोनों ही स्त्रोतों को आधार बनाया गया है। प्रकाशित स्त्रोतों में मास्टर प्लान (वर्ष 1991, 1994 तथा 2001) अर्द्धसरकारी सूचनाएँ, विश्वविद्यालयीन शोध, समाचार पत्र-पत्रिकाएँ इत्यादि को आधार बनाया गया है। शोध रिपोर्ट जैसे अप्रकाशित स्त्रोतों को भी आधार बनाया गया है।

उद्देश्य

प्रस्तुत अध्ययन का मुख्य उद्देश्य इन्दौर नगर की मलिन बस्तियों की संरचना का अध्ययन कर उसका पर्यावरण पर प्रभाव आंकलित करना है।

अध्ययन क्षेत्र

मालवा के पठार का मध्यप्रदेश के मध्य पश्चिमी भाग में स्थित इन्दौर 22°43' उत्तरी अक्षांश तथा 76°42' पूर्व देशान्तर रेखाओं पर स्थित समुद्र सतह से 1905

फीट ऊँचा है। रेल मार्ग, सड़क मार्ग एवं वायु मार्ग से पूर्ण रूप से सक्रिय होने के कारण यह एक वृहद् औद्योगिक केन्द्र बन गया है। मध्यप्रदेश की कुल जनसंख्या का 6,03,85,118 में से इन्दौर की जनसंख्या 16,37,461 (वर्ष 2001) है। इसका क्षेत्रफल वर्ष 2001 के अनुसार 137.11 वर्ग कि.मी. है। इन्दौर में जनसंख्या घनत्व 11937 प्रति वर्ग कि.मी. पाया गया तथा यहाँ की साक्षरता दर 81.81 प्रतिशत है। इन्दौर की कार्यप्रणाली पूर्ण रूप से औद्योगिक विकास पर निर्भर करती है। नगर की पर्यावरणीय अवस्था एक शोचनीय प्रश्न है तथा नगर में पाये जाने वाले नगरीय गन्दी बस्तियों में बढ़ती आबादी भी नगर के लिए जनसंख्या विस्फोट की स्थिति उत्पन्न कर रही है जिसको नियंत्रित करना अति आवश्यक है।

विवेचन

कुछ वर्षों से नगरों व महानगरों की समस्याओं को दूर करने के लिए अनेक प्रयासों व सुझावों पर कार्य किये जा रहे हैं। नगरों की घनी एवं गन्दी बस्ती उन्मूलन करने के लिए तथा उनमें रहने वाले लोगों के लिए स्वच्छ वातावरण उपलब्ध कराने के लिए स्वच्छ एवं सुरक्षापूर्ण मकानों के बनाये जाने के सरकार द्वारा प्रयास किये जा रहे हैं। जैसे—वाल्मीकि आवास योजना (VEMBAY) इन स्थानों पर बहुमंजिला इमारतों के अंतर्गत सुंदर एवं साफ मकानों की इकाई बनाकर गन्दी बस्तियों में रहने वाले लोगों को बसाने की कोशिश की जा रही है। इन्दौर में ये प्रयास तेजी से किये गये हैं, परन्तु ये एक व्यय साध्य प्रक्रिया है।

किए गए अध्ययन कार्य में अनुमानित 6190 मकानों में से 1005 यानी 15% मकानों को चयन किया गया। इन 15% मकानों में से कुल जनसंख्या 5012 पाई गई। जिनमें से पुरुषों की संख्या 2680 तथा महिलाओं की संख्या 2332 पाई गई। (चित्र 12.1)

प्राप्त आँकड़ों द्वारा 10 बस्तियों के याद्रेच्छिक रूप से चयनित मकानों की संख्या को प्रदर्शित करने का प्रयास किया गया। इन क्षेत्रों में से वेम्बे योजना में व्याप्त 4 बस्तियाँ ली गई हैं तथा बाकी साधारण बस्तियों का चयन किया गया। वेम्बे योजना अंतर्गत 400 मकानों का सर्वेक्षण किया गया, जिसमें उनसे अनुसूची भरवा कर विभिन्न प्रश्नों के माध्यम से जानकारी ली गई। इनके

90
150
150
80
95
150
75
90
35
90
Niranjanpur
Bapu
CSP Nagar
Arjunpura
Nandanagar
Azad Nagar
Ramnagar
Pancham Phel
Jabran Colony
Bhim Nagar

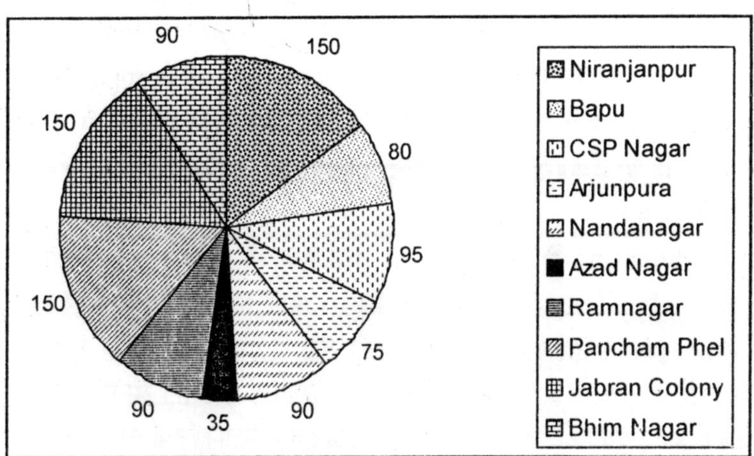

चित्र 12.1: Total House

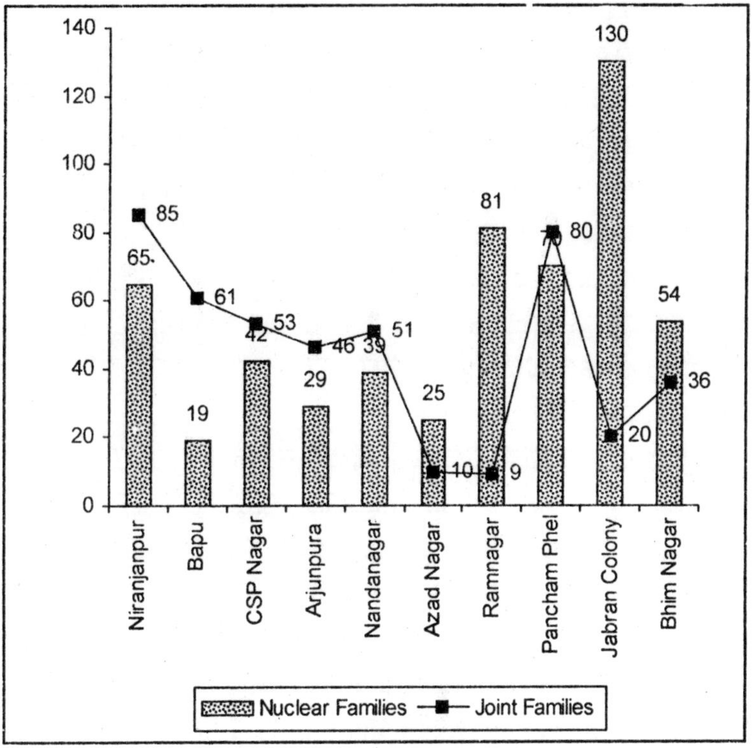

140
120
100
80
60
40
20
0
85
65
61
53
42
46
39
51
29
19
25
10
9
81
80
70
130
20
54
36
Niranjanpur
Bapu
CSP Nagar
Arjunpura
Nandanagar
Azad Nagar
Ramnagar
Pancham Phel
Jabran Colony
Bhim Nagar
Nuclear Families
Joint Families

चित्र 12.2: Family Types

अंतर्गत 1920 लोगों का सर्वेक्षण किया गया तथा साधारण बस्तियों में 605 मकानों का सर्वेक्षण किया गया। जिसके अंतर्गत 3092 लोगों से अनुसूचियों के द्वारा प्रश्नों का उत्तर लिया गया। यहाँ पर पाये जाने वाले मकानों में कच्चे मकानों की प्राथमिकता रही एवं वृहद् परिवारों का जमाव देखने को मिला। (चित्र 12.2)

सम्पूर्ण कार्य में संयुक्त परिवार तथा एकाकी परिवार की स्थिति में एकाकी परिवारों का जमाव देखने को मिला। कुल 1005 परिवारों में से 554 परिवार एकाकी एवं 451 परिवार संयुक्त रूप से देखने को मिले। एकाकी परिवारों की नगरीय व्यवस्था इन क्षेत्रों में भी देखने को मिली। सम्पूर्ण बस्तीय क्षेत्र में 55% एकाकी परिवारों का जमाव देखने को मिला। निर्बाध पलायन एवं अच्छे अवसरों की तलाश में आये लोग स्वयं के एकाकी परिवारों में इन क्षेत्रों में बसे हुए पाये गये।

परिवारों के स्तर को जानने के लिए मकानों में कच्चे, पक्के तथा मिश्रित मकानों का वर्गीकरण किया गया है तथा पाया गया कि सबसे अधिक मकान 430 यानी 43% पक्के मकान पाये गये एवं कच्चे मकानों की संख्या 393 यानी 39% पाये गये। शेष 18% मकान मिश्रित रूप के पाये गये। इन मकानों का विवरण प्राप्त करने में यह देखा गया कि इन मकानों में ज्यादातर निजी मकान पाये गये अर्थात् 41.8% एवं ये मकान एक या दो कमरों के पाये गये। एक कमरे के मकानों की संख्या सर्वाधिक पायी गयी 464 अर्थात् 46%। सर्वाधिक मकानों का क्षेत्रफल 200 से 300 वर्गफीट का पाया गया। इनकी संख्या 348 यानी 34% रही (चित्र 12.3)।

किये गये सर्वेक्षण के दौरान गन्दी बस्तियों में रहने वाले लोगों में सर्वाधिक प्रतिशत अनुसूचित जाति वर्ग का पाया गया। अनुसूचित जाति परिवारों की संख्या 1005 में से 497 पाई गई 49.4%, जिसके आधार पर ये देखा गया कि निम्न कोटि का जीवन बिता रहे लोगों में से सबसे ज्यादा अनुसूचित जाति का भाग है। द्वितीय क्षेत्र पर अन्य पिछड़ी जातियों का प्रतिशत पाया गया, जो 181 मकानों में अपना जीवन बिता रहे हैं तथा इनका प्रतिशत 18 है। मुस्लिम समाज का प्रतिशत कुछ स्थानों पर अवश्य पाया गया, परन्तु मुस्लिम समाज अपना अलग क्षेत्र बसा कर जीवन व्यतीत कर रहा है जैसे आजाद नगर। प्राप्त मकानों

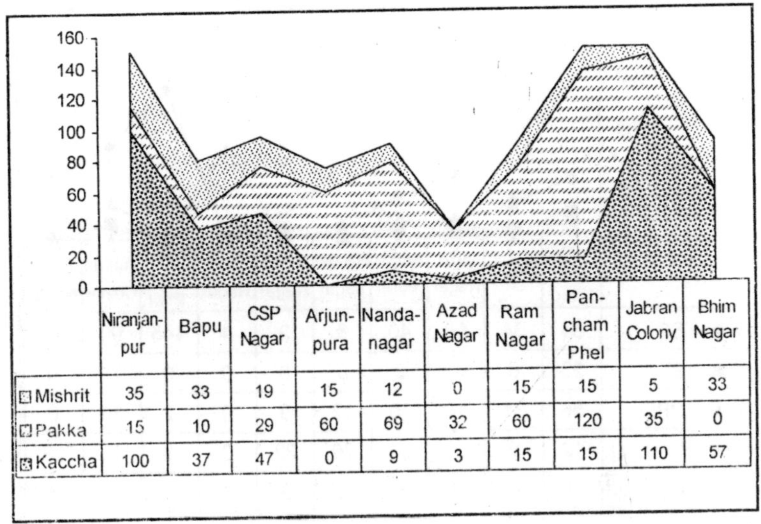

	Niranjan-pur	Bapu	CSP Nagar	Arjun-pura	Nanda-nagar	Azad Nagar	Ram Nagar	Pan-cham Phel	Jabran Colony	Bhim Nagar
Mishrit	35	33	19	15	12	0	15	15	5	33
Pakka	15	10	29	60	69	32	60	120	35	0
Kaccha	100	37	47	0	9	3	15	15	110	57

चित्र 12.3: House Types

में से 98 परिवार मुस्लिम परिवार पाये गये तथा उनमें से 86 परिवार आजाद नगर के रहवासी हैं। इन क्षेत्रों में प्रमुख एक बात देखने में आयी कि यहाँ महिला एवं पुरुष का लिंग अनुपात समान रूप से देखने को मिला।

किये गये सर्वेक्षण के दौरान विभिन्न प्रश्नों में बिजली को एक प्रमुख समस्या मानते हुए यह जानकारी प्राप्त की गई कि सर्वेक्षण में किये हुए कार्य में कितने परिवार मीटर द्वारा बिजली का उपभोग कर रहे हैं। कुल 1005 मकानों में 610 मकान बिजली का उपभोग मीटरों द्वारा कर रहे हैं। गैरकानूनी तौर पर बिजली का उपयोग करने वालों की संख्या 86 है।

उसी प्रकार सड़कों एवं स्वास्थ्य सुविधाओं की जानकारी एकत्र करते समय पूर्ण क्षेत्र में पक्की सड़कों की संख्या 550 मकानों के सम्मुख 54% पाई। सर्वेक्षण क्षेत्रों में नजदीकी स्वास्थ्य केन्द्रों की उपलब्धता निजी तौर पर पाई गई। 578 परिवार निजी स्वास्थ्य केन्द्रों में अपना इलाज कराने के लिए एक बड़ी राशि का व्यय करते हैं तथा 402 परिवार सरकारी अस्पतालों की शरण में जाते हैं, 24 परिवार अंधविश्वास के चलते ओझा और वैद्य की शरण

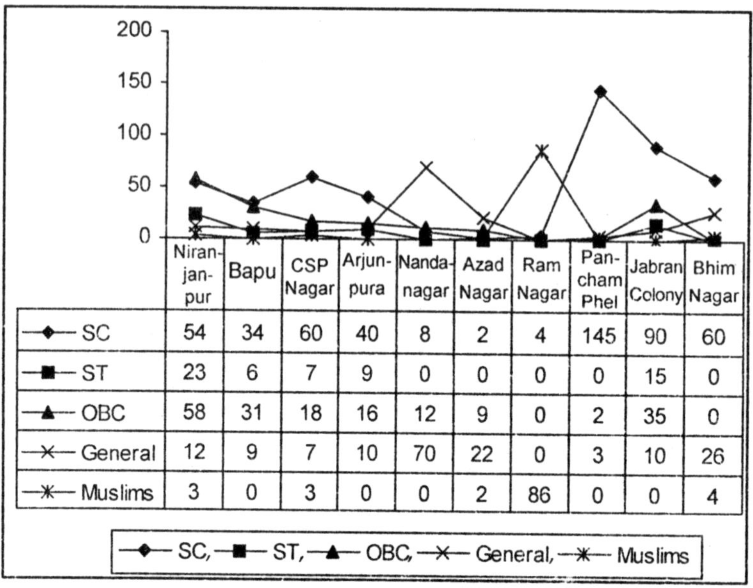

	Niran-jan-pur	Bapu	CSP Nagar	Arjun-pura	Nanda-nagar	Azad Nagar	Ram Nagar	Pan-cham Phel	Jabran Colony	Bhim Nagar
SC	54	34	60	40	8	2	4	145	90	60
ST	23	6	7	9	0	0	0	0	15	0
OBC	58	31	18	16	12	9	0	2	35	0
General	12	9	7	10	70	22	0	3	10	26
Muslims	3	0	3	0	0	2	86	0	0	4

चित्र 12.4: Caste Analysis

में जाते हैं। विभिन्न तरह के अंधविश्वासों का केन्द्र बनता जा रहा यह क्षेत्र विभिन्न बीमारियों की पृष्ठभूमि तैयार कर रहा है।

यहाँ पर दूषित जल एवं उचित स्वास्थ्य व्यवस्था एवं जल व्यवस्था न होने के कारण मलेरिया 184 एवं हैजा 176 तथा बुखार जैसी बीमारियों में 161 परिवारों के लोग ग्रसित पाये गये। निम्न (चित्र 12.5) तालिका के आधार पर मलेरिया एवं हैजा तथा बुखार जैसी बीमारियाँ बहुत आम हैं। यह सभी बीमारियाँ पर्यावरणीय अस्वच्छता के कारण बहुत तीव्र गति से फैलती जा रही हैं। कीड़े-मकोड़े तथा मच्छर-मक्खियों के द्वारा फैलाई गई ये बीमारियाँ लोगों की जान तक ले रही हैं।

शौचालयी व्यवस्था एक सबसे महत्त्वपूर्ण सामाजिक जरूरत है। इस व्यवस्था के चलते पर्यावरणीय स्वस्थ्यता का भी पता चलता है। आधी से अधिक आबादी में बाहर शौचालय जाने को मजबूर हैं 378 अर्थात् 37.6%। घरों में शौचालयों की संख्या 387 यानी 38.5% पाई गई। बाकी सब परिवार सुलभ शौचालयों का प्रयोग करते हैं।

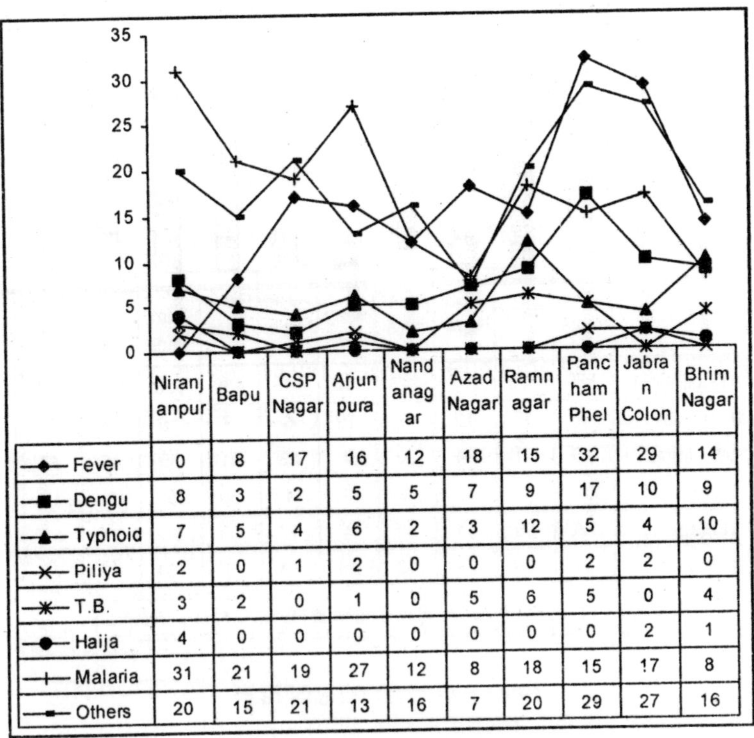

	Niranjanpur	Bapu	CSP Nagar	Arjunpura	Nandanagar	Azad Nagar	Ramnagar	Pancham Phel	Jabran Colon	Bhim Nagar
Fever	0	8	17	16	12	18	15	32	29	14
Dengu	8	3	2	5	5	7	9	17	10	9
Typhoid	7	5	4	6	2	3	12	5	4	10
Piliya	2	0	1	2	0	0	0	2	2	0
T.B.	3	2	0	1	0	5	6	5	0	4
Haija	4	0	0	0	0	0	0	0	2	1
Malaria	31	21	19	27	12	8	18	15	17	8
Others	20	15	21	13	16	7	20	29	27	16

चित्र 12.5: स्वास्थ्य सुविधाएं

मनोरंजनीय व्यवस्था के चलते आज हमारे समाज में गरीब से गरीब परिवार टेलीविजन के माध्यम से अपना मनोरंजन करने में सक्षम है। 770 मकानों में टी.वी. का उपलब्ध होना पाया गया है। पारिवारिक क्षमता न होने के बाद भी परिवार अपने मनोरंजन के लिए कुछ व्यय करना आवश्यक समझता है। लोगों का सामाजिक मनोरंजन त्योहारों तक ही सीमित रह गया है, जैसे– गरबा इत्यादि। रोजी–रोटी की जद्दोजहद में ये लोग अपने मानसिक क्षमता को तरोताजा करने के लिए कोई विशेष उपक्रम नहीं कर पाते।

प्रस्तुत अध्ययन में अशिक्षित लोगों की संख्या 1757 पाई गई एवं प्राइमरी तक शिक्षित लोगों की संख्या सर्वाधिक 2030 पाई गई। कुल जनसंख्या यानी 5012 में से स्नातक 135 एवं अन्य शिक्षा तक 16 लोगों की संख्या पाई गई। शिक्षा के आधार पर महिला एवं पुरुष में काफी अन्तर पाया गया। कई क्षेत्रों में

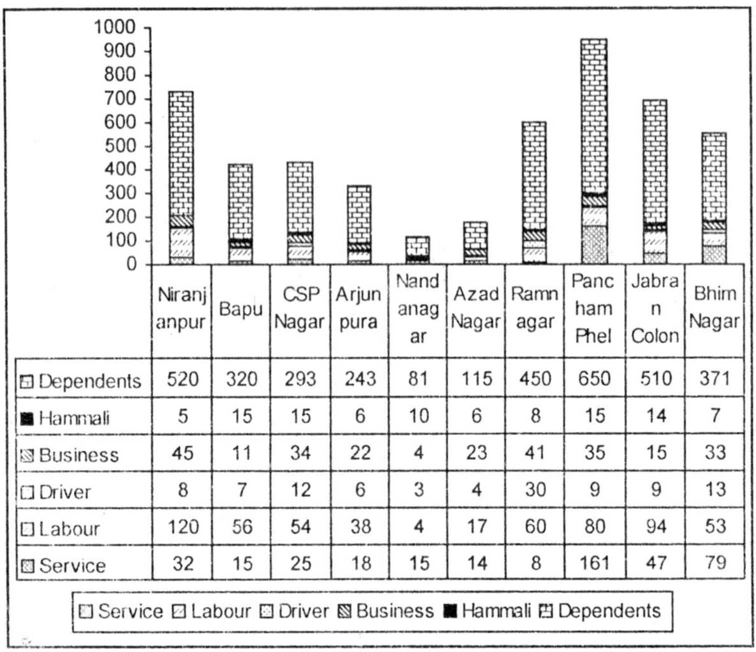

	Niranjanpur	Bapu	CSP Nagar	Arjunpura	Nandanagar	Azad Nagar	Ramnagar	Pancham Phel	Jabran Colon	Bhim Nagar
Dependents	520	320	293	243	81	115	450	650	510	371
Hammali	5	15	15	6	10	6	8	15	14	7
Business	45	11	34	22	4	23	41	35	15	33
Driver	8	7	12	6	3	4	30	9	9	13
Labour	120	56	54	38	4	17	60	80	94	53
Service	32	15	25	18	15	14	8	161	47	79

चित्र 12.6: नौकरी एवं आजीविका

लड़कियों की शिक्षा सिर्फ इसलिए रोक दी जाती है क्योंकि उनके भाईयों को शिक्षा प्राप्त करना ज्यादा जरूरी है। ज्यादातर उच्च-शिक्षा प्राप्त करने वालों में लड़कों की संख्या ज्यादा पाई गई। कुछ ही परिवार ऐसे हैं जो महिला शिक्षा के खिलाफ नहीं हैं।

लोगों में नौकरी एवं आजीविका को लेकर काफी ज्यादा भिन्नताएँ पाई गई। ये भिन्नताएँ दैनिक जीवन के लिए रोजी-रोटी जुटाने को लेकर पाई गई। इन क्षेत्रों में मजदूरी 571 व्यक्ति एवं हम्माली 101 व्यक्ति तथा नौकरी 414 सर्वाधिक पाये गये। कुल जनसंख्या 5012 में से 3563 लोग आश्रित पाये गये। लोगों में दैनिक वेतन भोगियों की संख्या सर्वाधिक पाई गई। लोगों का कमाई की तरफ रूझान अत्यधिक है परन्तु उनका खर्च ज्यादा है। प्राप्त सर्वेक्षण के आधार पर ये परिवार बचत के बारे में बहुत कम जानते हैं। देखा जाये तो बाजार में जितना भी तरलता का प्रसार होता है वो इन्हीं लोगों के द्वारा किया जाता है।

ये लोग कमाने एवं खर्च करने में यकीन करते हैं। इनका बचत की ओर रूझान बढ़ाना अति आवश्यक है। प्राप्त सर्वेक्षण में 10000-30000 तक की आय व्यय करने वाले परिवारों की संख्या सर्वाधिक है। 10000-70000 तक का आय-व्यय प्राप्त किया गया, जिसमें आय के साथ-साथ व्यय की भी जानकारी ली गई। यहाँ पर व्यय व्यवस्था बेहद अव्यवस्थित एवं असुचारू है। यहाँ पर रहने वाले लोगों का जीवन ज्यादातर कर्ज में डूबा रहता है जिसकी वजह से ये लोग चाहते हुए भी अपने जीवन का स्तर सुधार नहीं पाते।

निष्कर्ष

इन्दौर महानगर का विकास औद्योगिक इकाई के रूप में काफी प्राचीन है। इस विकास में इन्दौर ने कई चरणों द्वारा अपना सफर तय किया है। इन्दौर के इस विकास के दौरान विभिन्न प्रकार की समस्याएँ भी अपना विकराल रूप लिए उसके लिए बाधा उत्पन्न करती रही हैं। सुन्दरता, सुरक्षा एवं पर्यावरणीय स्वच्छता का प्रतीक रहा इन्दौर आज सबसे बड़ी समस्या पर्यावरणीय प्रदूषण तथा नगरीय गन्दी बस्ती से ग्रसित होना है। नगरीय केन्द्र एवं नगरीय केन्द्रीय क्षेत्र आज आवासीय क्षेत्रों के लिए अनुपयुक्त होते जा रहे हैं। नगर का प्रसार नगरीय उपान्तों की तरफ होता जा रहा है। बाहरी क्षेत्रों में लोग अपने सुकून की तलाश के लिए आवासीय क्षेत्र बनाते जा रहे हैं। वाणिज्यिक एवं व्यापारिक क्षेत्रों का जमाव भी केन्द्रों को छोड़कर बाहरी क्षेत्रों में बढ़ता जा रहा है। इन सभी के कारण नगरों में गन्दी बस्तियों का जमाव देखने को मिल रहा है। केन्दों एवं उन क्षेत्रों जहाँ पर सस्ते श्रमिकों की आवश्यकता है, इन बस्तियों का जमाव होता जा रहा है। उपरोक्त सर्वेक्षण कार्य के आधार पर भिन्न प्रश्नों पर विचार किया जाये तो पाया जायेगा कि कुल अनुमानित 6190 परिवारों में से याद्रेच्छिक रूप से चयनित 1005 परिवार, जिनकी जनसंख्या 5012 है, का सर्वेक्षण कार्य विभिन्न प्रश्नों के आधार पर किया गया। ये वे प्रश्न हैं जिनका सम्बन्ध उनके आर्थिक, सामाजिक स्तरों से देखने को मिलता है। सम्पूर्ण 10 बस्तियाँ में से 4 बस्ती में वाल्मीकि आवास योजना से चयनित की गई हैं तथा अन्य 6 बस्तियाँ साधारण हैं।

उपरोक्त कार्य के आधार पर इन लोगों की कई सारी समस्याएँ सामने आई हैं, जिनकी वजह से इन लोगों का जीवन काफी समस्यापूर्ण तथा गन्दगी से भरा जैसे शौचालय का न होना, पीने का पानी उपलब्ध न होना, शिक्षा व्यवस्था का सुचारू न होना, कचरे के ढेर, जल निकासियाँ न होना, तंग गलियाँ, अस्पताल का उपलब्ध न होना, चेम्बरों में पानी का भर जाना एवं गंदे पानी का प्रवाह धरों के सामने से होना, बारिश के समय घरों में जल का भर जाना एवं हर वस्तु का नुकसान इन लोगों की कमर तोड़ देता है। ओ.डी.ए. प्रोजेक्ट तथा वाल्मीकि आवास योजना जैसी योजनाएँ इन क्षेत्रों को सुधार की ढाँढस बँधाती है। पर्यावरणीय सुधार के लिए इन लोगों को स्वयं कई कार्य करने आवश्यक हैं।

13

मलिन बस्तियों की समस्या–सामाजिक अवनयन (मध्य प्रदेश के उज्जैन नगर के विशेष संदर्भ में)

साईश्वरी कौल

परिचय

प्राचीन काल से ही नगरीय अधिवास मानव सभ्यता एवं संस्कृति के प्रतीक माने जाते हैं। मनुष्य की मूलभूत आवश्यकताओं में मकान एक प्रमुख आवश्यकता है और इसी आवश्यकता को पूरी करने के परिणामस्वरूप मलिन बस्तियों का जन्म होता है।

भारत में तीव्र गति से हो रहे नगरीकरण के कारण कई समस्याएं उभर कर सामने आई हैं ये नगर की बाढ़ वृद्धि का संकेत देती हैं न कि विकास का।

अध्ययन क्षेत्र

क्षिप्रा नदी के किनारे पर स्थित उज्जैन नगर भारतवर्ष के सात महत्वपूर्ण धार्मिक स्थानों में से एक है। वर्तमान में उज्जैन क्षिप्रा नदी के पूर्व में बसा हुआ है। उज्जैन नगर की भौगोलिक स्थिति 23°11' उत्तरी अक्षांश 75°47' पूर्वी देशांतर पर है। जो समुद्र सतह से 510 मीटर की ऊँचाई पर स्थित है। यह नगर पश्चिमी मध्य प्रदेश के उज्जैन जिले व संभाग का मुख्यालय है।

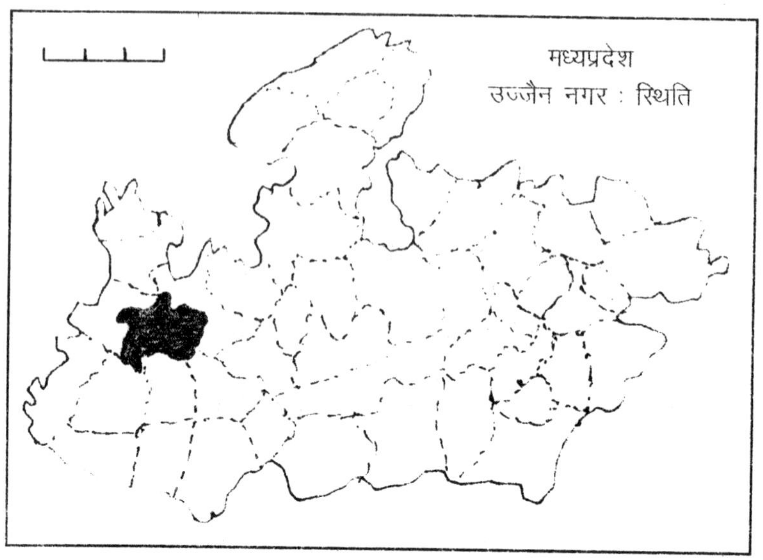

चित्र 13.1: मध्य प्रदेश : उज्जैन नगर-स्थिति

आँकड़े एवं विधि तंत्र

प्रस्तुत शोध-पत्र में प्राथमिक एवं द्वितीयक समंकों का संकलन किया गया है। मलिन बस्तियों की समस्या का अध्ययन करने के लिए अनुसूची निरूपित की गई है। यादृच्छिक प्रतिचयन (Random Sampling) द्वारा चार मलिन बस्तियों का चयन किया गया है। इस अनुसूची द्वारा मलिन बस्तियों में निवास करने वाले लोगों का साक्षात्कार किया गया है। क्षेत्रीय आँकड़े सर्वेक्षण द्वारा एकत्रित किए गए हैं, मलिन बस्तियों की जनसंख्या के आँकड़े उज्जैन नगर निगम से एकत्रित किए गए हैं।

अध्ययन के उद्देश्य

1. उज्जैन नगर की मलिन बस्तियों में जनसंख्या वृद्धि का अध्ययन करना।
2. मलिन बस्तियों में निवास करने वाली जनसंख्या की आर्थिक स्थिति का अध्ययन करना।

शोध प्रविधि

अध्ययन की इकाई

मलिन बस्तियों में निवास करने वाला एक परिवार।

अध्ययन का समग्र

मलिन बस्ती में निवास करने वाले परिवारों का अध्ययन।

मलिन बस्तियों का क्षेत्रीय वितरण

उज्जैन नगर की मलिन बस्तियाँ—

1. अवंतिपुरा हरिजन बस्ती
2. देसाई नगर
3. जूना सोमबारिया
4. राजीव गांधी नगर (दमदमा)
5. आदर्श राजीव नगर (हरिफाटक)
6. शंकरपुरा पावर हाऊस के पास की बस्ती
7. रानी गेट हरिजन बस्ती
8. वाल्मीकि नगर
9. विष्णु कॉलोनी
10. सांदीपनी मार्ग वाली बस्ती
11. भेरूगढ़
12. नमदार पुरा
13. संजय नगर नाना खेड़ा
14. कमल कॉलोनी
15. इन्दिरा गांधी नगर

16. मानव सेवा कुष्ठ आश्रम
17. कुष्ठधाम हुमाखेड़ी

उज्जैन नगर में एक ओर जहाँ भव्य व सुन्दर इमारतें हैं वहीं दूसरी ओर घुटनभरी बस्तियाँ भी स्थापित हो गयी हैं। उज्जैन नगर के आस-पास के क्षेत्र जैसे - आगर, तराना, मक्सी, देवास तथा बड़नगर आदि स्थानों की जनसंख्या यहाँ निवास करने लगी है। मलिन बस्तियाँ नगर के उत्तर में पुराने उज्जैन में स्थित हैं। नगर में दो भिक्षुक बस्तियाँ हैं—(1) कुष्ठधाम हुमाखेड़ी जो उज्जैन नगर की दक्षिण-पूर्वी सीमा से लगी हुई है। (2) मानव सेवा कुष्ठ आश्रम, जो उज्जैन नगर के मध्य में ओवरब्रिज के नीचे उज्जैन-भोपाल रेल्वे लाइन के पश्चिम में स्थित है।

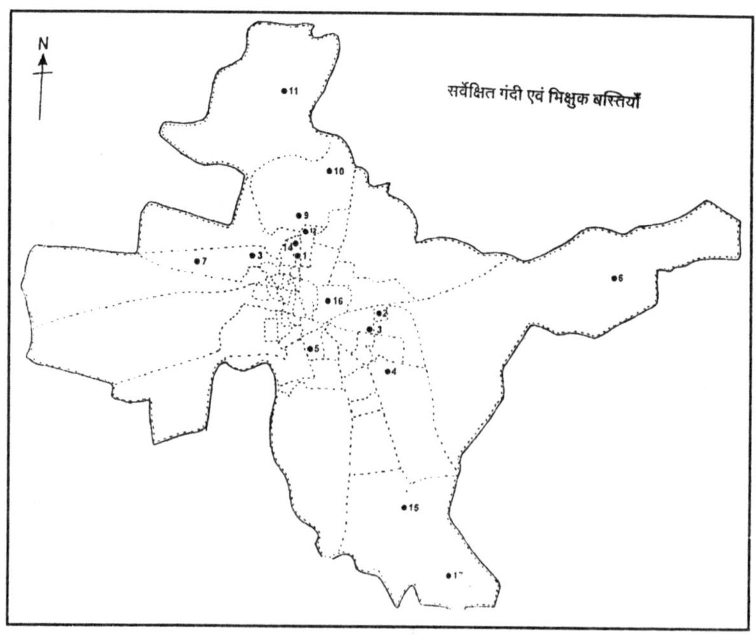

चित्र 13.2: उज्जैन नगर : सर्वेक्षित गंदी एवं भिक्षुक बस्तियाँ

तालिका 13.1: उज्जैन नगर की मलिन बस्तियों में जनसंख्या वृद्धि

सन्	*नगर की कुल जनसंख्या*	*मलिन बस्तियों की संख्या*	*मलिन बस्तियों की जनसंख्या*	*कुल जनसंख्या में मलिन बस्तियों की जनसंख्या का प्रतिशत*
1971	208256	20	35000	16.80
1981	282263	30	42187	14.95
1991	362266	71	66826	18.44
2001	429933	98	106293	24.72

स्रोत— भारत की जनगणना 2001, मध्य प्रदेश श्रृंखला 24, जनसंख्या के अंतिम आँकड़े, *ग्रामीण नगरीय वितरण 2001 का पेपर 2*, पृष्ठ 24–30

विवेचना

मलिन बस्तियों में जनसंख्या वृद्धि

उपर्युक्त तालिका से स्पष्ट होता है कि सन् 1971 में नगर की कुल जनसंख्या 208256 थी जिसमें 35000 जनसंख्या मलिन बस्तियों में निवास करती थी। 1971 में मलिन बस्तियों की संख्या 20 थीं जिसमें 16.80 प्रतिशत जनसंख्या रहती थी। यह जनसंख्या बढ़कर 1981 में 282263 हो गयी जिसमें 42187 जनसंख्या मलिन बस्तियों में रहती थ्री जिनका प्रतिशत 14.95 था। इस समय नगर में 30 मलिन बस्तियाँ थीं। 1991 में नगर की 362266 जनसंख्या में 66826 जनसंख्या मलिन बस्तियों में रहती थी जिनका प्रतिशत 18.44 था इस समय नगर में 71 मलिन बस्तियाँ थीं। यह संख्या सन् 2001 में बढ़कर 429933 हो गयी। इस समय 106293 जनसंख्या मलिन बस्तियों में रहती थी जो नगर की कुल जनसंख्या का 24.72 प्रतिशत है। सन् 2001 में नगर में 98 मलिन बस्तियाँ थीं। तालिका से स्पष्ट होता है कि नगरीय जनसंख्या में वृद्धि के साथ ही साथ मलिन बस्तियों की जनसंख्या एवं मलिन बस्तियों की संख्या में भी वृद्धि हो रही है।

जनसंख्याविदों द्वारा जनसंख्या वृद्धि पर किये गए अनुसंधान भी स्पष्ट करते हैं कि जनसंख्या घनत्व में सीमा से अधिक वृद्धि होने पर समाज में अपराध, हिंसा और सामाजिक तनाव बढ़ता है। वर्तमान में सभी समाज अपराध हिंसा और सामाजिक तनाव से मुक्ति के उपाय ढूंढ रहे हैं। अपराध और हिंसा के वीभत्स रूप मानव सभ्यता के लिए अभिशाप सिद्ध हो रहे हैं। सामाजिक तनाव में वृद्धि के कारण पारिवारिक संघर्ष बढ़ने से मानव संसाधनों पर दबाव में वृद्धि के परिणाम स्वरूप समाज में मानसिक रोगियों की संख्या में वृद्धि के साथ समाज में नशा और नशीले पदार्थों के सेवन में वृद्धि सामाजिक संकट के दृष्टांत प्रस्तुत कर रहे हैं।

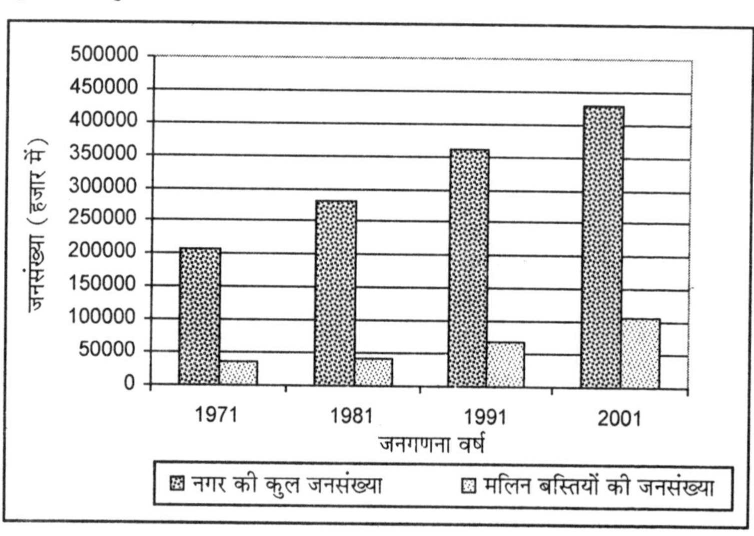

चित्र 13.3: उज्जैन नगर : मलिन बस्तियों में जनसंख्या वृद्धि

तालिका 13.2: उज्जैन नगर की मलिन बस्तियों के निवासियों का आयु समूह वर्ष 2001

आयु समूह	1–15 वर्ष	15–30	30–45	45 से अधिक
जनसंख्या प्रतिशत में	22.16	41.19	25.09	11.56

स्रोत—जिला सांख्यिकी, पुस्तिका वर्ष 2001

उज्जैन नगर की मलिन बस्तियों में 1–15 वर्ष के बच्चों की संख्या 22.16 प्रतिशत है। इन बस्तियों में ज्यादातर बच्चे बीमारी, अशिक्षित, न्यून पोषण व कुपोषण के शिकार हैं।

मलिन बस्तयों में 15–30 वर्ष की आयु समूह के लोग सर्वाधिक हैं जिनका 41.19 प्रतिशत है। 25.09 प्रतिशत लोग 30–45 वर्ष आयु समूह के है। 45 से अधिक आयु के लोगों का प्रतिशत सबसे कम है। 11.56 प्रतिशत लोग ही इस आयु वर्ग के हैं इससे स्पष्ट होता है कि मलिन बस्तियों में जीवन प्रत्याशा कम है।

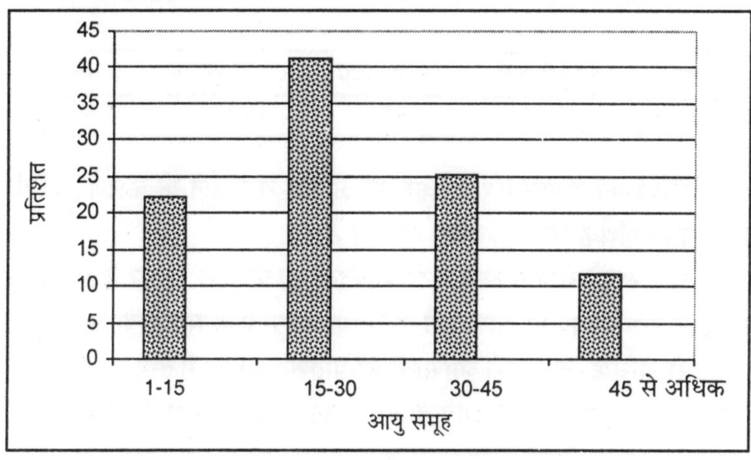

चित्र 13.2: उज्जैन नगर : मलिन बस्तियों में आयु समूह

मलिन बस्तियों की जनसंख्या की आर्थिक स्थिति का अध्ययन

मलिन बस्तियों में शिक्षा के अभाव में अच्छी नौकरी या कार्य नहीं मिल पाता है। इन बस्तियों में कार्यशील जनसंख्या का प्रतिशत 64.43 है। शेष 35.57 प्रतिशत आश्रितों का जीवन व्यतीत कर रहे हैं। इनमें 1–10 वर्ष के

तालिका 13.3: उज्जैन नगर की मलिन बस्तियों में व्यवसाय

व्यवसाय	*वाणिज्य*	*निजी नौकरी*	*सरकारी नौकरी*	*मजदूरी*	*अन्य*	*कुल*
कार्यशील जनसंख्या	7.97	3.82	3.20	49.36	35.57	64.43

बच्चे तथा 65 वर्ष से अधिक आयु के व्यक्ति सम्मिलित हैं। लगभग सभी मलिन बस्तियों में दैनिक मजदूरी करने वाले लोग सर्वाधिक हैं जिनका प्रतिशत 49.36 है। मलिन बस्तियों में वाणिज्य व्यवसाय जैसे—सब्जी की दुकान, किराना, चाय की दुकान, धोबी, टेलर, पापड़ बनाना, अगरबत्ती बनाना, प्लास्टिक की थैलियाँ बनाना आदि कार्य करने वालों का 7.97 प्रतिशत है। निजी नौकरी करने वाले 3.82 प्रतिशत लोग हैं। सरकारी नौकरी जिसमें चतुर्थ श्रेणी के चपरासी एवं स्वीपर अन्य लोग हैं जिनका सबसे कम 3.20 प्रतिशत है।

तालिका 13.4: मलिन बस्तियों में मासिक आय का स्तर 2001

आय वर्ग	*500 से कम*	*500 से 1000*	*1000 से अधिक*	*अन्य*
प्रतिशत	17.17	36.96	10.30	35.57

शिक्षा का अभाव एवं परिवार का आकार बड़ा होने के कारण यहाँ के लोगों की आर्थिक स्थिति अत्यन्त दयनीय है।

500 रूपये से कम आय वाले व्यक्तियों का प्रतिशत 17.17 है तथा 500 से 1000 रूपये तक की आय वाले व्यक्तियों का प्रतिशत सर्वाधिक 36.96 है। 1000 से अधिक आय वाले व्यक्तियों का प्रतिशत 10.30 है तथा इन लोगों पर आश्रित व्यक्ति या जिनकी आय नगण्य है उनका प्रतिशत 35.57 है।

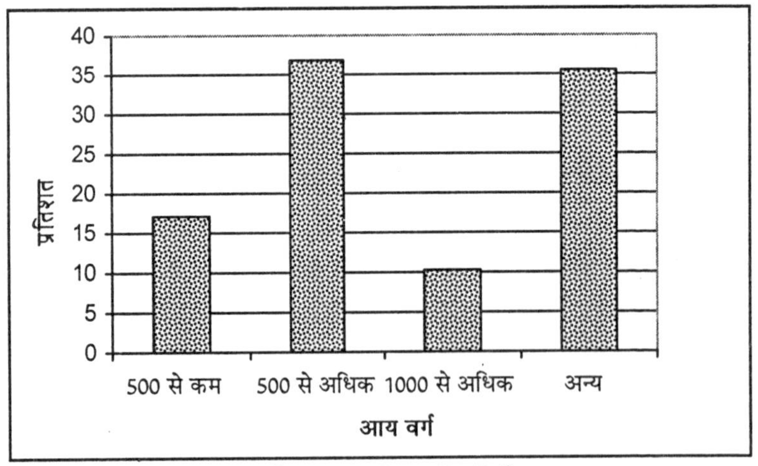

चित्र 13.1: उज्जैन नगर : मलिन बस्तियों में आय का स्तर

500 रूपये से कम आय वाले वर्ग में महिलाएँ एवं बच्चे हैं जो किसी दुकान या घर पर कार्य करते हैं।

सुझाव

- **रोजगार**–मलिन बस्तियों को समाप्त करने का उपाय है कि गाँवों में जहाँ कृषि के अतिरिक्त अन्य कोई रोजगार नहीं है रोजगार के अवसरों में वृद्धि की जाए। जो नगरों में स्थापित किये जाते हैं उन्हें गाँवों में ही रोजगार मुहैया कराए जाना चाहिए।
- **सरकारी समितियों की स्थापना**–सरकारी समितियाँ स्थापित की जाए यह समितियाँ मलिन बस्तयों में निवास करने वाले लोगों को उचित दर पर मकान निर्माण करने के लिए ऋण प्रदान करें।
- **परिवार नियोजन सम्बन्धी जानकारी**–मलिन बस्तियों के अध्ययन के दौरान पाया गया है कि यहाँ महिलाएं परिवार नियोजन के उपाय नहीं अपना रही हैं जिससे यहाँ की जनसंख्या में निरन्तर वृद्धि हो रही है। परिवार नियोजन सम्बन्धी इन लोगों को जानकारी प्रदान की जाना चाहिए।
- **मलिन बस्तियों की सफाई**–मलिन बस्तियों के मकानों का जीर्णोद्धार किया जाना चाहिए। पक्की नालियों एवं सड़कों का निर्माण किया जाना चाहिए तथा बिजली व पानी की समुचित व्यवस्था की जानी चाहिए।
- **अपराधों के लिए दण्ड व्यवस्था**–मलिन बस्तियों में सामाजिक अवनयन के तत्व जैसे चोरी, हिन्सा, हत्या आदि होते हैं इस हेतु अपराधी को उचित दण्ड दिया जाना चाहिए जिससे इन अपराधों में कमी आ सके।

सामाजिक अवनयन को पूर्णत: समाप्त नहीं किया जा सकता परंतु शासन एवं समाज के प्रयास से कुछ हद तक कम किया जा सकता है।

14

वैचारिक पर्यावरण का मनोकायिक प्रभाव

प्रो. प्रमोदिनी मोने

पर्यावरण व्यक्ति के दसों दिशाओं में उपस्थित प्रत्येक वस्तु जो व्यक्ति को प्रभावित करें, यह सिर्फ वस्तु ही नहीं है, परिस्थितियाँ और घटनाएं भी है, एक एक को कारक कहेंगे, प्रत्येक कारक दूसरे कारकों को भी प्रभावित करता है। इस तरह मिला-जुला प्रभावकारी वातावरण बनता है, व्यक्ति विशेष भी अपने तरीके से इन कारकों को प्रभावित करता है, नतीजन आपस में, एक अनेकों को, एक अनेकों द्वारा प्रभावित होने व करने से पर्यावरण जाल बनता है।

जब वस्तुओं की प्रचुरता और अत्यधिक कमी या अनुपस्थिति भी प्रभावित करने वाला कारक बनती है तब वस्तु कारक महत्वपूर्ण हो जाता है। परिस्थितियों का प्रभाव परीलक्षित होता है तो परिस्थिति महत्वपूर्ण हो जाती है। परिस्थितियाँ और वस्तु प्राकृतिक एवं मनुष्यजन्य होकर व्यक्तियों को प्रभावित करती हैं।

जीवों के विकास के दौरान प्राणी इन कारकों का प्रभाव कम करने के लिये समूह बनाकर रहने लगे और धीरे-धीरे यह समूह जीवन उनकी आवश्यकता बन गई समूह ही वातावरण का एक कारक बन गया और व्यवहारिक व्यवस्था के अनुरूप समूह के सदस्यों की जीवनचर्या एवं जीवन शैली निर्धारित हुई।

मनुष्य एक सामाजिक प्राणी ही है, वन जीवन से आज तक के अतिविकसित शहरी जीवन में वह एक बहुआयामी मिश्रित समूह का सदस्य है। जन्म से ही उसके ऊपर रीति रिवाजों का असर होने लगता है। समाज ही

उसका पर्यावरण बन जाता है। समाज के विभिन्न घटक उसके पर्यावरण जाल के कारक हो जाते हैं। सिर्फ घटक ही नहीं घटनाएं भी कारक हो जाती हैं। कभी वे तारक होती है तो कभी मारक भी।

जैसे-जैसे समाज को विकसित और परिष्कृत होने का दर्जा मिलता है वैसे-वैसे प्रत्येक सोपान पर बढ़ने के साथ समाज का बंधन व्यक्ति पर और कसता जाता है तथाकथित कम पढ़े लिखे, प्रकृति के निकट रहने वाले समाज में नियम कम और इतने कठोर नहीं होते जितने विकसित समाज में, कई बार तो इतने कठोर कि व्यक्ति दूर भाग जाता है या स्वयं को समाप्त कर लेता है।

विकसित समाज की एक और विशिष्ट पहचान है, उसके सदस्यों के विचार, चुंकि मानव विकास की मुख्य कसौटी मस्तिष्क का विकास है और मस्तिष्क का सक्रिय होना यानि उसमें आने वाले विचारों की संख्या अधिक होना, अधिक कल्पनाशील होना, तार्किक होना, सृजन के लिये और विघटन के लिये दोनों ही प्रकार की वैचारिक सक्रियता के साथ सामंजस्यशीलता और सहन क्षमता का विकास भी विकसित मस्तिष्क का माप है।

इन विचारों से धीरे-धीरे व्यवहार प्रभावित होता है व्यवहार का अनुपालन सदस्यों द्वारा होने लगता है। प्रभावी और समर्थ व्यक्ति की नकल अन्य सदस्य करने लगते हैं। लालच, भय जैसी प्रवृत्ति के कारण ही व्यवहार का अनुपालन होता है कुछ क्रियाएं और प्रतिक्रियाएं तो यंत्रवत हो जाती हैं। यह स्थिति वनी रहे तो समजात-सारे घटक एक समान-समाज बन जाता है।

लेकिन मस्तिष्क एक परिवर्तनशील अंग है, इसके सतत कार्यशील रहने से नये नये विचार उत्पन्न होते हैं, इन विचारों के उत्पन्न होने, उनके आवर्तन और विलुप्त होने का क्रम इतना प्रभावी है कि इसे एक इन्द्रिय मान लिया गया है और संज्ञा दी है मन, इन्द्रिय ग्यारह बताये जाते हैं पाँच ज्ञानेंद्रिय पाँच कर्मेंद्रिय और ग्यारहवाँ मन, मन का स्थान कहाँ हैं? यह कोई भौतिक अस्तित्व वाला अंग नही है।

विचारों का उद्‌गम और समुच्चय ही मन है। तर्कशक्ति, कल्पनाशक्ति, पूर्व घटनाओं से निष्कर्ष निकाल कर देश काल परिस्थितीयों के साथ जोड़कर भविष्य की घटनाओं की आकलन क्षमता, ये सारे मस्तिष्क के कार्य मन के नाम से ही व्यक्त होते हैं।

इन विचारों का प्रत्येक व्यक्ति के अपना स्वतंत्र व्यक्तित्व, अस्तित्व है। शाश्वत परिपाटी बन गये व्यवहार और उनके अनुसार व्यवहार जब चारों ओर परिलक्षित होते हैं तब समरूप-एकरूप वातावरण बनता है। ऐसे में व्यक्ति विशेष के मस्तिष्क में आये विचारों के फलस्वरूप, अनुभवों के कारण, संस्कारों के कारण विशेष समूहों के सदस्य होने के कारण कोई अन्य तर्क या विचार बनता है जिसका व्यवहार परिपाटी से हटकर हो तो यहाँ विचारों का संघर्ष आरंभ होता है। वैचारिक पर्यावरण अब अनुकूल के बजाय प्रतिकूल होने लगता है। यह स्थिति प्रत्येक स्तर पर विश्व, देश, प्रांत, समाज, जाति, कुनबा, परिवार और व्यक्तिगत स्तर पर भी उत्पन्न होती है। यही आरंभ बिन्दु है वैचारिक वातावरण में विषमता का इन विचारों का व्यवहारिक रूपांतरण यदि संभव न हो सका, और कोई कारणों से यही होता है, तो विचार संघर्ष शुरू हो जाता है।

मौलिक विचार बुद्धि की कई विधाओं में से एक है। (अन्य विशेषताएं हैं कठिनता, जटिलता अमूर्तता मितव्ययता लक्ष्य के प्रति अनुकूलशीलता और सामाजिक मान)

विचारों का संघर्ष कुण्ठा में बदल जाता है। यह एक विशेष स्थिति है जहाँ मन शरीर पर नकारात्मक प्रभाव या दुष्परिणाम डालता है। व्यक्ति में अवसाद, दुश्चिता डर क्रोध उत्पन्न होते है।

जब यह प्रभाव आरंभ होता है तब बहुत सहजता से कार्यिक प्रतिक्रियाएं भी आंरभ हो जाती हैं। क्योंकि जीव की मूल प्रवृत्ति अनुकुलता के लिये लचीली होने की है। प्रतिक्रियाएं धीरे-धीरे व्यवहार में बदलती है। व्यवहार स्थाई होता जाता है जो प्रतिक्रिया और व्यवहार प्रचलित व्यवहार के अनुसार नहीं होते हैं तो व्यक्ति समाज से अलग होने लगता है। इतने समय तक मनोकायिक प्रभाव व्यक्ति के व्यवहार को बदल चुके होते हैं और साथ ही जैव रासायनिक प्रणाली में भी परिवर्तन ला चुके होते हैं। जिसके अनेकों लक्षण भौतिक शरीर में दिखाई देने लगते हैं। यही है वैचारिक पर्यावरण का मनोकायिक प्रभाव, दुष्परिणाम के रूप में सिम्पेथेटिक आटोनॉमस नर्वस सिस्टम अनुकम्पी स्वमेव तंत्रिका प्रणामी का सतत सक्रीय रहना प्रमुख है। सामान्य, रोज की भाषा में हम इस तनाव में रहना कहते है।

•

इस अवस्था में आना अवश्यंभावी है, इसे टाला नही जा सकता वनजीव से मनुष्य तक की विकास यात्रा में कुछ प्रणालियाँ स्थायी भाव से रह गई उनमें से एक है तनाव की स्थिति में होने वाली शारीरिक प्रतिक्रियाएं और परिवर्तन, वांछित कार्य में सफलता मिलने में सहायक हो तो हम इन्हें सुतनाव या सकारात्कम तनाव कहते हैं और शारीरिक अनियमितता, विकृति जैसे उच्चरक्तदाब, रक्त शर्करा की मात्रा बढ़ना पाचन प्रणाली की क्रियाशीलता का कम होना उत्पन्न होने लगती है। इन्ही तीन अनियमितता का विविध आयामों में बढ़ना और अंतरक्रियाओं के कारण और जटीलता में बदलना, अंतिम प्रभाव के रूप में परिलक्षित होता है।

15

इन्दौर नगर का जलवायु परिवर्तन का एक कालिक विश्लेषण

नविता राजुरकर, मनीषा कुमारी लववंशी, प्रियंका योगी,
पराग मेश्राम एवं अंकुश खोब्रागडे

प्रस्तावना

क्षेत्र विशेष की जलवायु की प्रकृति में परिवर्तन दीर्घकालीन अवधि में दृष्टिगत होते हैं। जलवायु, तापमान व वर्षा की मात्रा से प्रभावित रहती है। ये दोनों घटक किसी भी प्रदेश के सामाजिक, सांस्कृतिक, राजनैतिक एवं आर्थिक भूदृश्य को प्रत्यक्ष एवं अप्रत्यक्ष रूप से प्रभावित करते हैं। इसी संदर्भ में इन्दौर नगर के पिछले 31 वर्षों के जलवायु तत्त्वों के आंकड़ों के आधार पर हुए जलवायु परिवर्तन का अध्ययन करने का प्रयास किया गया है।

समस्या कथन

वर्तमान में बढ़ रहे वैश्विक उष्णन ने प्रस्तुत विषय के चयन के लिए प्रोत्साहित किया है। वर्तमान में समस्या भले ही भयावह न हो परंतु भविष्य में भीषण समस्या का रूप ले सकती है। इन्दौर नगर सम्पूर्ण मालवा क्षेत्र का प्रतिनिधित्व करता है। गत कुछ वर्षों से इस क्षेत्र के तापक्रम में अत्यधिक वृद्धि हुई है तथा वर्षा की कमी एवं अनिश्चितता भी बढ़ती जा रही है जो एक चिंता का विषय है।

अध्ययन क्षेत्र

प्रस्तुत अध्ययन क्षेत्र के रूप में मध्यप्रदेश की औद्योगिक राजधानी इंदौर को लिया गया है। इंदौर मालवा पठार पर 23°43' उत्तरी अक्षांश तथा 76°42' पूर्वी देशान्तर पर स्थित है। वर्ष 2001 के अनुसार इन्दौर नगर की जनसंख्या 18,35,915 लाख है तथा क्षेत्रफल 113 वर्ग कि.मी. है।

उद्देश्य

प्रस्तुत अध्ययन के उद्देश्य निम्न प्रकार हैं—

1. तापमान के गत 31 वर्षों के आंकड़ों का विश्लेषण करना।
2. वर्षा के गत 31 वर्षों के आंकड़ों का विश्लेषण करना।
3. तापमान एवं वर्षा के गत 31 वर्षों के आंकड़ों के आधार पर जलवायु में हुये परिवर्तन का विश्लेषण करना।

आंकड़ों का स्रोत एवं विधि तंत्र

प्रस्तुत विश्लेषण हेतु द्वितीयक आंकड़ों का प्रयोग किया गया है, जो जिला सांख्यिकी कार्यालय इन्दौर (म.प्र.) से प्राप्त किये गये हैं। जो वर्ष 1973 से 2003 तक के आंकड़ों के आधार पर संकलित किये गये हैं।

तापमान

तापमान के मासिक विचरण का विश्लेषण करने हेतु तापमान विचरण आलेख का प्रयोग किया गया है। जिसके द्वारा तापमान के मासिक (1) अधिकतम, (2) न्यूनतम (3) माध्यिका (4) निम्नतर चतुर्थक तथा (5) उच्चतर चतुर्थक मूल्य प्रदर्शित किये गये हैं।

गत 31 वर्षों की अवधि में तापमान में मासिक विचरणों को समझने के लिये तापमान विचरण चित्र 15.1 व 15.2, जो कि मिश्र आलेख के अन्तर्गत आता है, का उपयोग किया गया है—जिसके अन्तर्गत एक महिने से दूसरे महिने में तापमान के परिसर की गणना की गई है—

1. गत 31 वर्षों में जनवरी माह का न्यूनतम तापमान वर्ष 1993 में 10.41°C जबकि अधिकतम वर्ष 1987 में 27.25°C पाया गया। वहीं फरवरी में न्यूनतम तापमान 12.86°C जो कि वर्ष 1993 में जबकि अधिकतम तापमान 35.95°C जो कि 1999 में दर्ज किया गया। माह मार्च के अन्तर्गत न्यूनतम ताप 16.84°C जबकि अधिकतम 38.75°C क्रमशः वर्ष 1993 व वर्ष 2002 में दर्ज किया गया।
2. इसी प्रकार अप्रैल माह में पिछले 31 वर्षों में न्यूनतम ताप 28.43°C जो कि वर्ष 1997 में जबकि अधिकतम ताप 43.45°C जो कि वर्ष 1987 में प्रेक्षणीय रहा। वहीं मई महिने में अधिकतम ताप 48.1°C रहा जो कि 2 वर्षों 1992 व 1985 में दर्ज किया गया जबकि न्यूनतम तापमान 20.3°C वर्ष 1978 में दर्ज किया गया। जून महिने में अधिकतम तापमान 48.15°C जबकि न्यूनतम तापमान 29.22°C पाया गया जो कि वर्ष 1987 तथा वर्ष 1999 में दर्ज किया गया।
3. जुलाई महिने का न्यूनतम तापमान वर्ष 1985 में जबकि अधिकतम ताप दो वर्षों 1987 तथा वर्ष 1992 में दर्ज किया गया जो कि क्रमशः 11.66°C तथा 41.35°C पाया गया। इसी प्रकार अगस्त का न्यूनतम ताप 24.9°C वर्ष 1994 में जबकि अधिकतम ताप 41.45°C वर्ष 1974 में दर्ज किया गया। सितम्बर माह का न्यूनतम तापमान 25.45°C जबकि अधिकतम तापमान 41.2°C पाया गया जो कि क्रमशः वर्ष 2003 तथा वर्ष 1983 में दर्ज किया गया।
4. माह अक्टूबर, नवम्बर तथा दिसम्बर का न्यूनतम ताप क्रमशः 19.20°C, 13.24°C तथा 16.65°C पाया गया जो कि क्रमशः वर्ष 1992, वर्ष 1992, वर्ष 1981 में रिकार्ड किया गया। वहीं इन्हीं

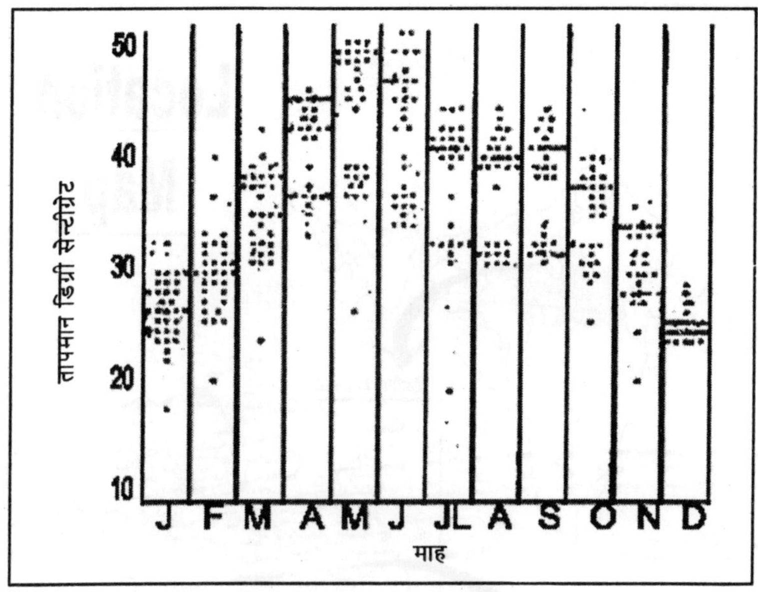

चित्र 15.1: तापमान विचरण आरेख

महीनों का अधिकतम ताप क्रमशः 36°C, 30.6°C तथा 23.55°C पाया गया जो कि वर्ष 1986-87, वर्ष 1979 तथा वर्ष 1976 में दर्ज किया गया।

उपरोक्त तापमान विचरण आलेख में पिछले 31 वर्षो में प्रत्येक माह के तापमान परिसर के विश्लेषण हेतु अधिकतम व न्यूनतम तापमान के अतिरिक्त न्यूनतम चतुर्थांश, माध्यिका व अधिकतम चतुर्थांश बिन्दुओं को भी दर्शाया गया है, जिनके मान सारणी क्रमांक 15.1 में दिए गए हैं। तापमान विश्लेषण से यह ज्ञात होता है कि गत 31 वर्षों में जून माह में अधिकतम तापक्रम सर्वाधिक 48.15°C (वर्ष 1987) में रहा है, जबकि न्यूनतम तापक्रम वर्ष 1993 में 10.41°C रहा है।

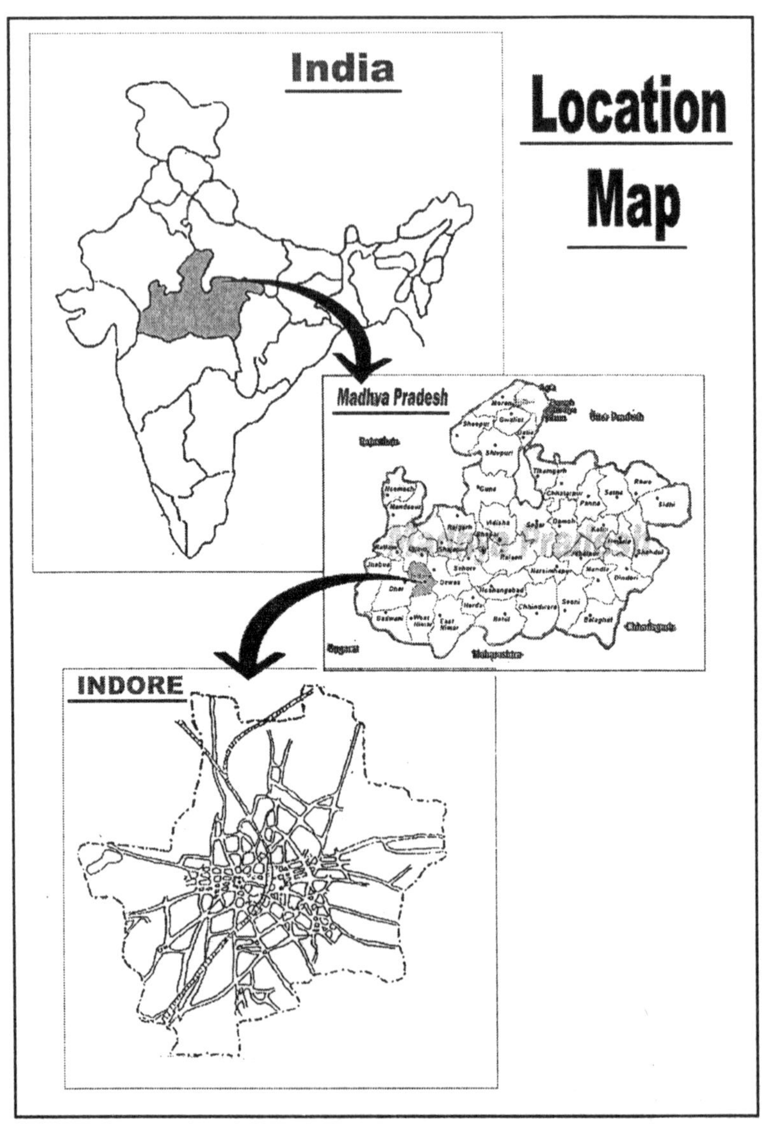

चित्र 15.2: तापमान विचरण

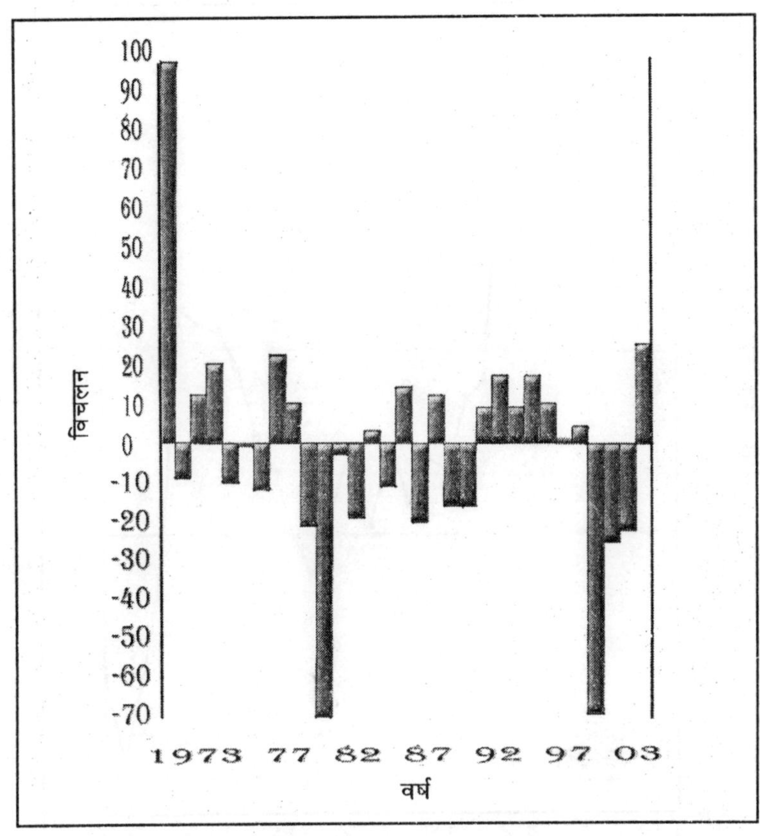

चित्र 15.3: वर्षा विचलन आलेख

वर्षा

वर्षा के वार्षिक विचलन का प्रदर्शन करने हेतु वर्षा विचरण आलेख का उपयोग किया गया है। आलेख बनाने हेतु 1973 से 2003 तक के वर्षों की वार्षिक वर्षा का माध्य निकालकर (77) उससे विचलन को चित्र 15.3 द्वारा प्रदर्शित किया गया है। इन विचलनों के संचयी मानों का प्रदर्शन चित्र 15.4 द्वारा किया गया है।

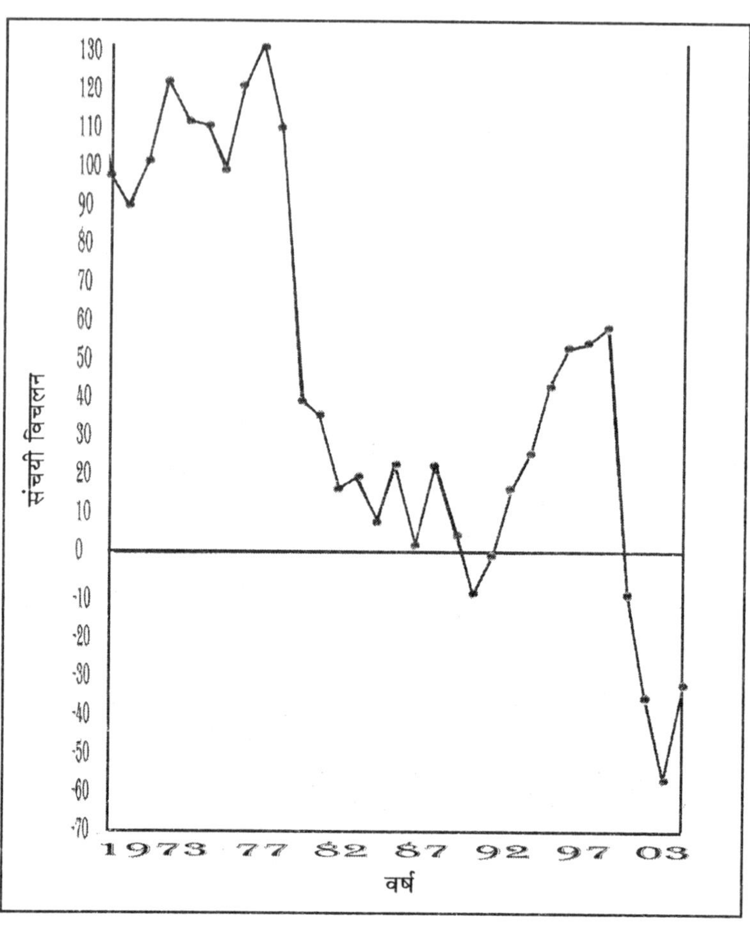

चित्र 15.4: संचयी विचलन आलेश

गत 31 वर्षो की अवधि में वर्षा में मासिक विचरणों को समझने के लिये वर्षा विचरण आलेख द्वारा प्राप्त परिणामों को निम्न प्रकार से विश्लेषित किया गया है—चित्र 15.3 के अनुसार 31 वर्षो के वार्षिक माध्य (77) से धनात्मक विचलन वर्ष 1973, 1975, 1976, 1980, 1981, 1986, 1988, 1990, 1993, 1994, 1995, 1996, 1997, 1998, 1999, 2003 में प्रेक्षित किया गया जिसमें अधिकतम धनात्मक विचलन 1973 और न्यूनतम धनात्मक विचलन

1998 में प्रेक्षित किया गया है। जबकि माध्य से ऋणात्मक विचलन वर्ष 1974, 1977, 1978, 1979, 1982, 1983, 1984, 1985, 1987, 1989, 1991, 1992, 2000, 2001, 2002 में प्रेक्षित किया गया है। जिनमें अधिकतम ऋणात्मक विचलन वर्ष 1983 में और न्यूनतम ऋणात्मक विचलन 1978 में प्रेक्षित किया गया। माध्य विचलन के संचयी मानो को चित्र 15.4 में प्रदर्शित किया गया है जिसके अनुसार अधिकतम संचयी धनात्मक विचलन वर्ष 1981 में जबकि अधिकतम संचयी ऋणात्मक विचलन सन् 2002 में प्रेक्षित किया गया।

तालिका 15.1: इन्दौर नगर तापमान परिक्षेपण सारणी वर्ष 1973–2003 के आधार पर

माह	*न्यूनतम तापमान की मात्रा*	*निम्नतर चतुर्थक*	*माध्यिका*	*उच्चतर चतुर्थक*	*अधिकतम तापमान की मात्रा*
जरनवरी	10.41	17.65	20.90	22.79	27.25
फरवरी	12.86	21.45	24.35	26.02	35.95
मार्च	16.84	26.85	32.00	33.08	38.75
अप्रेल	28.43	31.09	39.01	41.75	43.45
मई	20.30	34.35	44.55	46.06	48.01
जून	29.22	31.75	42.05	43.09	48.15
जुलाई	11.66	27.29	37.01	38.03	41.35
अगस्त	24.09	26.80	35.65	37.04	41.45
सितम्बर	25.45	26.67	35.35	37.03	41.02
अक्टूम्बर	19.20	26.10	32.04	33.55	36.00
नवम्बर	13.24	22.05	26.00	28.85	30.06
दिसम्बर	16.65	18.17	18.85	19.50	23.55

स्रोत—जिला सांख्यिकी विभाग : इन्दौर नगर से गत वर्षों 1973–2003 तक आँकडों पर आधारित

तालिका 15.2: संचित विचलन सारणी

क्र.	वर्ष	वर्षा	(वर्ष 1973-03 में माध्य वर्षा - 77 मि.मि.)	
			विचलन	संचित विचलन
1.	1973	173	96	96
2.	1974	68	.9	87
3.	1975	89	12	99
4.	1976	97	20	119
5.	1977	67	.10	109
6.	1978	76	.1	108
7.	1979	65	.12	96
8.	1980	99	22	118
9.	1981	87	10	128
10.	1982	56	.21	107
11.	1983	8	.69	38
12.	1984	74	.3	35
13.	1985	58	.19	16
14.	1986	80	3	19
15.	1987	66	.11	8
16.	1988	91	14	22
17.	1989	57	.20	2
18.	1990	89	12	22
19.	1991	61	.16	6
20.	1992	61	.16	.10
21.	1993	86	9	.1
22.	1994	94	17	16
23.	1995	86	9	25
24.	1996	94	17	42
25.	1997	87	10	52
26.	1998	78	1	53
27.	1999	81	4	57
28.	2000	49	.68	.11
29.	2001	52	.25	.36
30.	2002	55	.22	.58
31.	2003	102	25	.33

निष्कर्ष

इन्दौर नगर के जलवायु परिवर्तन का कालिक अध्ययन करने के पश्चात् निम्न निष्कर्ष निकाले जा सकते हैं—

(1) गत 31 वर्षों में माह दिसंबर, जनवरी, फरवरी, मार्च और अप्रैल के औसत तापमानों में अनियमित परिवर्तनों के पश्चात् वर्तमान कुछ वर्षो में तापमान में वृद्धि पायी गयी जबकि माह मई, जून, जुलाई, अगस्त, सितम्बर, अक्टूबर और नवम्बर के औसत तापमानों ने वर्तमान कुछ वर्षो में तापमान में कमी पायी गई है।

(2) गत 31 वर्षों में वर्ष 1973 में सर्वाधिक वर्षा पायी गयी तथा इसके बाद के वर्षो में वर्षा में कमी दर्ज की गयी तथा 2003 में वर्षा में पुन: वृद्धि पायी गयी अर्थात् वर्षा की अनियमितता में वृद्धि हुई।

(3) विगत कुछ वर्षो में किये गये अध्ययन से विश्व स्तर पर हो रहे ग्लोबल वॉर्मिंग के परिणाम स्वरूप जो जलवायु परिवर्तन हो रहे हैं जिसके कारण मौसम के महिनों में बदलाव देखे जा रहे हैं, उसका प्रभाव इन्दौर के जलवायु पर भी देखा जा सकता है। जैसे कि जिन महिनों में तापमान अधिक होता है, उनमें अब तापमान में कमी देखी गयी है और जिन महिनों में ताप कम होता है उनमें वृद्धि दर्ज हो रही है।

संदर्भ ग्रन्थ सूची

जिला सांख्यिकी कार्यालय

Longley, R. W. "The variability of mean Daily temperature", *Quarterly Journal of the Royal Meteorological Society*, Vol. 73, p. 418-25

Markhoune, F.J. and Wilkinson, H.R. (1976), *"मानचित्र तथा आरेख संग्रह तथा निर्माण"*, मध्य प्रदेश हिन्दी ग्रन्थ अकादमी भोपाल, पृष्ठ 201, 212, 214

Saville, C. B. "Some Rainfall Variations" England and New England (U.S.A.), *Quarterly Journal of the Royal Meteorological Society*, Vol. 60, p. 313, 331

16

धार्मिक आयोजनों के कारण पर्यावरण प्रदूषण (उज्जैन नगर के विशेष सन्दर्भ में)

संदीप सारवान एवं लोकेश शर्मा

परिचय

पर्यावरण शब्द दो शब्द से मिलकर बना है–परि आवरण परि का अर्थ है– चारों और से तथा आवरण का अर्थ है-घेरे हुए। अर्थात् वह आवरण जो हमें चारों और से घेरे हुए है, पर्यावरण कहलाता है। दूसरे शब्दों में हम यह भी कह सकते है कि पर्यावरण का अर्थ हमारे चारों ओर के उस वातावरण या परिवेश से है जिसमें हम रहते हैं।

पर्यावरण प्रदूषण का अर्थ

पर्यावरण का वह कोई भी परिवर्तन जो पर्यावरण की गिरावट में योगदान देता है पर्यावरण प्रदूषण कहलाता है।

उद्देश्य

उज्जैन नगर में धार्मिक आयोजनों से उत्पन्न विभिन्न प्रकार के पर्यावरणीय प्रदूषण का मापन तथा उसकी रोकथाम के उपाय प्रस्तुत करना है।

प्रदूषण के प्रकार

1. थल प्रदूषण
2. जल प्रदूषण
3. वायु प्रदूषण
4. ध्वनि प्रदूषण

उज्जैन नगर का भौगोलिक परिचय

भारत के प्रमुख सांस्कृतिक एवं एतिहासिक नगरों में उज्जैन की ऐतिहासिक पृष्ठभूमि अत्यंत प्राचीन है। भौगोलिक दृष्टी से भी उज्जैन के महत्व को कम नहीं आकां जा सकता है। उज्जैन नगर कर्क रेखा पर स्थित है। यह मालवा पठार पर अवस्थित है। यह 22°11' उत्तरी अक्षांश तथा 75°47' पूर्वी देशान्तर समुद्र सतह से 491.74 मीटर पर स्थित है।

विधि तंत्र

प्रस्तुत अध्ययन हेतु आँकडों का एकत्रीकरण सेंग सर्वेक्षण पर आधारित है जो वर्ष 2006 में सम्पादित किया गया है।

उज्जैन नगर में धार्मिक आयोजन

उज्जैन नगर यहाँ के मंदिरों की वजह से पूरे विश्व में प्रसिद्ध है। हाल ही में राज्य शासन द्वारा उज्जैन को धार्मिक पर्यटन स्थल घोषित करने की घोषणा की गई है इसीलिये उज्जैन को मंदिरों की नगरी भी कहा जाता है। यहाँ प्रमुख 12 ज्योर्तिलिंगों में से एक महाकालेश्वर मंदिर स्थित है। इसके साथ ही यहाँ कई प्राचीन दर्शनीय स्थल हैं जिनमें से प्रमुख क्षिप्रा के तट पर चिन्तामण गणेश, सम्राट विक्रमादित्य की आराध्य देवी हरसिद्धि, मंगलनाथ, सिद्धवट, कालभैरव, पाताल भैरव, भृतहरि गुफा, कालियादेह महल वेधशाला, सांदीपनी आश्रम, 84 महादेव मंदिर, सप्तसागर, मौलाना साहब की दरगाह, अवंति पार्श्वनाथ मंदिर आदि

प्रमुख हैं। प्रत्येक 12 वर्षो के बाद यहाँ कुंभ सिंहस्थ का मेला आयोजित किया जाता है जिसमें देश–विदेश से लाखों श्रद्धालु यहाँ स्नान एवं दर्शन के लिये आते है। कार्तिक पूर्णिमा पर क्षिप्रा नदी के किनारे रामघाट के पास कार्तिक मेले का आयोजन किया जाता है। क्षिप्रा नदी में कार्तिक पूर्णिमा के स्नान का महत्व है। जिसमें हजारों श्रद्धालु यहाँ आते हैं और क्षिप्रा में स्नान और रात्रि में क्षिप्रा नदी में दीप जलाकर छोडते हैं। कार्तिक पूर्णिमा पर ही भैरवगढ़ स्थित सिद्धवट पर भी एक दिवसीय मेले का आयोजन किया जाता है जिसमें हजारों श्रद्धालु भाग लेते हैं। मौनी अमावस्या या शनिचरी अमावस्या पर क्षिप्रा नदी में स्नान करते हैं। साथ ही इस स्नान की परम्परा है कि श्रद्धालु अपने वस्त्र एवं जुते चप्पल यहीं पर छोडकर जाते हैं और नए वस्त्र एवं जूते चप्पल धारण करते हैं।

धार्मिक आयोजनों के कारण पर्यावरण प्रदूषण

थल प्रदूषण

उज्जैन नगर के सर्वेक्षण में ये देखा गया है कि नगर निगम द्वारा आज तक कोई स्थाई ट्रेचिंग ग्राउण्ड की व्यवस्था नहीं हो पाई है। उज्जैन शहर एक धार्मिक नगर है जहाँ कई प्रकार के त्यौहारों, मेले, स्नान आदि आयोजित होते रहते हैं। सिंहस्थ मेला 2004 में 2 करोड़ 75 लाख लोग देश के विभिन्न क्षेत्रों से आए। इतनी अधिक संख्या में लोगों के आने से कचरा भी अधिक मात्रा में निकलता है। सामान्य दिनों में पूरे शहर में 10 से 15 टन कचरा निकलता है किन्तु मेले एवं त्यौहारों के समय एक ट्रक में तीन टन कचरे के हिसाब से 135 टन कचरा प्रतिदिन निकलता है। सिंहस्थ का आयोजन अप्रेल–मई माह में आयोजित होता है। इस समय गर्मी पड़ती है जिसके कारण पानी की बोतलें, खाली पाउच, पोलीथीन, चाय के डिस्पोजल, गिलास, दोनों पत्तल इत्यादि भारी मात्रा में उपयोग कर फेंके जाते हैं। नगर निगम द्वारा इसकी कोई स्थायी व्यवस्था नहीं की जाती नगर के समीप ही इस कूड़े को फेंक दिया जाता है। जिससे आसपास के क्षेत्र में बदबू फैलती है और मृदा प्रदूषण होता है। वर्षा ऋतु में नदी में बाढ़ आने से ये क्षेत्र जलमय हो जाते हैं और ये कचरा गाद कीचड़ के नीचे जम जाता

है। इस प्रकार परत दर परत ये अपशिष्ट पदार्थ स्थल के अंदर समाहित हो जाते हैं जिसके कारण इस क्षेत्र की मिट्टी में अपशिष्ट पदार्थो के जमाव पाये जाने से कृषि करना बड़ा ही कठिन हो जाता है साथ ही मृदा अनुउपजाऊ हो जाती है जिससे उत्पादकता कम हो जाती है। इस क्षेत्र में नलकूपों की खुदाई के दौरान यह पता चला है कि मिट्टी के नीचे पॉलीथीन व कपडे स्थित हैं जो मृदा को अनुउपजाऊ बना रहे हैं।

मंदिरों, गिरजाघरों, मजारों आदि से पूजन पाठ के उपयोग में लाई जाने वाली सामग्री जैसे फूल, नारियल का उपरी भाग, फूलों का हार आदि को खुले स्थान पर फेंक दिया जाता है। एक अनुमान के अनुसार पूजन सामग्री का अपशिष्ट पदार्थ प्रतिदिन एक टन निकलता है। यही कचरा त्यौहारों के समय चार गुना अधिक हो जाता है। जिससे मृदा प्रदूषण होता है।

जल प्रदूषण

जल प्रदूषण भौतिक और मानवीय स्त्रोतों से होता है लेकिन भौतिक कारकों की तुलना में मानवीय कारक अधिक प्रभावशाली हैं। जल को वृहद्व पैमाने पर प्रदूषित करने में मानवीय कारक अधिक उत्तरदायी है।

उज्जैन नगर एक धार्मिक एवं पौराणिक नगर है। उज्जैन नगर की स्थापना और विकास में क्षिप्रा नदी प्राण रेखा के रूप में प्रवाहित है। उज्जैन नगर में क्षिप्रा नदी के दोनों तटों पर त्रिवेणी से लेकर सिद्धनाथ घाट तक 22 घाट बने हुऐ हैं। जिनमें 15 घाट इसके दायें तट पर और 7 घाट बांये तट पर स्थित हैं। क्षिप्रा नदी के पास की प्रमुख धार्मिक स्थल स्थित है जिसमें महाकालेश्वर मंदिर, हरिसिद्ध, श्रीराम, नवदुर्गा मंदिर, दत्त अखाडा एवं उदासीन अखाडा, मौलाना मौज की दरगाह, चक्रतीर्थ, मत्येसन्द्रनाथ की समाधि, भृतहरि गुफा, गढ़कालिका, मंगलनाथ, सिद्धवट, कालियादेह महल प्रमुख दर्शनीय एवं पर्यटक स्थल हैं। इन स्थलों पर आयोजित होने वाले मेले, त्यौहारों, अनुष्ठानों, स्नान के लिए लाखों श्रद्धालु देश-विदेश से यहाँ आते हैं और क्षिप्रा नदी में स्नान करते हैं। मंदिरों, मस्जिदों, गिरजाघरों से निकलने वाले पूजापाठ की सामग्री को क्षिप्रा नदी में विसर्जित कर दिया जाता है साथ ही नगरवासी भी अपने घरों में पूजनपाठ

की सामग्री पुरानी फोटो कैलेंडरों आदि को नदी में विसर्जित कर देते हैं। जिससे पानी में कीटाणु फैल जाते हैं और पानी प्रदूषित हो जाता है। पूर्णिमा-अमावस्या, सिंहस्थ स्नान में श्रद्धालुओं द्वारा नदी में स्नान आदि किया जाता है। जिसमें लाखों लोग स्नान करते हैं साथ ही साबुन से कपडे धोते हैं। जिससे भी नदी के पानी में सोडियम की मात्रा बढ़ जाती है। जिसके परिणामस्वरूप पानी प्रदूषित होता है।

सिद्धवट और रामघाट को पवित्र स्थान माना जाता है। जिससे मानव द्वारा अस्थियों को पानी में विसर्जित किया जाता है। साथ ही मुण्डन के बालों को भी क्षिप्रा नदी में विसर्जित किये जाने से नदी का पानी प्रदूषित होता है।

धार्मिक आयोजनों जैसे गणेश विसर्जन, नवरात्रि में मूर्ति विसर्जन आदि के क्षिप्रा नदी में विसर्जन के कारण पानी में मिट्टी व गाद की मात्रा बढ़ जाती है। क्षिप्रा नदी नित्य वाही नहीं है जिसके कारण ये मिट्टी की मूर्तियाँ नदी में ही पडी रहती हैं जिससे नदी का पानी मट मेला हो जाता है जिससे नदी के पानी में आक्सीजन की कमी आ जाती है और पीने योग्य नहीं रहता है। मौनी अमावस्या को त्रिवेणी घाट पर स्नान आयोजित होता है। जिसमें हजारों श्रद्धालु भाग लेते हैं। इस स्नान की परम्परा यह है कि श्रद्धालु पुराने कपडे जूते यहीं डाल जाते है। इससे भी प्रदूषण फैलता है।

श्री गोविन्दराम सेक्सेरिया तकनीकी संस्थान, इन्दौर द्वारा क्षिप्रा नदी के पानी और भिन्न नदी के जल की जाँच कर यह निष्कर्ष निकाला है कि इस पानी में अमोनिया व क्लोराइड की मात्रा निर्धारित स्तर से कहीं अधिक है।

धार्मिक आयोजन से उज्जैन नगर में वायु प्रदूषण

अन्य भारतीय नगरों की तरह उज्जैन नगर में भी जनसंख्या का दबाव लगातार बढ़ता जा रहा है। वर्ष 2001 की जनगणना के अनुसार उज्जैन नगर की जनसंख्या छह लाख पचास हजार है।

मेले में बाहर से आने वाले यात्री मोटर, कार, ट्रक, ट्रेक्टर, बस आदि के द्वारा मेला क्षेत्र में आते हैं। इससे बड़ी मात्रा में नाइट्रोजन और सल्फर डाय-आक्साइड निकलती है जिससे पूरा क्षेत्र प्रदूषणमय हो जाता है।

तालिका 16.1: उज्जैन नगर में कार्तिक मेला मार्ग पर वाहनों की संख्या पूर्णिमा स्नान पर

समय	*टेम्पो*	*दुपहिया*	*चौपहिया*
प्रात: 7 से 12	210	1800	165
दोप. 12 से 5	180	1500	180
शाम 5 से 7	200	2000	75

स्रोत—स्वयं के सर्वेक्षण के आधार पर।

इस मेले में ग्रामीण क्षेत्रों से श्रद्धालु अधिक आते हैं। जो मुख्यत: ट्रेक्टर द्वारा नगर में आते हैं। ट्रेक्टर अधिक आवाज एवं प्रदूषण करते हैं। साथ ही इतने अधिक लोगों के एक साथ एकत्रित होने से ये मैदानी क्षेत्र होने के कारण बारिक धूल के कण भी दोपहर में हवा में छाए हुए दिखते हैं जिससे सांस से संबंधित बीमारी हो जाती है।

उज्जैन में चूंकि सिंहस्थ मेले का आयोजन होता है अत: श्रद्धालुओं के लिए भोजन बनाने में लकड़ी का उपयोग किया जाता है जिससे पूरे क्षेत्र में धुऑ फैलने से वायु प्रदूषण होता है।

उज्जैन नगर में ध्वनि प्रदूषण के स्रोत

उज्जैन नगर में प्रदूषण धार्मिक आयोजनों, त्यौहारों, उत्सव आदि के द्वारा ध्वनि प्रदूषण होता है। धार्मिक यात्राऐं, बैण्ड बाजों के साथ जुलूस निकाले जाते हैं जिनसे अधिक मात्रा में ध्वनि प्रदूषण होता है।

उपाय

मंदिरों से निष्कासित फूल-मालाऐं आदि पूजन सामग्री का उपयोग खाद बनाने में किया जा सकता है। साथ ही स्नान के वक्त कूड़े में पड़े जूते-चप्पलों को एकत्रित करके उनका पुन: उपयोग किया जाना चाहिए। जिससे मृदा को प्रदूषित होने से बचाया जा सके। सिहंस्थ महापर्व और कार्तिक मेले में से निकलने वाले अपशिष्ट पदार्थो का उपयोग खाद बनाने में किया जाना चाहिए।

साथ ही शौचालयों के मल का उपयोग खाद एवं गैस के उपयोग में किया जाना चाहिए। साथ ही साबुन सहित केमिकल से बने पदार्थो को पूरी तरह प्रतिबंधित किया जाए। अध जले शवों, चिता की राख तथा मृत शरीर की हड्डियों को नदी में डालने पर प्रतिबंधित किया जाए। इसी प्रकार का प्रयास मूर्ति विसर्जन के समय भी किया जाना चाहिए।

वायु प्रदूषण फैलाने में सबसे अधिक जिम्मेदार कारक वाहन हैं। जिनके द्वारा वायुमण्डल में विभिन्न प्रकार की गैसें छोड़ी जाती हैं। उज्जैन नगर में धार्मिक आयोजन, उत्सव, त्यौहार, स्नान के समय शहर में यातायात का दबाव पड़ता है जिसके कारण वायु में प्रदूषण फैलता है। शहर से दूर पार्किंग व्यवस्था की जानी चाहिए। अधिक से अधिक बॉयोगैस का उपयोग किया जाना चाहिए।

वाहनों में बहुध्वनि वाले हार्न का उपयोग होना, सामाजिक क्रिया-कलापों जैसे-दीपावली, विजयादशमी, शादी-ब्याह के अवसर पर पटाखों के अधिक मात्रा में इस्तेमाल को सीमित किया जाना चाहिए। वाहनों में बहुध्वनि वाले हार्न बजाने पर प्रतिबंध लगाया जाना चाहिए। सड़कों के किनारे हरे वृक्षों को कतार से लगाकर ध्वनि प्रदूषण से बचा जा सकता है क्योंकि हरे पोधे ध्वनि की तीव्रता को 10 से 15 डी.बी. तक कम कर सकते है।

निष्कर्ष

धार्मिक केन्द्रों पर बढ़ने वाला पर्यावरणीय प्रदूषण निश्चय ही चिंता का विषय है। जिसकी रोकथाम के प्रयास किये जाने चाहिये।

संदर्भ ग्रंथ

1. डॉ. सविन्द्रसिंह, *पर्यावरण भूगोल,* प्रयास पुस्तकालय, इलाहबाद
2. सुश्री चौबे-*पर्यावरण अवनयन* उज्जैन नगर के विशेष संदर्भ में विक्रम विश्वविद्यालय, उज्जैन।

17

इलेक्ट्रॉनिक कबाड़ : पर्यावरण के लिए गंभीर चुनौती

सुमित्रा जोशी एवं कविता चंदानी

परिचय

आवश्यकता आविष्कार की जननी है और परिवर्तन प्रकृति का नियम है। किन्तु परिवर्तन एवं विकास की इस अंधी दौड़ में मनुष्य ने जाने अंजाने पर्यावरण का इस हद तक विनाश कर दिया है कि स्वयं उसके प्रतिमान स्थापित करने के काम में जुटा मानव समाज यह भूल जाता है कि पर्यावरण ही उसकी जीवन रेखा है। मनुष्यों की इस नासमझी पर दुनियाभर के पर्यावरणविद् चिंतित हैं तथा पर्यावरण की रक्षा के लिए विभिन्न उपाय करने पर बल दे रहे हैं।

विकास की इस प्रक्रिया में हमारा जीवन पूर्णतः इलेक्ट्रॉनिक मशीनों पर निर्भर हो गया है। लेकिन इन मशीनों की निर्भरता ने जहाँ हमारे जीवन को आरामदायक और आसान बना दिया है वहीं हमारे समक्ष कई चुनौतियाँ भी खडी कर दी हैं। जिनसे उबरना असंभव हो गया है।

आज शायद ही कोई घर, दफ्तर, दुकान या कारखाना हो, जहाँ कोई न कोई इलेक्ट्रॉनिक उपकरण मौजूद न हो, देश के लगभग 75% घरों में टीवी हैं, 10% घरों में एक से ज्यादा हैं, कुछ में कम्प्यूटर भी हैं, बहुत से घरों में वी.सी.आर., सी.डी. प्लेयर आदि भी हैं और कुछ ऐसे घर भी हैं जहाँ ये सभी चीजें एक साथ मौजूद हैं।

ये डिजिटल प्रोडक्ट बहुत बड़ी पर्यावरणीय समस्या है। भले आज डिजिटल जीवनशैली संपन्नता और आधुनिकता का पर्याय बन गई हो, लेकिन हकीकत है कि यह जीवनशैली गंभीर रूप से प्रदूषणकारी है। ई-कबाड़ आज पूरी दुनिया के लिए ही नही, बल्कि अंतरिक्ष के लिए भी खतरनाक बन चुका है। यद्यपि विकसित पश्चिमी देशों के मुकाबले हम अभी भी इलेक्ट्रॉनिक युग में नहीं पहुंचे हैं, तथापि हमें इस कटु सच्चाई से दो-चार होना पड़ रहा है कि इलेक्ट्रॉनिक कचरा (ई-कबाड़) हमारे जीवन और पर्यावरण के लिए खतरनाक बनता जा रहा है, इसका क्षय शहरी ठोस कचरा (एमएमडब्ल्यू) के क्षय की तरह ही समस्याएं पैदा कर रहा है। केन्द्रीय वन एवं पर्यावरण मंत्रालय ई-कबाड़ के खतरे के आंकलन एवं क्षय के लिए एक मसौदा तैयार कर रहा है, जिसके तहत एक नियमावली बनायी जा रही है, इस नियमावली के अनुसार प्रमुख शहरों में ई-कबाड़ से निपटने के मानकीकृत रूख एवं कार्यविधि अपनायी जाएगी। इन नियमावली को भारत सरकार के केन्द्रीय प्रदूषण नियंत्रण बोर्ड तथा तकनीकी सहयोग की जीडीजेड नामक एक जर्मन एजेंसी और मटीरियल परीक्षण की ईम्पा नामक स्विस प्रयोगशाला ने मिलजुलकर तैयार किया है। इसमें एक केन्द्रीय स्थल पर इलेक्ट्रॉनिक एवं इलेक्ट्रीकल इक्विपमेंट जनित कचरे (वेस्ट) (डब्ल्यूईईई) का डाटाबेस फार्मेट में डाक्यूमेंटेशन एवं रिकार्ड रखने के लिए प्रावधान किया गया है।

इससे पूर्व मंत्रालय ने जीटीजेड एवं ईम्पा के सहयोग से इस वर्ष जनवरी में एक अध्ययन किया था, जिसे पता चला है कि भारत में हर वर्ष एक लाख छियालीस हजार मीट्रिक टन ई-कबाड़ पैदा होता है। यह एक प्रारंभिक अनुमान है। दिल्ली स्थित टॉक्सिक लिंक नामक एक गैर-सरकारी संगठन के मुताबिक भारत में प्रतिवर्ष डेढ़ अरब अमेरिका डॉलर का ई-कबाड़ पैदा होता है।

सिलिकॉन वैली टॉक्सिक कोलीशन के अनुसार सारी दुनिया में सन् 2007 तक 50 करोड़ कम्प्यूटर बेकार हो जाएंगे। इससे लगभग 28.70 लाख टन प्लास्टिक एवं 7.17 लाख टन शीशा निकलेगा। वर्ल्ड वॉच इंस्टीटयूट के मुताबिक 1977 में 29 लाख टन ई-कबाड़ से जमीन को भरा (लैंडफिल) गया। चूंकि विकसित पश्चिमी देशों में ई-कबाड़ के निपटाने की कीमत बेहद

ऊंची है। इसलिए विकासशील देशों के मत्थे उसे थोप दिया जाता है। कुछ लालच के चलते विकासशील देश ऐसा होने दे रहे हैं, क्योंकि कम्प्यूटर एवं टी. वी. जैसे पुनः उपयोग उपकरणों/उपस्करों के लिए तैयार बाजार उपलब्ध है।

विवेचन

एशियाई देश बनते कूड़ाघर

भारत और ब्रिटेन के पर्यावरण संगठनों की ताजा रिपोर्ट के अनुसार भारत और चीन दुनिया भर के इलेक्ट्रिक कबाड़ के डंपिंग यार्ड बने हुए हैं। 1992 के बेसेल सम्मेलन के अनुबंधों के खिलाफ टनों इलेक्ट्रॉनिक कबाड़ नियमित रूप से भारत और चीन भेजे जाते हैं ताकि पश्चिमी देश इसके निस्तारण के खर्चे से बचे रह सकें। एक रिपोर्ट के मुताबिक ब्रिटेन हर साल 10 लाख टन इलेक्ट्रॉनिक कबाड़ पैदा करता है। और उसके निस्तारण में आने वाले खर्च से बचने के लिए उसे गरीब देशों में पहुंचा देता है।

इलेक्ट्रॉनिक कबाड़ में कई जानलेवा जहरीले पदार्थ होते हैं, जैसे-सीसा, पारा, कैडमियम, एंटिमनी, पीवीसी प्लास्टिक, ब्रोमीन आदि। भारत जैसे देशों में जहाँ इलेक्ट्रॉनिक कबाड़ की निस्तारण प्रणाली अब भी पुरानी है और कई काम खुले हाथों से होते हैं, ये जानलेवा हैं।

पर्यावरण संगठनों के एक अंतर्राष्ट्रीय मोर्चे ने इस साल की शुरूआत में पाया कि भारी मात्रा में इलेक्ट्रॉनिक कबाड़ यूरोप से एशिया भेजा गया है। इस कबाड़ को जापान, दक्षिण कोरिया, अमेरिका और यूरोपिय देशों के धातुओं के कबाड़ में मिला दिया था। इसे हांगकांग के गुआंगडोंग प्रांत के शहर गुयू भेजा गया है, जहाँ करीब एक लाख अप्रवासी मजदूर इन्हें निस्तारित करने के लिए तैयार किए गए हैं।

ई-कबाड़ का निस्तारण

बेसिल सम्मेलन के बाद ओईसीडी (आर्गेनाइजेशन ऑफ इकोनॉमिक कोआपरेशन एंड डेवलपमेंट) के सदस्य देशों ने ई-कबाड़ के संग्रहण, निपटान

तथा पुर्नप्रयोग के संबंध में कड़े नियम बनाये हैं। उन्होंने ऐसी प्रौद्योगिकियां विकसित की हैं, जिनसे उन्हें इस समस्या से काफी हद तक निजात मिली है, परंतु इस सबकी कीमत भी बहुत ज्यादा है।

कबाड़ के निस्तारण की प्रक्रिया में प्लास्टिक और तारों को खुले में जलाना, सोने जैसे महंगे धातुओं को निकालने के लिए भारी मात्रा में अम्लों का इस्तेमाल और पारायुक्त कैथोड टयूबों को तोड़ना शामिल होता है। इन सबसे गुयू इतना प्रदूषित हो चुका है कि यहाँ के कुओं का पानी पीने लायक नहीं रह गया है।

निष्कर्ष

पर्यावरण असंतुलन की समस्या इतनी विराट एवं गंभीर है कि इसका निदान एक समग्र पर्यावरण नीति, जनजाग्रति एवं पर्यावरण सुरक्षा क्रांति के बिना संभव नहीं है। जून 1972 स्टॉक होम कॉन्फ्रेंस तथा 1992 रियो डी जेनेरो (ब्राजील) में 119 देशों के प्रतिनिधियों ने भी बढ़ते पर्यावरण असंतुलन पर गंभीर चिंता जताई है। बढती जनसंख्या की आवश्यकताओं की पूर्ति एवं विकास हेतु नई तकनीकें आवश्यक हैं परंतु आवश्यकता है ऐसी तकनीक की जो हमारे पर्यावरण के साथ तालमेल बैठा सके।

वर्तमान समय की मांग है कि अंतर्राष्ट्रीय पर्यावरणीय नीति के साथ-साथ राष्ट्रीय व क्षेत्रीय पर्यावरण नीति को बढ़ावा दिया जाय। नई सदी की माँग है कि आर्थिक उदारीकरण के दौर में पर्यावरण असंतुलन को ध्यान में रखकर विश्व दृष्टि के सहारे एक नए आर्थिक, सामाजिक, राजनैतिक विकास पथ को प्रशस्त किया जाए, जो पर्यावरण की रक्षा करते हुए मानव समाज व जीव जगत को सब प्रकार का सुख प्रदान करें।

खण्ड–स

पर्यावरणीय प्रबंधन

18

वन संसाधन उपयोग एवं अवबोध (ग्राम नाहर झाबुआ एवं तिल्लौर खुर्द का प्रतिकात्मक अध्ययन)

डॉ. राखी शुक्ला

परिचय

वन, आज पृथ्वी पर उपलब्ध एक अद्वितीय नव्यकरणीय संसाधन है। वन हमारे पर्यावरण एवं अर्थव्यवस्था के प्रमुख घटक हैं। प्राचीन काल से ही वन मानव की प्रमुख आवश्यकताओं जैसे भोजन, आश्रय एवं वस्त्र की पूर्ति करते रहें हैं। आज भी ये आदिवासियों को आजीविका के स्रोत हैं। वनों से प्रतिवर्ष ईंधन, भोजन, चारा, इमारती लकड़ी, जड़ी-बुटियां एवं औद्योगिक कच्चा माल संबंधी विभिन्न किस्मों की करोड़ों रूपये की उपज प्राप्त होती है। इससे लाखों लोगों को रोजगार प्राप्त होता है। यह मानव समाज को प्रत्यक्ष एवं अप्रत्यक्ष दोनों प्रकार से लाभ पहुँचाते हैं। वनों से ऐसे कई लाभ हैं जिन्हे रूपयों में नहीं आँका जा सकता और इनका महत्व और अधिक बढ़ जाता है। ये पारिस्थितिक लाभ कहलाते हैं एवं मानव जीवन के लिए उत्तरदायी हैं।

वास्तव में "वन अवबोध" से तात्पर्य "वनों के प्रति मानवीय दृष्टिकोण" से है। अर्थात सामान्य जनता को वनों के संबंध में कितना ज्ञान है एवं वनों के वास्तविक उपयोग एवं दुरूपयोग से वह कितना परिचित है। वह वनों को अपनी जीविका के लिए कितना जरूरी मानता है। वन उपयोग की सीमा जानता

है अथवा नहीं। विभिन्न वन वृक्षों के जीवन, वन्य जीवन की समाप्ति से उसका कोई संबंध है अथवा नहीं। वन क्षेत्र परिवर्तन के उसके जीवन पर क्या कोई प्रभाव उसने पाये हैं अथवा नहीं। वास्तव में भिन्न-भिन्न समाजों एवं व्यक्तियों में वन अवबोध भिन्न भिन्न होता है जो उनके अपने अनुभवों पर आधारित होता है।

दुर्भाग्य से वर्तमान समय में वन संपदा दिन-प्रतिदिन तीव्र गति से समाप्त हो रही है और निर्वनीकरण एक प्रमुख पर्यावरणीय समस्या साबित हो रही है। वास्तव में वनों के ह्रास के लिए विभिन्न मानवीय गतिविधियाँ ही सर्वप्रमुख रूप से उत्तरदायी हैं। क्योंकि दिन-प्रतिदिन बढ़ते जनसंख्या दबाव के साथ वनों की गुणवत्ता तथा मात्रा दोनों ही प्रभावित हो रहे हैं।

शोध समस्या

वन संसाधनों का अविवकेपूर्ण दोहन, शोषण बहुत सी पर्यावरणीय एवं पारिस्थितिकीय समस्याओं का प्रमुख कारण है। आज वन प्रबंधन एवं नियोजन के लिए वनों के प्रति सहयोगी दृष्टिकोण अपनाना आवश्यक है इस संदर्भ में वनोपयोग एवं वन अवबोध का अध्ययन आवश्यक है अन्यथा वन वृद्धि एवं वन जीविका संबंधी कार्य योजनाएँ असफल होती रहेंगी।

अध्ययन की उपादेयता

वनों के प्रति मानवीय दृष्टिकोण एवं व्यवहार के मूल्यांकन से वन संरक्षण एवं वन विकास संबंधी कार्य योजनाओं को दिशा प्राप्त हो सकती है।

अध्ययन के उद्देश्य

शोध अध्ययन के इस पक्ष का उद्देश्य वनवासियों एवं वनों के समीप रहने वाले ग्रामीण जनों में वनों की भूमिका का अध्ययन करना है।

अध्ययन का उद्देश्य उन कारकों पर प्रकाश डालना है जो वन जीवन के लिए उत्तरदायी हैं। अतः यह शोध अध्ययन निम्न उद्देश्यों की पूर्ति के लिए किया गया है—

(1) वनों पर निर्भर ग्रामीण या वनक्षेत्र में स्थित ग्रामीणों में वन उपयोगिता का अध्ययन करना।

(2) वनों से संबंधित जनसंख्या के वन संसाधन के प्रति दृष्टिकोण को अध्ययन करना।

(3) वन विकास से लिए उत्तरदायी कारकों का अध्ययन करना।

आकड़ों के स्त्रोत एवं विधितंत्र

यह अध्ययन प्राथमिक आकड़ों पर आधारित है। वन उपयोगिता एवं वन अवबोध संबंधी प्राथमिक आंकड़ो प्रश्नावली द्वारा क्षेत्र सर्वेक्षण कर प्राप्त किये गए हैं। प्रस्तुत अध्ययन में इन्दौर तहसील शोध की समष्टि है जबकी तहसील के वनक्षेत्र रखने वाले ग्रामों को शोध जनसंख्या माना गया है। वन क्षेत्र के आसपास लगभग 2 किलोमीटर की दूरी तक के क्षेत्र एवं उसमें रहने वाली जनसंख्या सेम्पलिंग फ्रेम में सम्मिलित की गई हैं। नाहर झाबुआ एवं तिल्लौर खुर्द को प्रतिदर्श ग्राम (सेम्पलिंग विलेज) चुना गया है। इन ग्रामों के वनोत्पादों का उपयोग करने वाले क्रमशः 13 एवं 17 परिवार प्रतिदर्श आकार बनाते हैं। जबकि एक परिवार शोध अध्ययन की इकाई है।

शोध के उद्देश्यों की पूर्ति के लिए एक ओर एसे समुदाय का चुनाव करना था जो सघन वन के बीच निवास करता हो, एवं अपनी अधिकांश जरूरतों के लिए वनों पर निर्भर हो। ये वे व्यक्ति हैं जिन्होनें कभी वनाभाव का अनुभव नहीं किया है। दूसरी ओर ऐसे समुदाय का चुनाव करना था जो वनाभाव से जुझ रहे हैं। इस दृष्टि से नाहर झाबुआ जो कि एक वन ग्राम है तथा जहां आज भी ग्राम के कुल क्षेत्रफल का 98.56 प्रतिशत वनक्षेत्र है का चयन किया गया। ग्राम में कुल 30 परिवार हैं जो दो टोलों में आंतरिक एवं बाह्य में (क्रमशं 17 एवं 13 परिवार) निवास करते हैं। सर्वेक्षण में बाह्य टोले के 13 परिवारों को सम्मिलित किया गया है। ग्राम की भौतिक दशाएँ इन्हें वनों पर निर्भर बनाती है। जबकी तिल्लौर खुर्द ग्राम का वनक्षेत्र जनसंख्या दबाव एवं कृषि क्षेत्र में वृद्धि के कारण धीरे धीरे समाप्त हो रहा है (2007 के अनुसार मात्र 9 प्रतिशत वनक्षेत्र)। अब वह कृषि प्रधान ग्राम है। यहां के वन क्षेत्र के आस-पास निवास करने

वाले एवं वनाभाव से जूझने वाले 17 परिवारों को सर्वेक्षण में सम्मिलित किया गया है।

अध्ययन क्षेत्र

इन्दौर तहसील इन्दौर जिले के मध्य भाग में स्थित है। मध्य प्रदेश में इन्दौर उच्चशिक्षा, उद्योग, कृषि व्यापार एवं स्वास्थ्य सुविधाओं के लिए प्रसिद्ध है। इसका विस्तार 22°23' से 22°49' उत्तरी अक्षांश तक एवं 75°42' से 76°14' पूर्वी देशांतर तक है। इसका क्षेत्रफल 948.77 वर्ग किलोमीटर है। तहसील में कुल भूमि के 7.12 प्रतिशत पर वनक्षेत्र हैं जो की दक्षिण पूर्वी भाग में पाये जाते हैं। इन्दौर तहसील में 1914 के पूर्व अत्यन्त सघन वन थे जिनमें जंगली जानवरों की संख्या अधिक थी। जनसंख्या एंव कृषि क्षेत्र में वृद्धि के कारण 1971 के पश्चात् वन क्षेत्र में तीव्र दर से कमी हुई। अब तहसील के केवल दक्षिण पूर्वी क्षेत्र में फैले पहाड़ी क्षेत्र के 9 ग्रामों में ही प्राकृतिक वन हैं। ये वन शुष्क टीक एवं मिश्रित शुष्क पर्णपाती वृक्षों जैसे अन्जन, सलाई एवं पलाश के हैं।

विश्लेषण

वन उपयोगिता का अध्ययन

सर्वेक्षित परिवारों के जीविकोपार्जन में विभिन्न वनोत्पादों के विविध उपयोग को निम्नानुरूप जानने का प्रयास किया गया है।

वनों से प्राप्त होने वाली सभी प्रकार की वस्तुओं को समान्यतः वनोत्पाद कहा जाता है। ये वनोत्पाद बहुमूल्य, बहुउपयोगी होने के साथ-साथ जनसंख्या को रोजगार भी प्रदान करते हैं। विशेषकर वनवासियों या वन के समीप रहने वाले ग्रामीणों के जीवीकोपार्जन में महती भूमिका निभाते हैं। सर्वेक्षिता ग्रामों में प्राप्त होने वाले प्रमुख वनोत्पाद निम्न प्रकार है—

(अ) **जलाऊ लकड़ी**—अध्ययन क्षेत्र में पाये जाने वाले सभी वृक्षों जैसे धावड़ा, सेमल, बीजासल, कनार, पलास, अन्जन, सलाई, तिन्सा,

सागवान, शीशम, आम, महुआ, इमली, नीम, जामून, बबूल, आदि की सूखी टहनियों का उपयोग सर्वेक्षित परिवार जलाऊ लकड़ी, (ईंधन) के रूप में करते हैं। सूखी टहनियों की कमी होने पर ये लोग वृक्षों को काट कर ईंधन प्राप्त करते हैं। आर्थिक लाभ के लिए इनका, विक्रय भी किया जाता है।

(ब) **चारा**—वन क्षेत्र में होने वाली विभिन्न प्रकार की घासें एवं मुख्यतः अन्जन वृक्ष की पतियाँ वर्ष भर हरी रहने के कारण चारे के सर्वेक्षित परिवार मवेशी चारे के रूप प्रयोग करते हैं। घरेलू उपयोग करने के साथ-साथ इनका विक्रय भी किया जाता है।

(स) **तेंदूपत्ता**—तेंदूपत्ता का महत्व सर्वविदित है सर्वेक्षित परिवारों को तेंदूपत्ता द्वारा मौसमी रोजगार प्राप्त होता है जो इन्हें विशेष आर्थिक लाभ प्रदान करता है।

(द) **खाद्य पदार्थ**—सर्वेक्षित ग्राम नाहर झाबुआ के परिवार वनों से, टेमरू, फालसा, चारोली, कबीट, सीताफल, आम, जामुन, जायफल, इमली, आँवला, बेर आदि फल प्राप्त करते हैं। तथा तिल्लौर खुर्द के परिवार वनों से सीताफल, आँवला, जाम, बेर, जामुन, प्राप्त करते है। सर्वक्षित परिवार इनका उपयोग खाद्यान्नपूर्ति के साथ-साथ विक्रय हेतु भी करते हैं। इसके अलावा वे कभी-कभी वन्यजीवों का शिकार भी करते हैं।

(इ) **औषधियाँ**—सर्वेक्षित ग्राम नाहर झाबुआ के वनवासी अनेक प्रकार की वनस्पतियों का उपयोग जड़ी-बूटियों के रूप में करते हैं।

(फ) **आवास निर्माण सामग्री**—इसमें इमारती लकड़ियाँ प्रमुखता से है। सभी प्रकार के वृक्षों की मुख्यतः सागवान का उपयोग घरों की बल्लियों, खूँटे, दरवाजे, खटिया आदि बनाने के लिए किया जाता हैं खजूर की पत्तियों का उपयोग छत बनाने के लिए किया जाता है।

तालिका 18·1: सर्वेक्षित परिवारों में वनोत्पाद उपयोग प्रतिरूप

क्र.		तिल्लौर खुर्द					नाहर झाबुआ				
		घरेलु उपयोग	विक्रय	संग्रहण	त्याज्य पदार्थ	कुल	घरेलु उपयोग	विक्रय	संग्रहण	त्याज्य पदार्थ	कुल
1.	जलाऊ लकड़ी	45%	5%	40%	10	100%	35%	35%	20%	10%	100%
2.	तेंदूपत्ता	नगण्य	96%	नगण्य	4%	100%	65%	30%	5%	नगण्य	100%
3.	खाद्य पदार्थ	95%	3%	2%	नगण्य	100%	65%	30%	5%	नगण्य	100%
4.	चारा	70%	5%	25%	नगण्य	100%	65%	30%	नगण्य	5%	100%
5.	अन्य पदार्थ (जड़ी बूटियां, वस्तु निर्माण)	96%	नगण्य	नगण्य	4%	100%	10%	70%	15%	5%	100%

स्रोत—क्षेत्र सर्वेक्षण वर्ष 2002

उपरोक्त तालिका से स्पष्ट है कि तिल्लौर खूर्द में वनोत्पादों का घरेलु उपयोग एवं संग्रह अधिक हैं जबकि विक्रय नाहर झाबुआ की अपेक्षा कम है इसका कारण यह है कि तिल्लौर में ग्रामीणों के आवास से वन क्षेत्र दूर हैं वन क्षेत्र भी सीमित हैं। (124·11 हेक्टेयर) तथा जनसंख्या भी अधिक है जिससे प्रतिव्यक्ति वनोत्पाद उपलब्धता कम है। जबकि नाहर झाबुआ में इसके विपरित परिस्थितियाँ हैं। वनवासी के आवास वन में ही हैं, कृषि पर निर्भरता बहुत कम है। वन विशाल क्षेत्र (4682 हेक्टेयर) में फैला है एवं जनसंख्या नगण्य (मात्र 13 परिवार) हैं। यहाँ वनोत्पादों की उपलब्धता प्रचूर मात्रा में होने के कारण वनोत्पादों का घरेलू उपयोग एवं विक्रय दोनों अधिक हैं एवं संग्रहण कम है। यहाँ के निवासी वनोत्पादों जैसे जलाऊ व इमारती लकड़ी, चारा पदार्थ एवं तेंदूपत्ता को समीपस्थ बड़े ग्राम शिवनी के हाट बाजार में तथा फलों को इन्दौर नगर में विक्रय हेतु ले जाते हैं।

वनोत्पादों का रोजगार पर प्रभाव

वनोत्पाद न केवल घरेलू आवश्यकता पूरी करते हैं अपितु ये जीविकोपार्जन के

लिये आय एवं रोजगार भी प्रदान करते हैं। सर्वेक्षित परिवारों में वनोत्पादों पर आधारित रोजगार प्रतिरूप निम्न तालिकानुसार है–

तालिका 18.2: सर्वेक्षित परिवारों में वनोत्पाद आधारित रोजगार प्रतिरूप

वनोत्पाद	*ग्राम तिल्लौर खुर्द*		*ग्राम नाहर झाबुआ*	
	रोजगार के दिन	*अवधि*	*रोजगार के दिन*	*अवधि*
जलाऊ लकड़ी	लगभग 1माह	मौसमी	लगभग 8 माह	वार्षिक
तेंदूपत्ता	3–4 दिन	मौसमी	45 दिन	मौसमी
खाद्य पदार्थ	3–4 दिन	मौसमी	30–45 दिन	वार्षिक
पशुचारा	3–4 दिन	मौसमी	वर्ष भर	वार्षिक
जड़ी बूटियाँ	अप्राप्त		20–30 दिन	मौसमी

स्रोत—क्षेत्र सर्वेक्षण से प्राप्त जानकारी के आधार पर, वर्ष 2007

उपरोक्त तालिका से स्पष्ट है की वनोत्पादों की उपलब्धता रोजगार के दिन एवं अवधि को प्रभावित करती है। नाहर झाबुआ में वनोत्पाद प्रचूर मात्रा में होने के कारण उन पर आधारित रोजगार की अवधि भी अधिक है। जबकी तिल्लौर खुर्द में वनोत्पाद सीमित मात्रा में होने के कारण प्रति व्यक्ति उपलब्धता कम है अत: रोजगार का अतिरिक्त साधन है।

आय प्रतिरूप

नाहर झाबुआ एवं तिल्लौर खुर्द में सर्वेक्षित परिवारों में आय के स्रोत संबंधी प्राप्त जानकारी निम्न तालिकानुसार है –

तालिका 18.3: सर्वेक्षित परिवारों में आय प्रतिरूप (वार्षिक आय)

आय के स्रोत	*ग्राम तिल्लौर खुर्द*		*ग्राम नाहर झाबुआ*	
वनोत्पादों से प्राप्त आय	5100 रू.	(30 प्रतिशत)	11900 रू.	(70 प्रतिशत)
अत्म स्तोतों से प्राप्त आय	10500 रू.	(70 प्रतिशत)	4500 रू.	(30 प्रतिशत)
कुल आय	17000 रू.	(100 प्रतिशत)	15000 रू.	(100 प्रतिशत)

स्रोत—क्षेत्र सर्वेक्षण से प्राप्त जानकारी के आधार पर, वर्ष 2007

तालिका 18.2 से स्पष्ट है कि नाहर झाबुआ के सर्वेक्षित परिवारों की कुल वार्षिक आय का लगभग 2/3 भाग वनोत्पादों से प्राप्त होता है। यहाँ पर सघन वन क्षेत्र होने के कारण कृषि भूमि बहुत कम है जबकी वनोत्पाद प्रचूर मात्रा में प्राप्त होते हैं इसीलिए इन परिवारों की वनोत्पाद से प्राप्त आय आजीविका का मुख्य स्त्रोत है।

इसके विपरित तिल्लौर खुर्द में कृषि भूमि अधिक एवं वनक्षेत्र कम होने के कारण वनोत्पादों में विविधता भी कम है एवं उपलब्धता भी कम है इसलिए इनकी वनोत्पादों से प्राप्त आय कुल आय का केवल 1/4 भाग ही है। यहाँ के निवासियों का मुख्य व्यवसाय कृषि मजदूरी है एवं यही उनकी आजीविका का मुख्य स्त्रोत है।

विभिन्न वनोत्पादों की आय में भागीदारी

उपरोक्त तालिका 18.2 विश्लेषण से स्पष्ट है कि वनक्षेत्र एवं वनोत्पादों की उपलब्धता आय प्रतिरूप को प्रभावित करती हैं सर्वेक्षित परिवारों से वनोत्पादों से प्राप्त आय संबंधी जानकारी निम्न तालिकानुसार है –

तालिका 18.4: वानोत्पादों से प्राप्त कुल वार्षिक आय रूपयों में

क्र.	*वनोत्पाद का नाम*	*संबंधित वनोत्पाद की वनोत्पादों से प्राप्त कुल वार्षिक आय में भागीदारी*	
		ग्राम तिल्लौर खुर्द	*ग्राम नाहर झाबुआ*
1.	जलाऊ लकड़ी	37 प्रतिशत	40 प्रतिशत
2.	तेंदूपत्ता	40 प्रतिशत	30 प्रतिशत
3.	फल-फूल	8 प्रतिशत	20 प्रतिश
4.	पशुचारा	15 प्रतिशत	6 प्रतिशत
5.	जड़ी बूटियाँ	नगण्य	4 प्रतिशत
	कुल आय वनोत्पादों से प्राप्त	100 प्रतिशत	100 प्रतिशत

स्त्रोत—क्षेत्र सर्वेक्षण से प्राप्त जानकारी के आधार पर।

उपरोक्त तालिका 18.3 से स्पष्ट है कि तिल्लौर खुर्द एवं नाहर झाबुआ दोनों ही ग्रामों के सर्वेक्षित परिवारों में वनोत्पाद से प्राप्त कुल आय में जलाऊ लकड़ी एवं तेंदूपत्ता लगभग 2/3 भाग प्रदान करते हैं जबकी दोनों ही ग्राम में वनोत्पाद से प्राप्त आय में तीसरी बड़ी भागीदारी अलग–अलग है। तिल्लौर खुर्द में जहाँ यह फल–फूल या खाद्य पदार्थ होने के कारण जड़ी बूटियाँ भी आय का स्रोत हैं।

वन अवबोध

सर्वेक्षित परिवारों की वन संसाधन के संबंध में जानकारी जागरूकता एवं दृष्टिकोण को भी जानने का प्रयास किया गया है। इसके लिए सर्वेक्षित परिवारों का वन उपयोगिता, वनों से प्राप्त आय एवं रोजगार, वन संबंधी व्यवसाय, वनों का पर्यावरण पर प्रभाव एवं वनसंरक्षण के प्रति वन अवबोध को जानने का प्रयास किया गया हैं

वनों की उपयोगिता के प्रति दृष्टिकोण

सर्वेक्षित परिवारों के दृष्टिकोण को जानने के लिए वन उपयोगिता को तीन वर्गों में विभाजित किया गया है।

1. बहुउपयोगी, 2. उपयोगी, 3. अनुपयोगी

तालिका 18.5: सर्वेक्षित परिवारों में वन उपयोगिता के प्रति दृष्टिकोण

क्र.	*वन उपयोगिता*	*ग्राम तिल्लौर खुर्द*	*ग्राम नाहर झाबुआ*
1.	बहुउपयोगी	90 प्रतिशत सर्वे. परिवार	75 प्रतिशत
2.	उपयोगी	10 प्रतिशत	25 प्रतिशत
3.	अनुपयोगी	अप्राप्त	अप्राप्त

तालिका 18.5 से स्पष्ट होता है कि दोनों ग्रामों की अधिकांश जनसंख्या यह मानती है कि वन उनके लिए बहुउपयोगी हैं। दोनों ग्रामों में से नाहर झाबुआ के परिवार वन संसाधन का अधिकतम उपयोग करते हैं। पर वे सीधे–सीधे इस बात को स्वीकार नहीं करते कि वन उनके लिए बहुउपयोगी हैं।

तिल्लौर खुर्द ग्राम के परिवार इस दृष्टि से अधिक जागरूक पाये गये हैं। वे जानते हैं कि अब उन्हें वनक्षेत्र की कमी के कारण पर्याप्त वनोत्पाद प्राप्त नहीं होते। वे वनों के महत्व से भली-भांति परिचित हैं।

वन संबंधी व्यवसाय के प्रति दृष्टिकोण

सर्वेक्षित परिवारों को वनोत्पाद विक्रय से आय एवं रोजगार प्राप्त होता है। रोजगार दायक वनोत्पादों की नियमित एवं आसान उपलब्धता पर व्यवसाय का चुनाव निर्भर करता है। सर्वेक्षित ग्रामों में वनोत्पाद आधारित व्यवसाय लकड़ी काटना व बेचना तेंदू पत्ता विक्रय, फल-फूल विक्रय, जड़ी बूटी विक्रय, झाड़ू, बेंत की टोकरी एवं सूपड़े बनाना, लकड़ी का सामान (खाट, दरवाजे, खूंटी आदि) बनाना पाये गये हैं।

तालिका 18.6: सर्वेक्षित परिवारों में वन संबंधी व्यवसाय के प्रति दृष्टिकोण

रोजगार प्रतिरूप	*तिल्लौर खुर्द*	*नाहर झाबुआ*
नियमित	20 प्रतिशत सर्वेक्षित परिवार	90 प्रतिशत
अनियमित	100 प्रतिशत	अप्राप्त

स्रोत—क्षेत्र सर्वेक्षण से प्राप्त जानकारी के आधार पर।

उपरोक्त तालिका से स्पष्ट है कि तिल्लौर खुर्द के केवल 1/5 या कुछ ही परिवार वन संबंधी व्यवसाय को अपनाना चाहते हैं। अधिकांश का यह मानना है कि वनोत्पाद से आय एवं रोजगार प्राप्ति अनियमित है एवं वनोत्पादों के लिए उन्हे दूर-दूर भटकना पड़ता है जिसमें बहुत सारा समय भी व्यर्थ होता है अतः वे वन संबंधी व्यवसाय नहीं अपनाना चाहते हैं। जबकि ग्राम नाहर झाबुआ में वन विपलुता के कारण यहां के निवासी वनोत्पाद संबंधी व्यवसाय को अपनाना चाहते हैं क्योंकि यहां की जनसंख्या को वनोत्पादों से नियमित आय एवं रोजगार प्राप्त होता है। यहां के निवासी वनोत्पाद संबंधी व्यवसाय करने के लिए शिवनी खण्डेल एवं कम्पेल ग्राम तथा इन्दौर आते हैं।

वनों का पर्यावरण पर प्रभाव संबंधी दृष्टिकोण

तिल्लौर खुर्द एवं नाहर झाबुआ के सर्वेक्षित परिवारों को इस संबंध में जानकारी निम्नानुसार है—

तालिका 18.7: सर्वेक्षित परिवारों में वनों का पर्यावरण पर प्रभाव संबंधी दृष्टिकोण

(सर्वेक्षित परिवार प्रतिशत में)

ग्राम	*वर्षा पर प्रभाव*	*प्रदूषण रोकथाम*	*भूजल स्तर*	*वन्य जीव विपुलता*	*वन संरक्षण की आवश्यकता*
तिल्लौर खुर्द	100 प्रतिशत	30 प्रतिशत	100 प्रतिशत	70 प्रतिशत	100 प्रतिशत
नाहर झाबुआ	20 प्रतिशत	5 प्रतिशत	10 प्रतिशत	50 प्रतिशत	100 प्रतिशत

स्रोत—क्षेत्र सर्वेक्षण से प्राप्त जानकारी के आधार पर।

उपरोक्त तालिका को देखने से स्पष्ट होता है कि वनों का पर्यावरण पर प्रभाव संबंधी जानकारी नाहर झाबुआ ग्राम की अपेक्षा तिल्लौर खुर्द ग्राम में अधिक है यहाँ के शत-प्रतिशत सर्वेक्षित परिवार इस तथ्य से परिचित हैं कि वनों का वर्षा एवं भूजल स्तर पर प्रभाव पड़ता है। इसी प्रकार 3/4 लोग ये भी मानते हैं कि वन क्षेत्र में कमी या वृद्धि से वन्यजीव जंतुओं की संख्या प्रभावित होती है। जबकी मात्र 1/3 परिवार ही वन एवं प्रदूषण रोकथाम के संबंध को जानते हैं।

तालिका 18.7 से यह भी ज्ञात होता है कि वनों का पर्यावरण पर प्रभाव संबंधी जानकारी नाहर झाबुआ के परिवारों की अपेक्षाकृत बहुत कम है। इसका कारण यह है कि यहाँ अब भी सघन वन हैं। वन क्षेत्र में परिवर्तन तो हुआ है पर इतना नहीं की ये उसका महत्व समझ पायें। ये भूजल स्तर का संबंध नदी में जल की मात्रा या स्टापडेम से मानते हैं। दूसरे यह ग्राम चारों ओर से बड़े नगरों से कम से कम 50 किलोमीटर दूर है। अतः जल, वायु, ध्वनि प्रदूषण या उनके प्रभाव से अछूते हैं। मिट्टी प्राकृतिक रूप से ही बहुत उपजाऊ है। पीने के पानी का मुख्य स्रोत नदी का पानी है एक हैंड पंप भी है। भूजल स्तर 5-6

मीटर पर ही है। केवल 1/2 परिवार ही यह जानते हैं घने जंगलों के समाप्त होने से वन्यजीव भी समाप्त हो जायेगें। एक दो सर्वेक्षित परिवारों के अनुसार खेतों के आस-पास वन क्षेत्र होने से खेतों में कीट व्याधि एवं खरपतवार अधिक होती है इसलिये वे खेतों के आस-पास से वन वृक्ष काट देते हैं। अर्थात वन हानि भी पहुँचाते हैं।

दोनों ग्रामों में वन संरक्षण के लिए सभी सर्वेक्षित चितिंत पाये गये। परंतु दोनों में वन संरक्षण के लिए कारण अलग-अलग थे। जहाँ नाहर झाबुआ में वनोत्पादों से प्राप्त होने वाली आय इसका कारण थी तो तिल्लौर खुर्द में वर्षा की मात्रा एवं भूजल स्तर में वृद्धि के साथ-साथ जलाऊ लकड़ी व पशुचारा की चिंता भी थी।

वन विकास के लिए उत्तरदायी कारकों का अध्ययन

उपरोक्त अध्ययन-विश्लेषण से यह स्पष्ट होता है कि ग्रामीणों द्वारा वनोपयोग की मात्रा विभिन्न सामग्रियों के लिए भिन्न-भिन्न है जिसे निम्नानुसार वर्गीकृत करने का प्रयास किया गया है–

तालिका 18.8: ग्रामीण जनों द्वारा वनोपयोग की मात्रा

क्र.	*वनोत्पाद*	*वनोपयोग की मात्रा*
1.	जलाऊ लकड़ी	सर्वाधिक
2.	पशुचारा	बहुत अधिक
3.	विक्रय हेतु वनोत्पाद	अधिक
4.	घरेलू आवश्यकताएँ	मध्यम

स्रोत–क्षेत्र सर्वेक्षण से प्राप्त जानकारी के आधार पर।

उपरोक्त तालिका के अनुसार वनों के आस-पास निवास करने वाली जनसंख्या अपनी जीविकोपार्जन संबंधी आवश्यकताओं को पूरा करने के लिए वनजीवन एवं वन विकास को हानि पहुँचाती हैं।

क्षेत्र सर्वेक्षण के दौरान आस-पास के वन क्षेत्र का निरीक्षण करने पर ज्ञात हुआ की इनमें बहुमूल्य इमारती लकड़ी के सागौन वृक्ष कहीं कहीं हैं और तो और इन्हें देखने के लिए वन क्षेत्र में बहुत दूर तक जाना पड़ा। इसी प्रकार

फलदार एवं चारा प्रदान करने वाले वृक्षों की डालियाँ टूटी हुईं थीं कारण जानने पर ज्ञात हुआ की शीघ्र एवं अधिक मात्रा में फल एवं चारा प्राप्त करने के लिए ऐसा किया जाता है। इसी प्रकार सभी ग्रामीणों के घर में जलाऊ लकड़ी के बड़े-बड़े ढेर पाये गए तथा खुले में चूल्हें बने हुए थे जिसमें 1-2 लकड़ी के स्थान पर 5-6 लकड़ियां एक साथ जलती हुई पायी गईं।

नाहर झाबुआ ग्राम के तीनों टोलो झोपड़ों में उपयोग की गई 100 प्रतिशत सामग्री वनों से प्राप्त की गई थी इनमें सागौन से दरवाजें एवं बल्लियां, खूंटी, खाट, कुर्सी आदि सामान खजूर के पत्तों से घरों की छतें एवं टहनियों को मिट्टी से छाब कर दीवारें बनाई गई थीं।

अतः यदि किसी क्षेत्र में वन संरक्षण या वन विकास किया जाना है तो वहाँ के ग्रामीण निवासियों को दूर-दूर तक के या सभी की आवश्यकताओं की हमेशा एवं सर्वसुलभ पूर्ति संबंधी योजना एवं क्रियान्वन पहले किया जाना चाहिए तत्पश्चात् वन विकास संबंधी योजनाएं लागू करनी चाहिये।

वनजीवन एवं वन विकास के लिए उत्तरदायी कारक

वन निम्न प्रकार ग्रामीणों के जीवन पर प्रत्यक्ष प्रभाव डालते हैं—1. आय (विक्रय), 2. ईंधन, 3. पशुचारा।

ग्रामीणों की वनोत्पाद पर आधारित ये वे आवश्यकताएं हैं जिनके लिए वन वृक्षों का दुरूपयोग बड़े पैमाने पर एवं बुरी तरह से किया जाता है। स्पष्ट है कि ये वही आवश्यकताएं हैं जो वृक्ष जीवन को सर्वाधिक प्रभावित कर रही हैं। यदि ये आवश्यकतााएं अन्य बाहरी स्रोतों से मुफ्त या न्यूनतम लागत पर सुगमता से पूरी हो जाएं तो ही वन जीवन एवं वन विकास को आश्रय मिल सकता है। कृषि, वानिकी, रसोई गैस एवं आय के अन्य बेहतर विकल्प वनों को बचा सकते हैं।

वन के ग्रामीणों पर अप्रत्यक्ष प्रभाव को विशेषकर ग्रामीणों (वन के समीप रहने वाली जनंसख्या) तक पहुँचाना आवश्यक है ये निम्न प्रकार हैं।

(1) रोजगार एवं व्यवसाय पर प्रभाव
(2) पोषण एवं स्वास्थ्य पर प्रभाव।

(3) जल उपलब्धता पर प्रभाव।
(4) वनों के पर्यावरणीय-पारिस्थिकीय प्रभाव।
(5) वन ग्रामीणजन पारिस्थितिकी।

इसे जताने के लिये ग्रामीणों में पर्यावरणीय शिक्षा एवं जानकारी बार - बार दी जानी चाहिये।

निष्कर्ष

ग्राम नाहर झाबुआ एवं तिल्लौर खुर्द वनोपयोग एवं वन अवबोध संबंधी अध्ययन करने पर यह ज्ञात होता है कि वनोत्पादों के प्रकार एवं उपलब्धता वनोपयोग को प्रभावित करती हैं वहीं यह भी स्पष्ट होता है कि समीपस्थ समुदाय के लिये वन का उपयोगी होना वन पारिस्थितिक तंत्र के लिये हानिकारक होता है। वन अवबोध वास्तव में वनों के प्रति एक दृष्टिकोण है। यह दृष्टिकोण वन उपयोग से आंशिक प्रभावित होता है पूरी तरह नहीं। अर्थात् इसे बाहरी या अन्य कारकों द्वारा विकसित किया जा सकता है।

सन्दर्भ सूची

1. Agrawal, Anil (1990), *The price of Forest*, CSE Publication, New Delhi.
2. Singh, J.S. (1982), *Forest Ecology of India*, Gyanoday Prakashan.
3. *Indian Journal of Agricultural Economics*, Indian Society of Agricultural Economics, Mumbai. Vol 55, No.3 July-Sept 2000, ISSN 0019-5014.

19

प्राकृतिक संसाधन प्रबंधन में वाटरशेड मिशन की भूमिका
एक प्रतिकात्मक अध्ययन

डॉ. जूलियट ओंकार एवं डॉ. रेखा वर्मा

परिचय

पर्यावरण के दो मुख्य घटक मिट्टी एवं जल है। इन दोनों का संरक्षण एवं संवर्द्धन प्राकृतिक संसाधन प्रबंधन में प्रमुख अंग है। इस दिशा में जल संग्रहण विकास योजना एक समन्वित दृष्टिकोण प्रस्तुत करती है जिसे वाटरशेड मिशन भी कहा जाता है। यह योजना एक बहुआयामी कार्यक्रम है जिसके अन्तर्गत मृदा एवं जल संरक्षण जल संवर्द्धन, पौधारोपण एवं हरियाली विकास पड़त भूमि विकास कार्य मुख्य रूप से सम्मिलित हैं।

भारत सरकार द्वारा इस मिशन की स्थापना दो मुख्य उद्देश्यों को ध्यान में रखकर की गई है–

(1) शुष्कता की स्थिति को नियंत्रित करना, तथा
(2) ग्रामीण क्षेत्रों में रोजगार के स्थायी अवसर उपलब्ध कराना।

इसी पृष्ठभूमि में 1994 में जलग्रहण क्षेत्र को इकाई मानकर सूखे का समाधान और पर्यावरणीय सुधार हेतु नमी के मानकों के आधार पर क्षेत्र चयन का निर्णय लिया गया।

मध्य प्रदेश राज्य में कृषि क्षेत्रों की एक मुख्य समस्या, "शुष्कता" है। यहाँ मात्र 16% क्षेत्र पर ही सिंचाई सुविधायें उपलब्ध हैं। अतः सिंचित क्षेत्रफल में वृद्धि के साथ वर्षा के जल को संग्रहित करके आवश्यकतानुसार उसका उपयोग करने की योजना राज्य के विभिन्न क्षेत्रों पर संचालित की जा रही है। मध्य प्रदेश सरकार द्वारा अगस्त 1994 को सात मिशन कार्यक्रम प्रारंभ किये गये जिन्हें "राजीव गाँधी मिशन" कहा गया। इन्हीं में से एक है जलग्रहण क्षेत्र प्रबंधन मिशन। यह योजना प्रदेश के 300 विकास खण्डों के 73 जलग्रहण क्षेत्रों द्वारा संचालित की जा रही है।

प्रेक्षण दर्शाते हैं कि जलग्रहण क्षेत्र प्रबंधन मिशन की विगत वर्षों में महत्वपूर्ण उपलब्धियाँ रही हैं।

- 17 लाख से अधिक क्षेत्र में जल और मिट्टी संरक्षण के उपाय किये गये हैं। 3500 ग्रामों के भू-जल स्तर में वृद्धि हुई है।
- 8198 से अधिक ग्रामों में जल, भूमि तथा वनस्पति प्रबंध की योजनाओं का विस्तार हुआ है। मध्य प्रदेश राज्य के दक्षिण-पश्चिमवर्ती झाबुआ जिले में कृषि भूमि का विस्तार हुआ है, बंजर और पड़त भूमि में कमी आई है तथा पर्यावरण संतुलन में सफलता हुई है।

इसी परिप्रेक्ष्य में वर्तमान अध्ययन प्रस्तुत है।

अध्ययन का उद्देश्य

प्रस्तुत शोध पत्र में निम्नलिखित उद्देश्य रखे गये हैं—

(1) योजना के फलस्वरूप कृषीय भूमि उपयोग में हुए परिवर्तनों का विश्लेषण,
(2) वानिकी पर योजना कार्यों का प्रभाव, एवं
(3) फसल प्रतिरूप हटाव का विश्लेषण।

विधि तंत्र

प्रस्तुत अध्ययन हेतु प्रयुक्त समंक द्वितीयक स्रोत से संकलित किये गये हैं। नालछा ब्लाक के भू-अभिलेख कार्यालय द्वारा भूमि उपयोग के समंक एकत्रित

किये गये हैं। योजना संबंधी सूचनाऐं एवं जानकारी परियोजना अधिकारी के सहयोग से एकत्रित की गई है।

ग्राम स्तर पर समंकों का एकत्रीकरण एवं सर्वेक्षण द्वारा निष्कर्ष प्राप्त किये गये हैं। योजना के पूर्व की स्थिति में वर्ष 1995-96 तथा योजना क्रियान्वयन के पश्चात् 1999-2000 की अवधि में हुए परिवर्तनों का अध्ययन किया गया है।

अध्ययन क्षेत्र

अध्ययन हेतु नालछा मिलिवाटर शेड का चयन किया गया है जो धार जिले पूर्व, दक्षिणी भाग में नालछा विकासखण्ड में स्थित है। यह काम नदी के जलग्रहण क्षेत्र का एक भाग है जो 18 माइक्रो वाटरशेड क्षेत्रों में विभाजित है तथां 12 ग्रामों को आबद्ध किये है। यह क्षेत्र औसत समुद्रतल से 588 मीटर की ऊचाई लिये हुए है। इस क्षेत्र की भौतिक रचना ही ऐसी है कि वर्षा के मौसम में पानी का बहाव तीव्र रहता है। जल अभाव इस क्षेत्र की समस्या है जिसके फलस्वरूप कृषि योग्य भूमि का अवनयन होने से पड़त भूमि विस्तारित हुई है, मिट्टी का कटाव एवं जल स्तर में कमी से कृषि विकास बाधित हुआ है।

जलग्रहण क्षेत्र क्या है?

जलग्रहण क्षेत्र एक प्राकृतिक संरचना की इकाई होती है, जिसमें क्षेत्र के सभी और से पानी बहकर एक बिन्दु पर एकत्रित होता है। उसको धरातल अथवा पहाड़ी के सबसे ऊंचे स्थान से लेकर ढाल की दिशा की ओर बहते नालों तथा नदी की सहायता से चिन्हित किया जाता है। परियोजना क्रियान्वयन एजेन्सी इरकॉन के अनुसार वैज्ञानिकों की नजर में वाटरशेड़ वह क्षेत्र है, जिसका जल निकास, सरिता तंत्र के उभयनिष्ठ बिन्दु या क्षेत्र से होता है। यह क्षेत्र कुछ हेक्टेयर से लेकर कई वर्ग कि.मी. हो सकता है। प्रदेश में कार्ययोजना के अनुसार मिली जलग्रहण क्षेत्र का आकार 5000 हेक्टेयर निर्धारित है।

विवेचन

नालछा मिलीवाटर शेड में भूमि उपयोग प्रतिरूप विश्लेषण

इस जलग्रहण क्षेत्र का भौगोलिक क्षेत्रफल वर्ष 1995–96 के अनुसार 4658.6 हे. था जिसमें वन आवरण प्रमुखता के साथ 26.6 प्रतिशत प्रकट हुआ।

कुल क्षेत्रफल का लगभग 6 प्रतिशत भाग कृष्य, अकृषि योग्य एवं पड़त भूमि वर्ग के अन्तर्गत सम्मिलित था। इसी प्रकार 11.4 प्रतिशत चरागाही तथा 10.4 प्रतिशत बंजर भूमि इस क्षेत्र में फैली थी। जबकि कृषि योग्य भूमि का प्रतिशत 45.5 था। इस प्रतिरूप के संदर्भ में योजना क्रियान्वयन के बाद भूमि उपयोग का अध्ययन करें तो पाते हैं कि भूमि उपयोग वर्गों में परिवर्तन दिखाई देते हैं।

(1) पड़त, बेकार एवं अकृषि योग्य भूमि में ह्रास हुआ है, 87 हे. भूमि इस वर्ग के अन्तर्गत कम हुई है जो इस योजना का एक धनात्मक पक्ष है।
(2) कृषि के अन्तर्गत भूमि बढ़ी है और यह कुल क्षेत्रफल का 48.3 प्रतिशत हो गई।

ग्राम्य स्तर पर भूमि उपयोग की स्थिति का अवलोकन दर्शाता है कि समस्त ग्रामों में कृषि योग्य भूमि में वृद्धि हुई है। जबकि दो ग्राम कनाड़ीपुरा तथा झबारी में कृषि योग्य भूमि में शून्य परिवर्तन हुआ है।

दूसरा प्रमुख परिवर्तन पड़त भूमि में आया है जहाँ समस्त ग्रामों में इस वर्ग के अन्तर्गत भूमि कम हुई। वन क्षेत्रफल के अन्तर्गत भूमि में स्थायित्व पाया जाना एक अच्छा संकेत देता है। इस जलग्रहण क्षेत्र में 42 प्रतिशत ग्रामों में वन भूमि कुल क्षेत्रफल का 50 से 68 प्रतिशत है। कारम नदी के सहारे पहाड़ी धरातल लिये जामनघाटी, भडक्या, सेवरीमाल, रतीतलाई तथा कुराड़िया इस सूची में सम्मिलित ग्राम हैं। एक अन्य परिवर्तन जो कृषि भूमि उपयोग में आया वह दुफसली क्षेत्रफल में वृद्धि। मिली वाटरशेड में 164.24 हे. अतिरिक्त क्षेत्रफल दुफसली हुआ है। ग्राम्य स्तर पर उल्लेखनीय वृद्धि इस भूमि में हुई है।

सेवरीमाल तथा भडक्या ग्रामों में दुफसली कृषि कार्य योजना के कारण ही संभव हो पाया। अन्य ग्रामों में यह वृद्धि 6 से 20 हे. की हुई है।

शस्य प्रतिरूप में हुए परिवर्तन

नालछा मिलि जलग्रहण क्षेत्र में खरीफ एवं रबी दोनों फसल ऋतुऐं व्याप्त हैं। खरीफ के अन्तर्गत 1995–96 में चावल, ज्वार+तुअर, मक्का, उड़द+तुअर, मक्का+सोया, मूँगफली तथा सोयाबीन की खेती प्रधानता लिये हुए पाई गई जबकि रबी के अतर्गत गेंहू तथा चना प्रमुख फसलें रही हैं। फसलों के लिये सिंचाई का इस क्षेत्र में विशेष महत्व है।

योजना के क्रियान्वयन के पश्चात् खरीफ फसल क्षेत्र में 7.81 प्रतिशत की वृद्धि हुई, जबकि रबी फसल के क्षेत्र में 59.14 प्रतिशत, सिंचित क्षेत्रफल में वृद्धि 97 प्रतिशत भी उल्लेखनीय है।

सोयाबीन एकल फसल के रूप में प्राथमिकता के साथ प्रकट हुई जबकि सोया+मक्का दूसरे क्रम पर कृषकों में प्रचलित रही। इसी प्रकार गेहूँ तथा चना के अन्तर्गत क्षेत्र बढ़ा है।

शस्य प्रतिरूप में परिवर्तन की यह दिशा अधिक मूल्य वाली फसलों के प्रति कृषकों के रूझान को दर्शाति है।

ग्राम्य स्तर पर भी गेहूँ (सिंचाई आधारित) सभी ग्रामों में उगाई जाने वाली प्रमुख फसल रही जिसके अन्तर्गत क्षेत्र बढ़ा है। दूसरी ओर चने की फसल असिंचित फसल के रूप में भी प्रचलित पाई गई। खरीफ फसलों में प्रवृत्ति मिली जलग्रहण क्षेत्र के अनुरूप पाई गई।

ज्वार, तुअर, मुँगफली के अन्तर्गत क्षेत्रफल कम हुआ है। मोटे अनाज के अन्तर्गत मक्का यद्यपि सभी ग्रामों में प्रधानता लिये हुए है परंतु परिवर्तन ऋणात्मक प्रकार का रहा है।

जलग्रहण क्षेत्र प्रबंधन के विकास कार्य

इस योजना के अन्तर्गत विभिन्न संगठनात्मक एवं प्रबंधकीय कार्य इस क्षेत्र में किये गये हैं जिनमें समुदाय संगठन, प्रशिक्षण, प्रवेश बिन्दु कार्य प्रमुख रहे।

विकास कार्यों में निम्नलिखित उपलब्धियाँ रहीं–

क्र.	*कार्य*	*उपचारित क्षेत्र*
1.	मृदा एवं जल संरक्षण	919 हे.
2.	चरागाह एवं वानिकी	202 हे.
3.	उद्यानिकी	9 हे.
4.	जल संचयन संरचनाऐं	103 सं.

स्रोत–नालछा मिलिवाटर शेड, नालछा विकास खंड, धार वर्ष 2000

निष्कर्ष

अन्त में कहा जा सकता है कि धार जिले के नालछा विकास खण्ड में नालछा जलग्रहण क्षेत्र योजना द्वारा 4685.6 हे. भूमि पर कटाव द्वारा सकारात्मक परिवर्तन हुए हैं। कृषि भूमि उपयोग में बेहतर शस्य प्रतिरूप अपनाया जाना संभव हुआ है। चरागाह विकास एवं वन सुरक्षा द्वारा वन क्षेत्रफल का विस्तार पर्यावरण को सुरक्षित रखे हैं। ग्रामीण समुदाय द्वारा श्रमदान करके जनभागिता से 103 जल संवर्द्धन संरचनाए निर्मित की गई हैं। उछानिकी के अन्तर्गत भी कार्य हुए हैं। यह समस्त कार्य मिशन की सफलता को दर्शाते हैं। आवश्यकता है इन योजनाओं का सतत् मूल्यांकन एवं अनुवीक्षण जिससे इस प्रकार कार्यों का विस्तार हो और धीरे-धीरे सम्पूर्ण क्षेत्र आर्थिक रूप से सुदृढ़ हो सके। साथ ही मिशन के इन कार्यों से प्राकृतिक संसाधन की सुरक्षा संभव हो सकेगी जिससे पर्यावरण असंतुलन दूर किया जा सकेगा।

20

नगरीय अपशिष्ट जल का निष्पादन

इन्दौर नगर का प्रतिकात्मक अध्ययन

डॉ. अर्चना पुरोहित

परिचय

मानव इतिहास में 21वीं शताब्दी प्रथम शहरी सहस्राब्दी है। सार्वभौमिक रूप से अब आधी से अधिक जनसंख्या नगरों और कस्बों में निवास कर रही है। भारत जैसे विकासशील देशों में नगरीकरण आर्थिक वृद्धि का सहभागी न होकर जनसंख्या विकेन्द्रीकरण का कारण वन संसाधनों पर दबाव निर्मित कर रहा है। नगरीकरण की बढ़ती वृद्धि से वर्तमान नगरों को ऐसे महंगे स्थानों में परिवर्तित कर दिया है जिस पर राष्ट्रीय बजट का एक बड़ा हिस्सा खर्च किया जा रहा है।

भारत में अनियोजित नगरीकरण के चलते भूमि की नयी आवास समस्या, प्रदूषण, गंदगी, गरीबी, बेरोजगारी, जीवन स्तर में गिरावट, शोषण नगरों की पहचान बन गए हैं। ग्रामीण जनसंख्या महानगरों के आकर्षण में अपनी जमीनें छोड़कर नगरों में बस रही हैं। नियोजन की खामियों और जनसंख्या की तीव्र वृद्धि ने नगरीय पर्यावरण में जीवन की गुणवत्ता को प्रभावित किया है।

वास्तव में नगरीकरण और औद्योगीकरण ने विकास के साथ-साथ वायुमण्डलीय प्रदूषण में भी तीव्र वृद्धि की है। जहाँ नगरीकरण के कारण जनसंख्या में तीव्र वृद्धि हुई है वहीं औद्योगीकरण ने कारखानों की संख्या में बढ़ोत्तरी हुई है। लेकिन नगरीय व औद्योगिक, अपशिष्ट पदार्थों के निष्पादन

की कोई निश्चित व सुव्यवस्थित योजना के अभाव में अवशिष्ट पदार्थ बिना शोधन के नदियों व तालाबों में बहा दिए जाते हैं। जो नगरों में जल प्रदूषण का एक महत्त्वपूर्ण कारण बन गये हैं।

अध्ययन का उद्देश्य

1. नगरीय अपशिष्ट का आंकलन एवं निष्पादन का अध्ययन
2. वर्तमान सीवेज व्यवस्था की स्थिति का अध्ययन
3. अनियोजित निष्पादन से उत्पन्न समस्याओं का अध्ययन

अध्ययन का क्षेत्र

मध्य प्रदेश की वाणिज्यिक गतिविधियों तथा चिकित्सकीय व शैक्षणिक सुविधाओं का एक महत्त्वपूर्ण केन्द्र, इन्दौर नगर 23°43' उत्तरी अक्षांश तथा 76°42' पूर्वी देशान्तर पर 130.17 वर्ग किलोमीटर क्षेत्रफल में फैला हुआ है। खान व सरस्वती नदियों के किनारे मालवा के पठार पर यह समुद्र सतह से 548.64 मीटर की ऊंचाई पर स्थित है।

आंकड़ों का आधार

प्रस्तुत अध्ययन प्राथमिक व द्वितीयक आंकड़ों पर आधारित है। प्राथमिक आंकड़ों को दो स्थानों (भानगर व दर्जी कराड़िया) गांवों से सीवेज जल के नमूनों का मानसून पूर्व एवं मानसून पश्चात् परीक्षण कर प्राप्त किया गया। द्वितीय आंकड़ों का एकत्रण प्रदूषण निवारण मंडल इन्दौर नगर निगम कार्यालय इन्दौर तथा नर्मदा परियोजना कार्यालय मूसाखेड़ी द्वारा किया गया।

विश्लेषण

इन्दौर नगर में 1936 में सर्वप्रथम भूमिगत जल निकासी योजना होल्कर शासनकाल में अस्तित्व में आई थी। जिसमें से 310 कि.मी. नगर निगम इन्दौर

तथा 300 कि.मी. सीवर लाईन का निर्माण इन्दौर विकास प्राधिकरण द्वारा किया गया था। इसमें से अधिकांश सीवर लाईनें गंदी बस्तियों के लिए थीं। यह भूमिगत सीवर लाइन नगर के केवल 35 प्रतिशत हिस्से में है। शेष क्षेत्र में गंदे पानी की निकासी हेतु भूमिगत व्यवस्था के स्थान पर सतही नालियों अथवा सेप्टिक टेंक का उपयोग किया जाता है।

पिछले वर्षों में नगरीय जनसंख्या वृद्धि और नगरीय फैलाव के बावजूद मल निकासी संरचना में स्थानीय निकायों द्वारा कोई वृद्धि नहीं की गई तथा नए क्षेत्रों में हुए विकास को पुरानी व्यवस्था से जोड़े जाने के कारण उपलब्ध व्यवस्था पर क्षमता से अधिक दबाव पड़ने के कारण पुरानी व्यवस्था पूरी तरह चरमरा चुकी है।

सीवर लाईन का ओवर फ्लो होना तथा चोक होना सामान्य बात है। वर्तमान समय में कबीटखेड़ी के निकट स्थित शुद्धिकरण यंत्र की खराबी के चलते सीवेज को पाईप लाईन द्वारा नगर के बाहर खुले में प्रवाहित किया जाता है। जो एक महंगी प्रक्रिया के साथ-साथ प्रदूषण का प्रमुख कारण है।

नगर निगम से प्राप्त जानकारी के अनुसार नगर का संपूर्ण (लगभग 5 एम.एल.डी.) सीवेज खान व उसकी सहायक नदियों में प्रभावित होता है। जिसके कारण उपरोक्त नदी एक बदबूदार नाले में परिवर्तित हो चुकी है। खान नदी अपने उद्‌गम से 80 कि.मी. इन्दौर जिले में प्रवाहित होकर क्षिप्रा नदी में मिलकर क्षिप्रा नदी में प्रदूषण का प्रमुख स्रोत बनती है। वर्ष 2004-05 में मानसून पूर्व तथा मानसून पश्चात् खान नदी के जल का भानगढ़ व दर्जीकराड़िया गाँवों के निकट परीक्षण करने पर पाया गया कि दोनों ही स्थानों पर प्राप्त जल सिंचाई व अन्य कार्यों के लिये प्रयुक्त करने योग्य नहीं है। नगर के अपशिष्ट जल में सीवेज व औद्योगिक अवशिष्ट मिला होने के कारण इसमें क्षारीयता की मात्रा अधिक है। मानसून पूर्व तथा पश्चात् जल में पी.एच. का मान 7.4 से 7.9 के मध्य देखने को मिलता है। इसी प्रकार के उपरोक्त जल में सोडियम अवशोषण का प्रतिशत भानगढ़ में 1.41 तथा 3.58 व दर्जीकराड़िया में 3.84 है तथा विद्युत चालकता का मान भी दोनों स्थानों पर 1020 से 3530 μSem^{-1} के मध्य देखने को मिलता है।

तालिका 20.1: इन्दौर नगर में विभिन्न स्थानों पर जल-गल निकासी की स्थिति

कारक	*भानगढ़, इन्दौर*		*दर्जीकराड़िया, इन्दौर*	
	मानसून पूर्व	*मानसून पश्चात्*	*मानसून पूर्व*	*मानसून पश्चात्*
pH	7.4	7.4	7.5	7.9
ECμSem^{-1}	1020	1825	2010	3530
TDS mg L^{-1}	653	1168	1286	2259
Turbidity NTU	64	38	25	92
BOD mg L^{-1}	85	137	238	275
CODmg L^{-1}	260	258	1280	1900
Chloride mg L^{-1}	152	335	354	501
Sulfat mg L^{-1}	28	88	198	251
Nitrit mg L^{-1}	6	57	68	83
Phosphorus mg L^{-1}	0.8	0.8	1	1.3
TH ($CaCO_3$) mg L^{-1}	280	525	550	2000
Calcium mg L^{-1}	120	156	160	400
Magnisum mg L^{-1}	22.8	32.4	36	79.2
Sodium mg L^{-1}	64.4	188.6	207	322
Potassium mg L^{-1}	28	80	45	48
Iron mg L^{-1}	0.21	0.126	0.059	0.16
Copper mg L^{-1}	0.021	0.005	0.015	0.006
Manganese mg L^{-1}	0.172	0.112	0.01	0.193
Zinc mg L^{-1}	0.085	0.006	0.008	0.068
Lead mg L^{-1}	0.043	0.032	0.054	0.093
Chomium mg L^{-1}	0.036	0.004	0.003	0.07
Cobalt mg L^{-1}	0.112	0.82	0.098	0.054
Cadmium mg L^{-1}	0.032	0.073	0.04	0.048
SAR (mmol L^{-1})	1.41	3.58	3.48	3.84
RSC meq L^{-1}	Nill	Nill	Nill	Nill

तालिका 20.2: इन्दौर नगर में विभिन्न स्थानों पर एकत्रित जलमल में सूक्ष्म जैविकीय गुण

स्थिति	*कुल वायु बल काउण्ट/मि.ली. में*		*इ. कोली/मि.ली. में*	
	मानसून पूर्व	*मानसून पश्चात्*	*मानसून पूर्व*	*मानसून पश्चात्*
Bhangarh	6000	125000	1000	37500
Darji Karadia	8000	125000	2000	25000

स्रोत—प्रदूषण निवारण मण्डल, इन्दौर (म.प्र.)

तालिका 20.1 व 20.2 से स्पष्ट होता है कि उपरोक्त जल का सिंचाई में प्रयोग जहां मिट्टी में सॉईल सोडीसिटी को बढाता है वहीं मिट्टी की उर्वरा शक्ति पर भी प्रतिकूल प्रभाव डालता है। इसी प्रकार से परीक्षण के दौरान पाया गया कि मानसून पूर्व जल में टी.डी.एस. का प्रतिशत (मानसून पश्चात् से) ज्यादा दर्जीकराड़िया में यह प्रस्तावित सीमा (1500 mgL^{-1}) से लगभग 1.5 गुना (2259 mgL^{-1}) अधिक है। प्राप्त जल में जैविक ऑक्सीजन मांग व रासायनिक ऑक्सीजन मांग भी 85 से 238 व 258 से 1900 मि.ग्राम के मध्य देखी गई है। भानगढ़ में जल के नमूने में रासायनिक ऑक्सीजन मांग पूर्व मानसून अवधि की तुलना में मानसून पश्चात् ज्यादा है। जबकि दर्जी कराड़िया में इसके विपरीत स्थिति देखने को मिलती है। इसी प्रकार अन्य कारण भी अनुमेय सीमा से अधिक मात्रा प्रदर्शित करते हैं जिससे जल में प्रदूषण की भयावहता स्पष्ट होती है।

निष्कर्ष

नगरीय सीवेज जल की गुणवत्ता का अध्ययन करने पर स्पष्ट होता है कि उपरोक्त जल में उपस्थित प्रदूषित पदार्थों ने जल की गुणवत्ता को पूरी तरह से समाप्त कर दिया है। जल को बिना उपचारित भूमि में प्रवाहित कर दिए जाने से बड़ी मात्रा में पोलोग्राउंड तथा कबीट खेड़ी क्षेत्र के आस-पास भूमि की उर्वरा शक्ति प्रभावित हुई है। पोलोग्राउण्ड स्थित नाले के किनारे बड़ी मात्रा में किसानों द्वारा उत्पादित की जा रही सब्जियों का परीक्षण करने पर पाया गया कि उसमें लेड, आर्सेनिक तथा तांबे की बड़ी मात्रा उपस्थित है जिससे उपरोक्त सब्जियों का उपयोग करने वाले लोगों में नेफ्रोपेथी, आर्टीकेरिया नामक बीमारी तथा हृदय, लीवर, किड़नी तथा रक्त कोशिकाओं संबंधी समस्याओं में वृद्धि हुई है। जितनी चमकदार सब्जियाँ उतनी अधिक बीमारियां।

उपरोक्त समस्याओं से निजात पाने के लिए आवश्यक है कि संपूर्ण नगर में भूमिगत सीवेज लाईन बिछाई जाए तथा सीवेज एवं औद्योगिक अपशिष्ट को बिना उपचाप के नदी में न छोड़ा जाए वर्ना वह दिन दूर नहीं जब आस-पास की सारी भूमि प्रदूषित होकर रहवासियों में बीमारियों का प्रमुख कारण बन जाएगी।

उपरोक्त संबंध में नगर निगम की असमर्थता के चलते एक निजी कन्सल्टेंट कंपनी को पिछले दिनों भूमिगत जल निकासी व्यवस्था के विकास हेतु एक विस्तृत रिपोर्ट में नवीन योजना के तहत 188 वर्ग कि.मी. क्षेत्र को सम्मिलित करते हुए नई भूमिगत सीवर लाईन प्रस्तावित की गई है जिसमें 8 अतिरिक्त पंपिंग स्टेशन तथा एक नया सीवेज ट्रीटमेंट प्लांट प्रस्तावित है जो वर्ष 2011 में आंकलित जनसंख्या 23 लाख तथा 2026 में आंकलित जनसंख्या 41 लाख को आधार बनाकर तैयार किया गया है।

संदर्भ

1. Bijlani, H.O. (1977) *Environmental Pollution and Urban Administration in urban problem* p. 122.
2. Singh, D.N. and Jagdish Singh (2004), Studies on Solid Waste Disposal and Management: A Review Analysis of the *NAGI* Volume XXIV, No. 2.
3. Adhikari, S. and Gupta, S.K. (2002), Assessment of quality of sewage efflument from day weather channel, Indian Environment Calcutta. *Health* 44(4) 08-01.

21

झाबुआ जिले में कृषि पारिस्थितिकी प्रदेश एवं पर्यावरण प्रबंधन

डॉ. सुधा कपूर

प्रस्तावना

आज विश्व के सभी भागों में पर्यावरण का गंभीर संकट देखा जा रहा है। एक ओर जहाँ हम मानव-जीवन की गुणवत्ता में वृद्धि करने के लिये आर्थिक विकास की राह पर चलने को विवश हैं तो दूसरी ओर पारिस्थितिकी तंत्र में व्याप्त अंसतुलन की समस्या से संघर्ष करना भी अपरिहार्य हो गया है। इसी उद्देश्य से पर्यावरण प्रबन्धन एवं पारिस्थितिकीय विकास सम्बन्धी विषय वस्तु का अध्ययन किया गया है। पर्यावरण स्वपोषण एवं नियमन की शक्तियाँ अनवरत क्रियाशील रहती हैं ताकि प्रकृति की जीवन्तता बनी रहे। इस प्रकार पर्यावरण प्रबन्धन की प्रमुख विषय वस्तु पारिस्थितिकीय एवं प्राकृतिक वातावरण में निहित संसाधनों का अत्यधिक एवं अवांछित उपयोग न करने का प्रयास है। जिससे पारिस्थितिकी तंत्र को क्षति न पहुँचे।

इसी तरह पिछड़े हुए जनजातिय क्षेत्रों में कृषि विकास के लिए विभिन्न विद्वानों का योगदान रहा है। जिनमें के.वी. सुन्दरम[1], सम्ब्रानी[2], हेगड़े[3], गुप्ता[4] एवं यादव[5], गुलाब खान गौरी[6], अजीत रायजादा[7], एवं प्रो. वाय.जी. जोशी[8] के नाम उल्लेखनीय हैं।

झाबुआ जिला मध्य प्रदेश का एकमात्र ऐसा जिला है जो पूर्णत: आदिवासी जिला है जहां जनजातीय जनसंख्या का प्रतिशत 90 से भी अधिक है। आदिवासी क्षेत्रों एवं समाजों की भिन्न स्थितियों को देखते हुए आदिवासी विकास को किसी एक सूत्र अथवा समान कार्यक्रम के रुप में प्रस्तुत नहीं किया जा सकता है। फलस्वरुप लंबे समय से पिछड़े एवं आदिवासी क्षेत्र में उनकी सांस्कृतिक धरोहर को बनाए रखते हुए राष्ट्रीय मुख्य धारा में जोड़ा जाना एक महत्वपूर्ण चुनौती रही है। पंचवर्षीय योजनाओं के अंतर्गत सरकार ने बहुत से तरीके अपनाए हैं परन्तु सफलता प्राप्त नहीं हुई है। यह एक ऐसा क्षेत्र है जिसमें अंतिम लक्ष्य को सतत् रुप से देखने परखते रहना और उसके संदर्भ में कार्यनीति निर्धारित करते रहना आवश्यक हो जाता है।

अत:एव कृषि पारिस्थितिकी विकास तभी संभव है जब आदिवासी क्षेत्रों में प्राकृतिक संसाधनों का उचित प्रबन्धन हो जो क्षेत्रीय विशेषीकरण के संदर्भ में निर्धारित होती है।

अतएव नन्जूनदप्पा[9] के अनुसार किसी क्षेत्र का संपूर्ण विकास उस क्षेत्र के विभिन्न घटकों का योग होता है।

कृषि पारिस्थितिकी प्रदेश की संकल्पना

यद्यपि संपूर्ण योजना में विभिन्न सांख्यिकी आंकड़ों का उपयोग किया गया है तथापि प्रादेशीकरण करते समय जटिल मात्रात्मक विधियों को जानबूझकर टाला गया है, जिसमें कि प्रादेशीकरण के गुणात्मक पक्ष को सही रुप से सामने लाया जा सके। अध्ययन के समय यह अनुभव किया गया कि कृषि भूमि की उपलब्धता, उसका विन्यास एवं फसलों से जुड़े हुए सूक्ष्म अन्तर्सम्बन्ध को सांख्यिकी सूत्रों के स्थान पर विस्तृत मानचित्रों पर विभिन्न पक्षों की तुलना द्वारा अधिक सही रुप से समझा जा सकता है। अतएव इस योजना में सूचकांकों के स्थान पर विस्तृत मानचित्रों, सूक्ष्म स्तर के आंकड़ों एवं क्षेत्र के व्यक्तिगत अनुभव को ही आधार माना गया है।

विधितंत्र

प्रस्तुत अध्ययन निम्न आधारों पर पूर्ण किया गया है–

1. प्रादेशीकरण की संपूर्ण प्रक्रिया में 1:50000 के धरातल पत्रकों को आधार माना गया है ऐसे कुल 20 धरातल पत्रकों की सहायता से झाबुआ जिले का एक विस्तृत आकार का पारदर्शक आधार मानचित्र तैयार किया गया।
2. इस मानचित्र पर तीन अलग–अलग रंगों द्वारा वन, भूमि, कृषि भूमि एवं बंजर भूमि को चित्रित किया गया, जिससे कि कृषि भूमि की उपलब्धता एवं विन्यास स्पष्ट हो सके।
3. मजमूली मानचित्रों की सहायता से उस आधार मानचित्रों पर 247 पटवारी हल्कों की सीमाओं को बनाया गया।
4. पटवारी हल्कों की जनसंख्या, भूमि उपयोग सिंचाई, फसलों आदि आंकड़ों को प्रतिशत के आधार पर गणना कर मूल आधार मानचित्र पर अध्यारोपित किया गया।
5. दर्शाये गये कृषि भूमि वितरण संबंधी विविध आंकड़ों एवं जिले के अध्ययन के आधार पर पारिस्थितिकी प्रदेशों का सीमांकन किया गया।
6. प्रथम कोटि के प्रदेशों को रोमन अक्षरों द्वारा व्यक्त किया गया। इनके सीमांकन का आधार कृषि भूमि की उपलब्धता एवं उसका विन्यास है। अन्य साधनों के अभाव में कृषि भूमि की उपलब्धता एवं विन्यास ही क्षेत्र के विकास के स्तर को सही रुप में व्यक्त करता है।
7. द्वितीय कोटि के प्रदेशों के सीमांकन हेतु अंग्रेजी के बड़े अक्षरों का प्रयोग किया गया। उसका आधार अकृषिगत क्षेत्र वनीय है अथवा बंजर। उपविभाजन का आधार सिंचाई की उपलब्धि एवं दुफसली क्षेत्र प्रतिशत भी है। ये दोनों ही तत्व अप्रत्यक्ष रुप से कृषि भूमि के गुण एवं उत्पादन क्षमता से जुड़े हुए हैं।

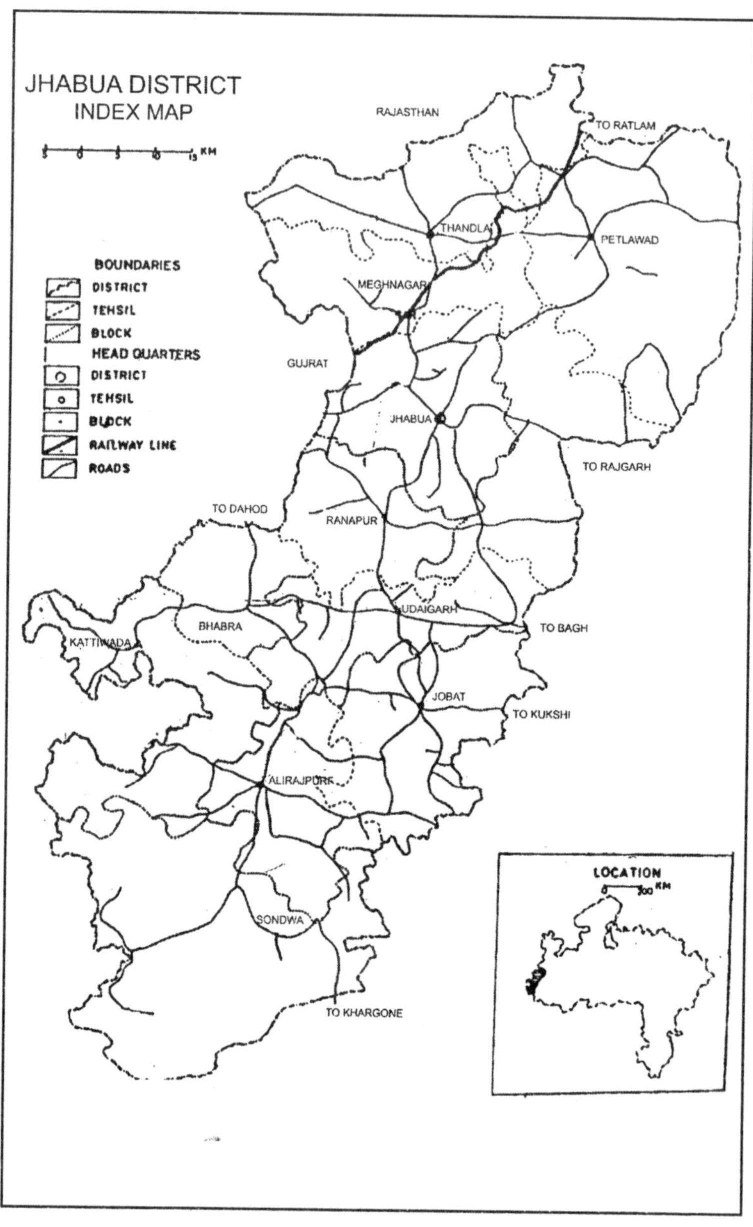

Map 21.1: झाबुआ जिला

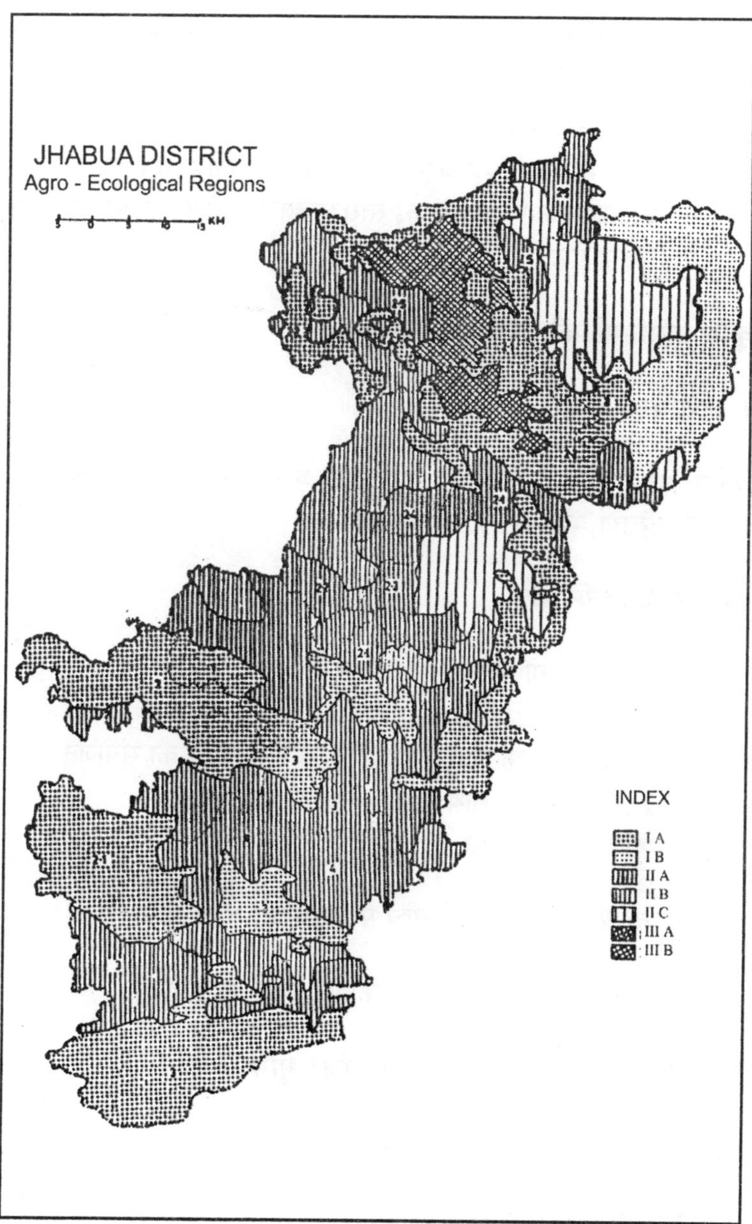

Map 21.2: झाबुआ जिला: पारिस्थितिकी प्रदेश

8. तृतीय एवं चतुर्थ कोटि की सूचना उत्पन्न की जाने वाली फसलों के संयोजन से सम्बन्धित है इसे अंग्रेजी के अक्षरों 1, 2 अथवा 1.1, 1.2 द्वारा दर्शाया गया है।
9. चूंकि मूल मानचित्र बहुत बड़े पत्रक पर बनाया गया था इसलिए फोटोग्राफिक विधि द्वारा कई स्तरों पर छोटा करते हुए संलग्न मानचित्र बनाया गया।

कृषि पारिस्थितिकी प्रदेश का सीमांकन

I. अकृषिगत क्षेत्र

वनीय अथवा बंजर बिखरी हुई कृषि भूमि कम दुफसली क्षेत्र, छोटी एवं बिखरी बस्तियां, मोटे अनाज का प्राधान्य।

(A) मुख्यत: वनीय क्षेत्र

1. दो कुटकी या पहाड़ी मोटे अनाज
2. मक्का
   - 2.1 मक्का के साथ–उड़द, धान, कपास, ज्वार का संयोजन
   - 2.2 मक्का के साथ दूसरी फसल के रुप में चना
3. ज्वार अथवा बाजरा

(B) मुख्यत: बंजर भूमि जिसके बीच में बिखरी हुई कृषि भूमि

1. मक्का के साथ–उड़द धान, कपास, ज्वार का संयोजन

II. कृषि क्षेत्र जिसके बीच–बीच में बंजर भूमि

(A) कम सिचांई एवं कम दुफसली क्षेत्र

1. पहाड़ी मोटे अनाज
2. मक्का
   - 2.1 मक्का के साथ ज्वार

2.2 मक्का के साथ धान
2.3 मक्का के साथ बौड
2.4 मक्का के साथ सोयाबीन या मूंगफली
2.5 मक्का के साथ कपास

3. ज्वार, उड़द
4. ज्वार, बाजरा और मूंगफली या सोयाबीन के संयोजन में

(B) अधिक दुफसली क्षेत्र परन्तु सिंचित क्षेत्र कम

(C) अधिक सिंचित क्षेत्र

अधिक दुफसली क्षेत्र मक्का के उपरान्त रबी में चना या गेहूँ तथा खरीफ में कपास तथा उड़द

III. तुलनात्मक रुप से अधिक सतत् कृषि क्षेत्र, बीच-बीच में बिखरी हुई बंजर भूमि, अधिक सिंचाई

- दुफसली क्षेत्र कम, मक्का एवं सिंचित कपास
- अधिक सिंचाई एवं अधिक दुफसली क्षेत्र

तालिका 21.1: कृषि पारिस्थितिकी प्रदेश का क्षेत्रफल

क्र.	*कृषि पारिस्थितिकी प्रदेश*	*क्षेत्रफल Km^2*	*कुल क्षेत्रफल का प्रतिशत*
1.	I A	2495	36.8
2.	I B	455	6.7
3.	II A	1989	29.3
4.	II B	779	11.5
5.	II C	725	10.7
6.	III A	102	1.5
7.	III B	237	3.5
	योग	6782	100.0

स्रोत—स्थलाकृतिक मानचित्र एवं द्वितीयक आंकड़े।

आदिवासी क्षेत्रों में कृषि का प्रकृति के साथ अधिक घनिष्ठ संबंध पाया जाता है। जोखिम उठाने की क्षमता न होने से यहां वे ही फसलें बोयी जाती हैं जिनका उस स्थान की मिट्टी, ढलान एवं सूक्ष्म जलवायवी तत्वों के साथ प्रत्यक्ष संबंध हो तथा विषम दशाओं में भी फसल के नष्ट होने की संभावनाएं कम हों। 30 प्रतिशत मिट्टी पथरीली एवं कम गहरी होने के साथ ही मक्का, कपास या गेहूँ का क्षेत्र कम होकर उड़द, कोदोमुटकी या बीड (धास) का अनुपात बढ़ने लगता है। इस प्रकार विकसीत क्षेत्रों की तुलना में उस क्षेत्र में शस्य संयोजन अप्रत्यक्ष रुप से मिट्टी के गुण, भूमि के ढाल एवं सूक्ष्म जलवायवी अंतरो को अधिक सही रुप से व्यक्त करता है। तथापि उस आधार पर प्रदेशों का सीमांकन करने पर प्रदेशों की सीमाएं इतनी जटिल हो जाती हैं कि वे अपनी उपयोगिता ही खो देती है। इसलिए तृतीय एवं चतुर्थ कोटि के प्रदेशों का सीमांकन न करते हुए इस सूचना को प्रथम एवं द्वितीय कोटि के प्रदेशों पर अध्यारोपित कर दिया गया है।

निष्कर्ष

1. झाबुआ जिले में जनसंख्या का घनत्व 2001 अनुसार 206 व्यामी प्रतिवर्ग कि.मी. है। जबकि म.प्र. में यह घनत्व 196 है।
2. कृषि विकास की नियोजन प्रक्रिया जिले में मास्टर प्लान द्वारा संचालित है। सूखा ग्रस्त क्षेत्रीय योजना जो कि सिंचाई से संबंधित है का वांछित प्रभाव दिखाई नहीं देता। पिछले कई वर्षो से जल स्तर नीचा होता जा रहा है।
3. अधिक जनसंख्या तथा संसाधन कम होने से संसाधन पर जनसंख्या का अतिरिक्त बोझ पड़ा है।
4. क्षेत्र में स्थानान्तरण की प्रकृति बढ़ रही है। 15 वर्ष से ऊपर आयु वाले 50 प्रतिशत लोग 4-5 महीने के लिए बाहर चले जाते है।
5. कृषि क्षेत्र अत्यंत सीमित है। सीमित क्षेत्र में भी मिट्टी कम उपजाऊ होने, वर्षा का अभाव एव सिंचाई के साधनों का पर्याप्त विकास न होने के कारण केवल कृषि उत्पादन लोगों के भरणपोषण के लिए अपर्याप्त है।

6. कृषि के अलावा जीवन यापन का कोई साधन नहीं है वनों से प्राप्त होने वाली आय लगभग समाप्त हो गई है। औद्योगिकरण भी न होने से छोटे रोजगार के कोई दूसरे अवसर उपलब्ध नहीं है।
7. सामाजिक समस्याएं भी कृषि विकास को प्रभावित करती हैं विवाह के पश्चात् लड़के को अपना जीवन निर्वाह स्वयं करना होता है, खेती के टुकड़ों की संख्या बढ़ जाती है परन्तु वैधानिक रुप से बंटवारा न हो पाने के कारण विभिन्न योजनाओं के लाभ से वंचित रह जाते हैं।
8. आर्थिक स्थिति दयनीय होने के कारण बीज, जैविक खाद, रासायनिक खाद एवं कीटनाशक दवाओं को बाजार से खरीदने की क्षमता नहीं रखते। ऋण सुविधा प्राप्त करना भी एक जटिल प्रक्रिया है जिसमें बहुत भ्रष्टाचार है।

सुझाव

1. वनों की अन्धाधुन्ध कटाई को रोकना एवं नये पौधे लगाने के निरंतर प्रयास।
2. बचे हुये संसाधनों को संरक्षित करना।
3. कृषि के साथ रोजगार के अन्य अवसर उपलब्ध कराना।
4. क्षेत्र की आवश्यकतानुसार पर्यावरण प्रबंधन करना जिसको जैविक एवं प्राकृतिक उत्पाद सहन कर सके।
5. सतत् विकास जिसमें पर्यावरण और पारिस्थितिकी में संयोजन हो।

संदर्भ

1. Sundaram, K.V., (1984): *Geography of Underdevelopment: A Special Dynamics of Under Development*, Concept Publishing Company Pvt. Ltd., New Delhi.
2. Sambrani, S. (1978): "Transforming the recal pous : A Big push revisited" working paper No. 211 (Unpublished).
3. Heggade, O.D. (1982): "Role of VSO" in Tribal Development" *Kurukshetra* 30 (13), 12-14

4. Gupta, R. (1977): *"Planning for Tribal Development"*, Ankur Publishing, New Delhi 81-126
5. Yadav, H. (1981): "Impact of farm subsidies on tribal development" *Kurukshetra* 29,13-19)
6. Gori, Gulab Khan (1984): *"Changing Phase of Tribal Area of Manipur"*, B.R. Publishing Corporation, Delhi.
7. Raizada, Ajit (1984): *Tribal development in Madhya Pradesh : A Planning Perspective*, Indian Publications, New Delhi.
8. Joshi, Y.G. (1983): Spatial Impact of T.D. Blocks as centers for Innovation our agricultural Development : A Study of Jhabua District (M.P.): *Geographical Review of India* 45, 35-45.
9. Nanjundappa, D.M. (1982): *"Backward Area Development"* Sterling Publishers Private Limited, New Delhi, 317, 34

22

इन्दौर तहसील में जैविक कृषि नवाचार : मृदा संरक्षण हेतु एक सशक्त प्रयास

डॉ. प्रगति भोकरदनकर एवं डॉ. नितिन चौरसिया

अध्ययन का उद्देश्य

प्रस्तुत अध्ययन का उद्देश्य इन्दौर तहसील में चयनित ग्रामों में जैविक उर्वरकों के उपयोग से होने वाले प्रभावों को ज्ञात करना है, जिसके आधार पर जैविक कृषि को प्रोत्साहन देकर, निम्नतम व्यय में मृदा एवं बीजोपचार, कृषि फसलों में रासायनिक घटकों के स्तर में कमी तथा मिट्टी के अवनयन में कमी लाना है।

अध्ययन का क्षेत्र

जैविक कृषि पद्धति के परिणामों के अध्ययन हेतु प्रस्तुत शोध कार्य में इन्दौर तहसील को चुना गया है। तहसील का अक्षांशीय विस्तार 22°31' से 22°49' उत्तरी अक्षांश तथा देशान्तरीय विस्तार 75°42' से 76°12' पूर्व है (मानचित्र 22.1)। इसका कुल क्षेत्रफल 94,877 वर्ग कि.मी. है। समुद्र सतह से इसकी ऊँचाई 550 मीटर है तथा अध्ययन क्षेत्र का अधिकांश भाग काली मिट्टी युक्त (दक्कन ट्रैप) से निर्मित है। इसमें लोहांश एवं चूने की प्रचुरता है एवं नाइट्रोजन यौगिक, फास्फोरिक अम्ल तथा जीवांशों की कमी है। यहाँ की मुख्य नदियाँ चम्बल, क्षिप्रा, खान, एवं गम्भीर है।

मानसूनी वर्षा होने के कारण वर्षा के दिनों को छोड़कर शेष महीनों की सापेक्षिक आर्द्रता 10-15 प्रतिशत रहती है, वर्षा का वार्षिक औसत 975 से.मी. है। जून का औसत तापक्रम 380 सेल्सियस तथा दिसम्बर का औसत तापक्रम 160 सेल्सियस होता है।

अध्ययन क्षेत्र की कुल जनसंख्या लगभग 20 लाख (2001) है जिसका लगभग 10 प्रतिशत भाग ग्रामीण है। ग्रामीण जनसंख्या का 70 प्रतिशत कृषि भाग में संलग्न है। अध्ययन क्षेत्र मुम्बई एवं आगरा से राजमार्गों द्वारा संबंधित है।

आंकड़ों के स्रोत

प्रस्तुत अध्ययन में प्राथमिक एवं द्वितीयक आंकड़ों पर आधारित है। द्वितीयक आंकड़े संचालनालय कृषि म.प्र., आंचलिक प्रबन्धक कृषि जलवायु क्षेत्र, इन्दौर जिला सांख्यिकी पुस्तिका म.प्र. आंचलिक प्रबंधक कृषि जलवायु क्षेत्र, इन्दौर जिला सांख्यिकी पुस्तिका एवं भूअभिलेख कार्यालय से एकत्रित किए गए हैं जबकि प्राथमिक आंकडे प्रश्नावली एवं क्षेत्र निरीक्षण पर आधारित हैं।

विधितंत्र

प्रस्तुत अध्ययन हेतु भारतीय सर्वेक्षण विभाग द्वारा 1974 में प्रकाशित धरातल पत्र क्रं. 46 ड/12, 16 एवं 45 ड/13, 14, 55 ठ/1, 2 को आधार माना गया है। तहसील के कुल ग्रामों की संख्या 155 है जिसमें से यादृच्छिक प्रतिचयन द्वारा 31 ग्रामों का चयन किया गया है। इन ग्रामों में लघु, सीमांत एवं वृहद कृषि जोतों के 20 प्रतिशत अर्थात् 195 कृषक परिवारों का चयन किया गया है।

अध्ययन हेतु विगत 10 वर्षों को जैविक कृषि में वृद्धि एवं नवाचार का मापन 5-5 वर्षों के अंतराल से (1995, 2001, 2004) किया गया है।

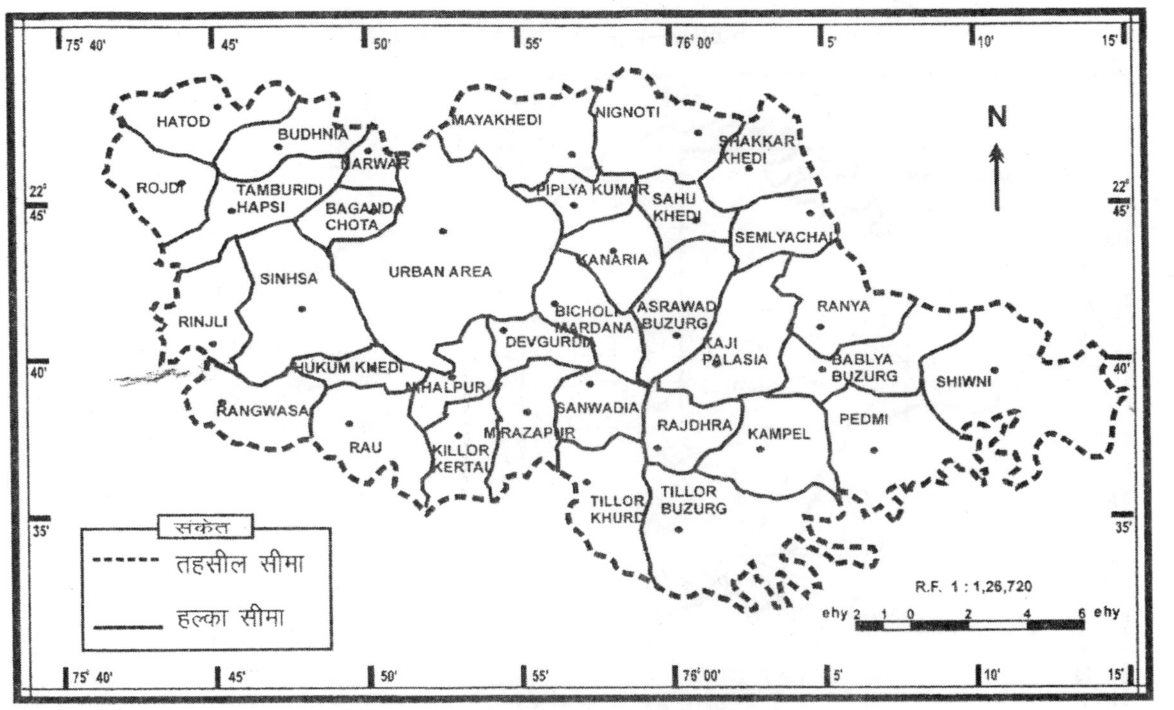

चित्र 22.1: इन्दौर तहसील—अवस्थिति

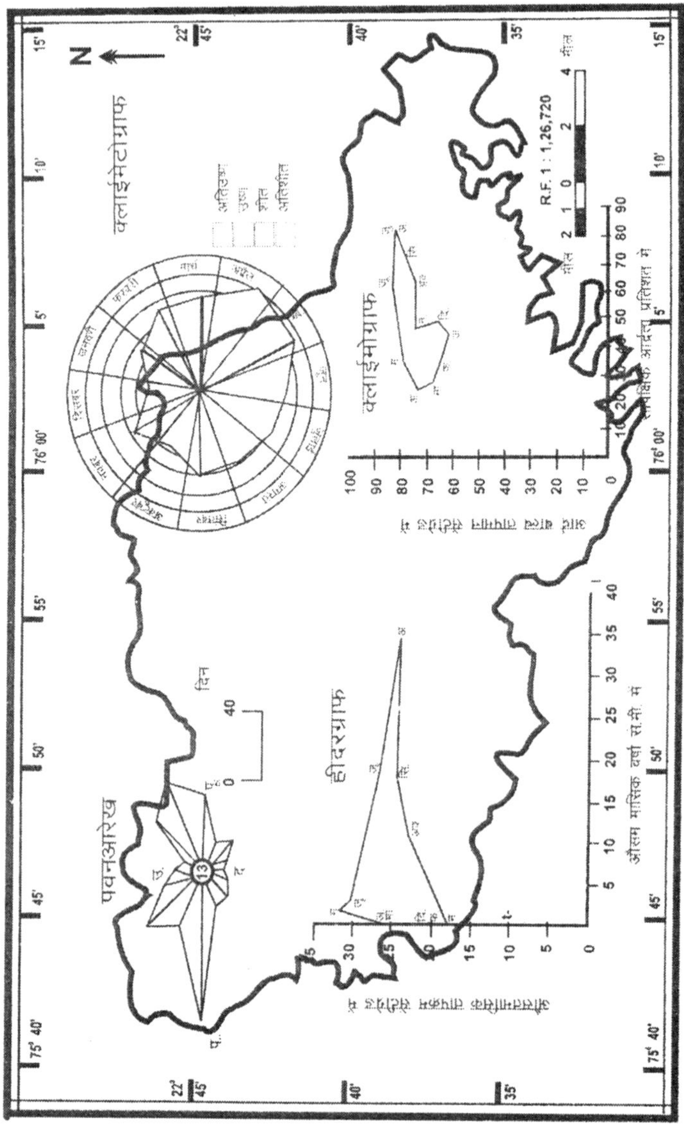

चित्र 22.2: इन्दौर तहसील—जलवायु

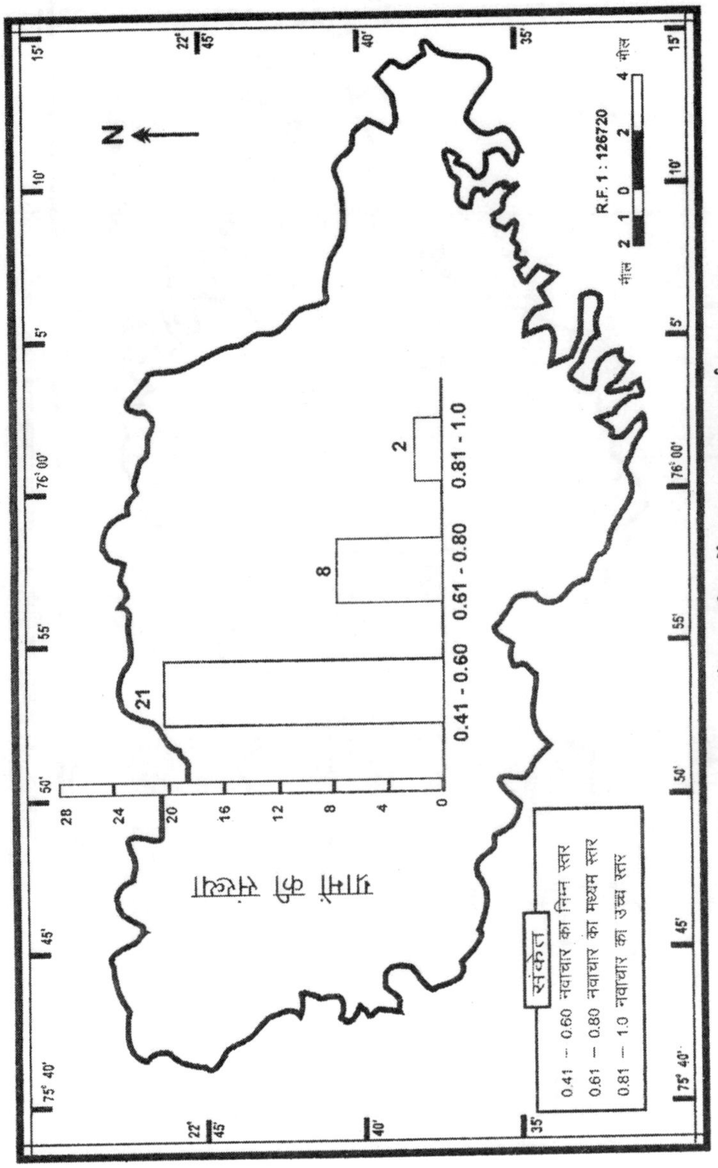

चित्र 22.3: इन्दौर तहसील में नवाचार ग्राफ वर्ष 1994–95

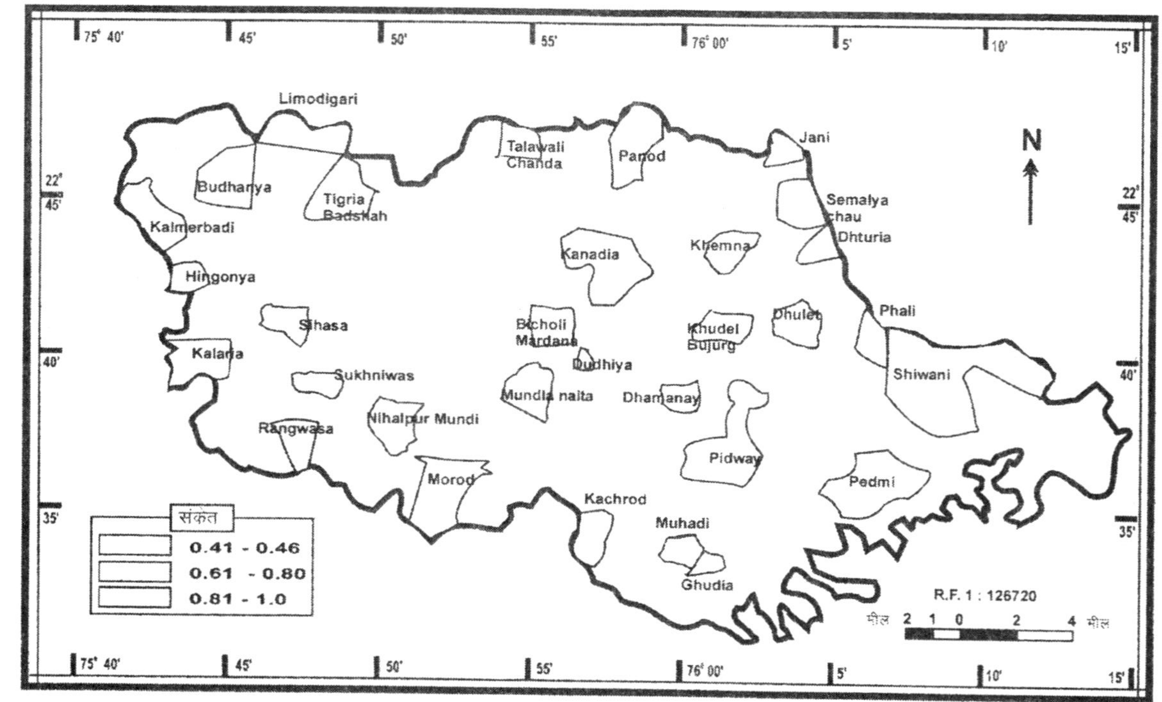

चित्र 22.4: इन्दौर तहसील नवाचार मानचित्र वर्ष 1994–95

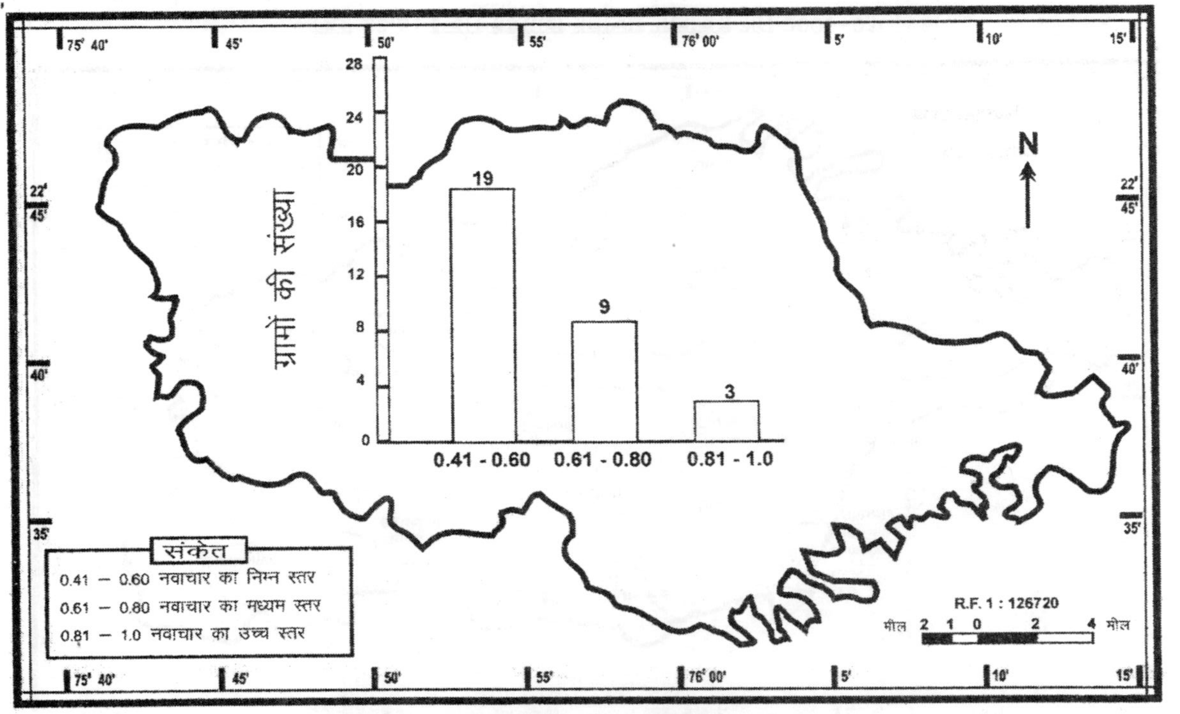

चित्र 22.5: इन्दौर तहसील में नवाचार ग्राफ वर्ष 2000–01

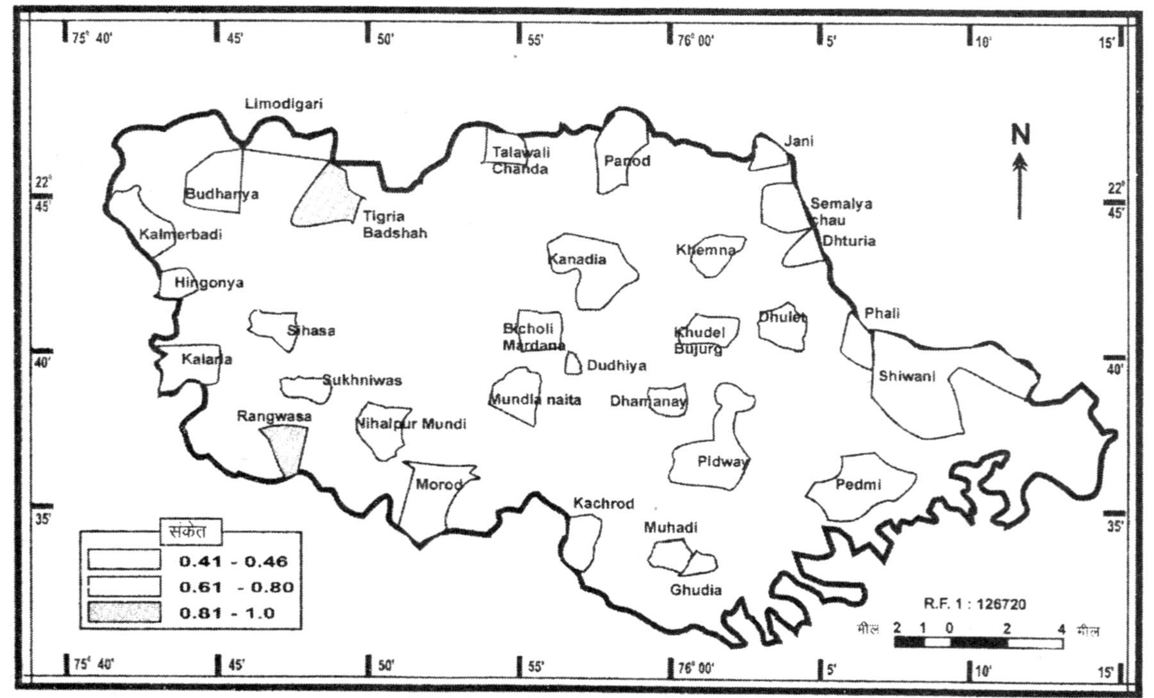

चित्र 22.6 : इन्दौर तहसील नवाचार मानचित्र वर्ष 2000–01

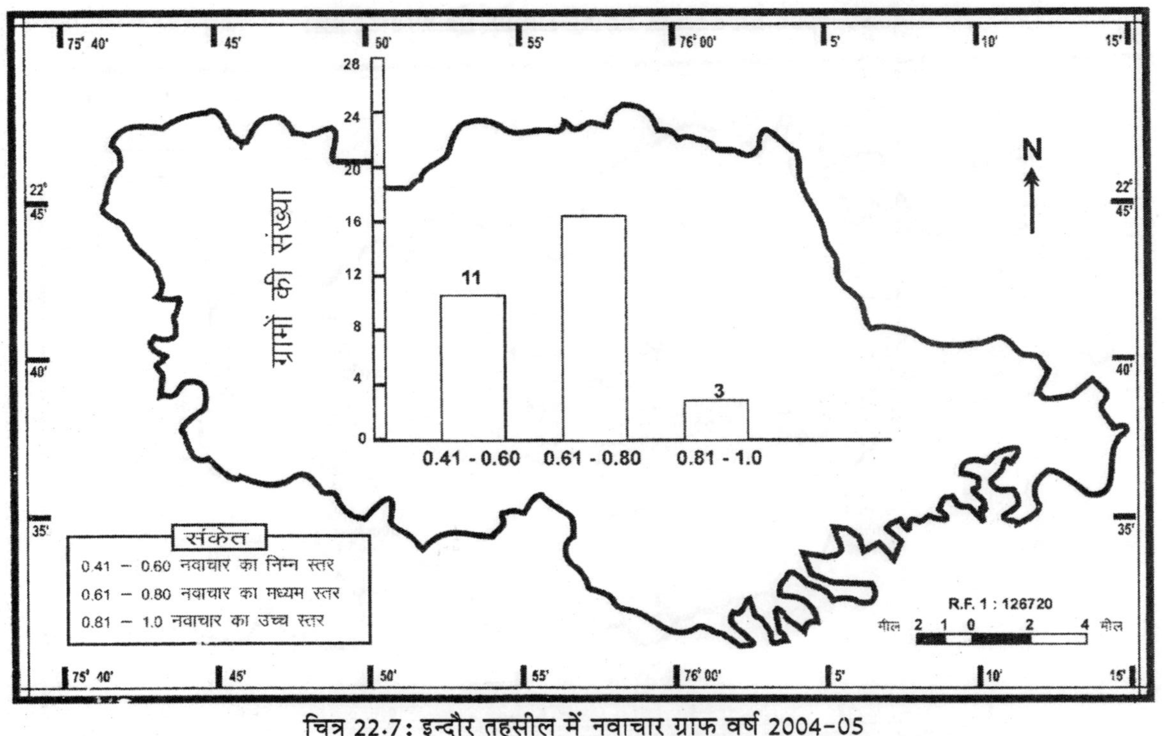

चित्र 22.7: इन्दौर तहसील में नवाचार ग्राफ वर्ष 2004–05

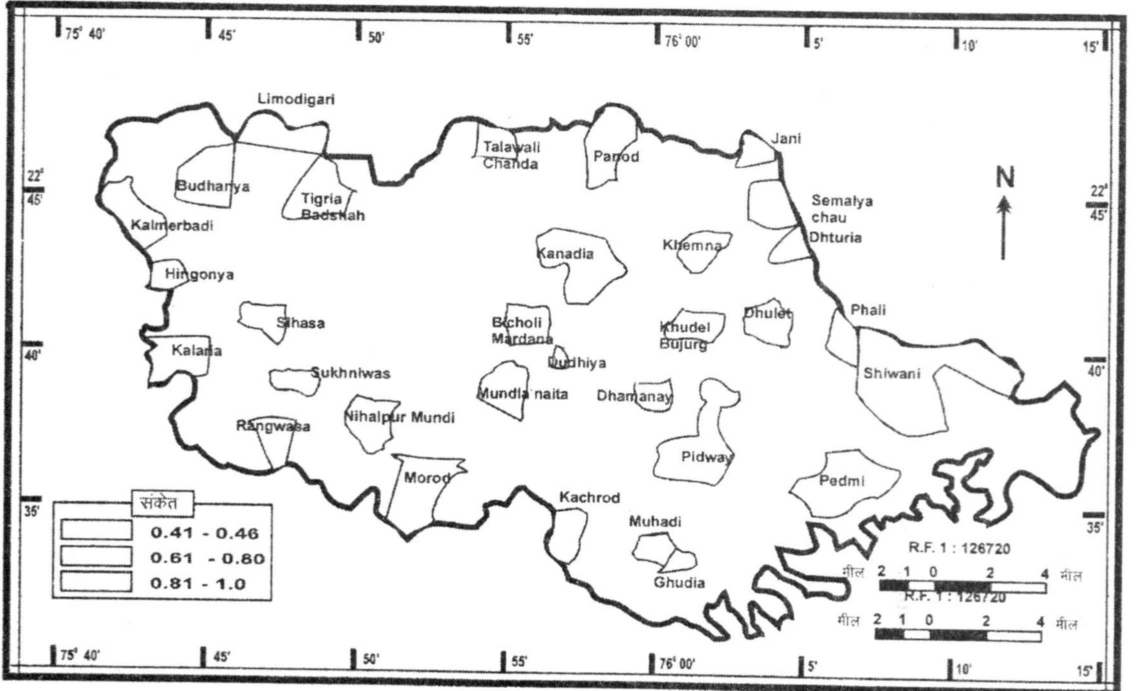

चित्र 22.8: इन्दौर तहसील नवाचार मानचित्र वर्ष 2004–05

तालिका 22.1: अध्ययन क्षेत्र में चयनित ग्राम (1991)

जनसंख्या समूह	*कुल ग्राम*	*चयनित ग्राम*	*कृषक परिवार संख्या*	*चयनित कृषक परिवार संख्या*
200–से कम	18	4	50	10
200–499	30	9	200	40
500 –999	45	9	250	50
1000–1999	25	6	245	50
2000–4999	3	1	75	15
वीरान ग्राम	7	—	—	—
योग	**155**	**31**	**955**	**195**

स्रोत—क्षेत्र सर्वेक्षण 1991.

इन्दौर तहसील में जैविक कृषि नवाचार की स्थिति

सन् 1991 के अनुसार कुल ग्रामीण क्षेत्रफल 61.15 प्रतिशत भाग कृषि योग्य है। सिंचाई के प्रमुख साधन कुएं, तालाब एवं नलकूप हैं निजी नलकूपों की संख्या लगभग 10,274 है। छोटे बड़े तालाब, पोखरों की संख्या 64 है।

जैव–उर्वरक एवं उनकी कार्यप्रणाली

जैव–उर्वरक वे है जिनमें जीवाणुओं की जीवित कोशिकाएं होती हैं तथा मिट्टी, बीज उपचार आदि के द्वारा ये पौधों को विभिन्न पौष्टिक तत्व उपलब्ध कराने में मदद करते हैं इनमें पौधों के विकास के लिये जीवाणुओं में पाया जाने वाला प्राकृतिक नाईट्रोजन से तथा जीवापुओं द्वारा मृदा में नाईट्रोजन स्थिरीकरण की मात्रा में वृद्धि होती है। इसी प्रकार स्थिर अघुलनशील फास्फोरस पौधों को उपलब्ध कराने में भी मदद मिलती है। जीवाणु खादों के प्रयोग से कीटनाशकों की आवश्यकता में भी कमी आती है।

मुख्य जैव उर्वरक राइजोबियम, नील हरित काई, गोबर खाद, केचुआं की खाद, गौमूत्र, नीम एवं निम्बोली की खाद, कचरा कम्पोस्ट आदि प्रमुख है।

इन्दौर तहसील में बोई जाने वाली प्रमुख फसलों में गेंहू, ज्वार, चावल, गन्ना, मक्का, तुअर, मूंग, मोठा, सोयाबीन, मूंगफली, अलसी, तिल, राई, कपास आदि हैं। इनमें सर्वाधिक कृषि क्षेत्र, व्यावसायिक फसल के रुप में सोयाबीन (51,702 हैक्टेयर) है, जबकि खाद्यान्न फसलों में गेंहू (16,495 हैक्टेयर) प्रमुख हैं। सन् 1995 में कुल सिंचित क्षेत्र 39,831 हैक्टेयर था। जो सन 2004 में वर्षा की कमी के कारण 24,115 हैक्टेयर रह गया।

तालिका 22.2: इन्दौर तहसील में विभिन्न फसलों का उत्पादन (मेट्रिक टन में)

फसलें	*उत्पादन*	
	1995	*2004-05*
गेंहू	274235	115903
चावल	27	16
ज्वार	2882	1014
मक्का	11644	11139
चना	46134	27479
तुअर	508	371
मूंगमोठ	27	22
मूंगफली	181	176
सोयाबीन	244666	215809
कपास (गांठों में)	226	11

स्रोत—कृषि संचालनालय, इन्दौर

इन्दौर तहसील में जैविक कृषि पद्धति द्वारा नवाचार के अध्ययन हेतु कुल 155 ग्रामों में से 31 ग्रामों का चयन किया गया है उन ग्रामीण क्षेत्रों में कृषि नवाचार के मापन हेतु जैव उर्वरक, हरी खाद, वर्मी कम्पोस्ट, नाडेप, पौध संरक्षण, बीज उपचार आदि को सम्मिलित किया गया है। इसी आधार पर चयनित ग्रामों का नवाचार सूचकांक ज्ञात किया गया है। इस आधार पर निम्न निष्कर्ष प्राप्त किये गए हैं—

1. जैविक खादों को बनाने हेतु खेतों में ही पाये जाने वाले वनस्पति अंश गोबर, गोमूत्र, बड़ के नीचे की मिट्टी तथा शहद, घी आदि एवं ठोस

अपघटित हो सकने वाले अपशिष्ट (कचरा) का उपयोग किया जाता है जो अधिक व्यय साध्य नहीं है। साथ ही रासायनिक खादों से होने वाले अत्यधिक व्यय की बचत तथा पर्यावरण भी स्वच्छ रहता है।

2. उच्च नवाचार ग्रामों में 1994-95 से 2005 तक तीन ग्राम टिगरिया बादशाह, रंगवासा एवं दूधिया हैं इन सभी ग्रामों में जैविक एवं हरी खाद का प्रयोग सर्वाधिक किया गया (मानचित्र 22.2) ।
3. सबसे कम नवाचार वाले ग्रामों में हिंगोनिया, कल मेर, बेडी, कलारिया, काचरोद, लिम्बोदागिरी, बुढानिया, धतूरिया, सिंहासा, धमनाय, फाली एवं खेमणा हैं। सन् 1994-95 में इस श्रेणी के ग्रामों की संख्या 21 थी ये ग्राम तहसील सीमा पर अर्थात् मुख्य नगरीय केन्द्र से दूर हैं तथा तुलनात्मक रुप से यहाँ सिंचाई के साधनों की कमी है (मानचित्र 22.3, 22.4, 22.5, 22.6 और 22.7)।
4. उच्च नवाचार स्तर वाले ग्रामों में आधुनिक सिंचाई प्रणाली (ड्रीप, फव्वारा) भी उत्तरोत्तर विकास देखा गया है। साथ ही शैक्षणिक स्तर ऊंचा होने के कारण कृषकों का नवाचार के प्रति रुझान अधिक है।
5. सन् 1994-95 की तुलना में 2004-05 में सभी फसलों के उत्पादन में कमी आई है इसका मुख्य कारण वर्षा की कमी है परंतु नवाचार युक्त ग्रामों में यह विचलन कम है।
6. निम्न एवं मध्यम नवाचार स्तर के ग्रामों में मिट्टी संरचना उच्च नवाचार स्तर के ग्रामों से निम्न है। इन ग्रामों की मिट्टी काफी लाल, मिश्रित तथा अधिक चूना युक्त है, साथ ही मिट्टी की गहराई भी कम है।

जैविक कृषि पद्धति के साथ फसल पद्धति में आंशिक परिवर्तन जैसे अंतवर्ती फसलें उगाना, रिले क्रॉपिंग, दरार पद्धति से रक्षक फसलें उगाना, वृद्धिकारक फसलें, समानांतर फसलें बहुमंजिला कृषि (यूकेलिप्टस्+पपीता+बरसीम+मक्का+तिल+मूंग+उड़द) औषधि फसलें एवं सब्जियों तथा फूलों का उत्पादन भी तहसील में पर्याप्त प्रचलन हुआ है जिससे वर्ष में तीन फसलें लेकर भूमि के पोषण मूल्यों को जीवाणु खादों से स्थित रखा जाता है।

यह भी देखा गया है कि जिन खेतों में जैविक कृषि पद्धति का प्रयोग किया गया है वहां की मिट्टी के पोषण स्तर में वृद्धि, कीटनाशकों की अनिवार्यता में कमी, सिंचाई आवश्यकता में कमी तथा फसलों की गुणवत्ता में वृद्धि हुई है, जो मृदा संरक्षण की ओर सफल प्रयास है।

राऊ क्षेत्र में स्टीबिया (मधुमेह रोगियों हेतु शक्कर का विकल्प) वैनिला, सफेद मूसली, शतावर, अश्वगंधा, सर्पगंधा, मुलेठी, कालमेय, विप्पल, गुग्गल, गिलोय आदि बेलें एवं झाड़ीनुमा सुगंधित एवं औषधीय फसलों का उत्पादन सफलतापूर्वक किया जाता रहा है।

इसी के परिणामस्वरुप सन् 1994-95 में खाद्य-अखाद्य फसलों का क्षेत्रफल 10,08,339 हैक्टेयर था जो 2004-05 में 97,008 हैक्टेयर रह गया, इसका मुख्य कारण कृषि क्षेत्र का उद्यानिकी में परिवर्तन है।

संदर्भ ग्रंथ

1. ठाकुर तोमर, *कृषि विज्ञान परिचय*, विद्यार्थी प्रकाशन, इन्दौर।
2. किशोर, प्रेम, *जैविक कीट नियंत्रण*, हरियाणा हिन्दी साहित्य अकादमी, चंडीगढ़।
3. पारीक, रामप्रयाग, *कृषि में सूक्ष्म जीव निवेशन*, प्रकाशन निदेशालय, पंत नगर।
4. कुमार, प्रमिला, *कृषि भूगोल*, म.प्र. हिन्दी ग्रंथ अकादमी।
5. सिंह, ब्रजभूशण, *कृषि भूगोल*।
6. तिवारी, रामचंद्र एवं सिन्हा ब्रम्हानंद, *कृषि भूगोल*।

23

ठोस अवशिष्ट प्रबंधन हेतु स्थानीय स्तर पर किया गया एक प्रयास (इन्दौर नगर की साकेत नगर कॉलोनी के विशिष्ट संदर्भ में)

अनिल गोहिया, सुनीता साहू, श्वेता सरयाम
एवं सरिता चौहान

प्रस्तावना

राष्ट्रीय पर्यावरण शोध संगठन (NERC) 1976 के अनुसार–"मनुष्य के क्रियाकलापों से उत्पन्न अवशिष्ठ उत्पादों के रूप में पदार्थों एवं ऊर्जा के विमोचन से प्राकृतिक पर्यावरण में होने वाले हानिकारक परिवर्तनों को प्रदूषण कहते हैं।"

जैसे कहा जाता है "Sweet is Used of Adversity" उसी तरह मनुष्य के विकास रूपी सिक्के का दूसरा पहलू अवनति है, जो आज पर्यावरणीय प्रदूषण के रूप में उजागर हो रही है और इसमें मुख्यत: आज मनुष्य द्वारा शेष अवशिष्ट पदार्थों से भूमि प्रदूषण एवं उसके प्रबंध की समस्या उभरकर सामने आ रही है।

अध्ययन क्षेत्र

प्रस्तुत शोध–पत्र "ठोस अवशिष्ट प्रबंधन हेतु स्थानीय स्तर पर किया गया एक प्रयास" का अध्ययन क्षेत्र इन्दौर नगर में स्थित साकेत नगर है। इन्दौर मालवा पठार के मध्य में स्थित है जिसकी स्थिति 23°43' उत्तरी अक्षांश तथा 76°42' पूर्वी देशांतर पर है।

उद्देश्य

प्रस्तुत अध्ययन के उद्‌देश्य निम्न प्रकार से है–

1. ठोस अवशिष्ठ के विभिन्न उपयोगों की जानकारी प्राप्त करना।
2. कचरे से निर्मित जैविक खाद निर्माण प्रक्रिया का अध्ययन करना।
3. जैविक खाद के उपयोग से फसल उत्पादन में संभावित लाभों का अध्ययन करना।
4. कचरे से बनने वाली खाद की मात्रा का एवं उससे प्राप्त आय का अध्ययन करना।
5. जैविक खाद के उपयोग से प्राप्त लाभ की तुलना रासायनिक खाद के उपयोग से करना।
6. जैविक खाद के उपयोग के प्रचार एवं प्रसार हेतु नीति निर्धारित करना।

आंकड़ों के आधार

प्रस्तुत अध्ययन में साक्षात्कार विधि द्वारा प्राप्त आंकड़ों को आधार बनाया गया है जो वर्ष 2006–07 पर आधारित है।

खाद प्रबंधन

नगर से निकलने वाले अवशिष्ट पदार्थों को श्रमिकों के माध्यम से एकत्रित किया जाता है और फिर इस अवशिष्ट पदार्थ से खाद बनाने हेतु अकार्बनिक

पदार्थों को अलग किया जाता है। इनमें काँच, प्लास्टिक आदि का समावेश होता है। शेष बचे कार्बनिक अवशिष्ट में वर्म (केंचुओं) की सहायता से खाद बनायी जाती है।

100 कि.ग्रा. अवशिष्ठ पदार्थ से 50 कि.ग्रा. खाद तैयार होती है। इस खाद का उपयोग साकेत नगर में स्थित वृक्षों के लिए एवं विक्रय हेतु किया जाता है।

अवशिष्ट पदार्थों से खाद एवं आय की प्राप्ति संबंधी आंकड़ों की तालिका 23.1.

तालिका 23.1: साकेत नगर (इन्दौर) में प्राप्त अवशिष्ट एवं निर्मित खाद

घर	*प्राप्त अवशिष्ट (कि.ग्रा.में)*	*अवशिष्ट (कि.ग्रा.) प्रतिदिन प्राप्त*		*जैविक अवशिष्ट से प्राप्त खाद की मात्रा (कि.ग्रा. में)*	*खाद से प्राप्त कुल आय (रूपये में)*
		जैविक अवशिष्ट (कि.ग्रा. में)	*अजैविक अवशिष्ट (कि.ग्रा. में)*		
100	500	350	150	175	1,400
200	1000	700	300	350	2,800
300	1500	1050	450	525	4,200
400	2000	1400	600	700	5,600
500	2500	1750	750	875	7,000
600	3000	2100	900	1050	8,400

स्रोत—क्षेत्र सर्वेक्षण वर्ष 2006.

सुझाव

साकेत नगर द्वारा स्थानीय स्तर पर अवशिष्ट पदार्थों का प्रबंधन किया जा रहा है यह एक उत्तम कार्य है लेकिन इनको और प्रभावी एवं लोगों में इसके संबंध में जनजागृति लेने हेतु कुछ सुझाव निम्न प्रकार प्रस्तुत किये गये हैं—

1. बढ़ते अवशिष्ठ पदार्थों का यदि उचित प्रबंधन नहीं किया जायेगा तो भविष्य में यह एक गंभीर समस्या का रूप धारण कर लेगा। लेकिन

यदि इसका उचित प्रबंधन किया जाये तो यह एक आय के विकल्प के रूप में उपयोगी सिद्ध होगा।

2. लोगों में अवशिष्ठ पदार्थों के प्रबंधन के लिए जनजागृति लाने हेतु, स्थानिक एवं प्रादेशिक स्तर पर सांस्कृतिक एवं जनजागृति के कार्यक्रम का आयोजन करना चाहिए जिनमें लोकनाट्य, केम्पस आदि का आयोजन किया जाना चाहिए।
3. ऐसे स्थानिक स्तर पर किये गये प्रयासों को नगर निगम, राज्य एवं केन्द्र शासन द्वारा सहयोग, अनुदान एवं सहायता प्रदान किया जाना चाहिए एवं ऐसी संस्थाओं को पुरस्कृत एवं प्रोत्साहित किया जाना चाहिए।

निष्कर्ष

वर्तमान में उपभोक्तावादी संस्कृति के कारण मानव की आवश्यकतायें असीमित होती जा रही हैं जिसके कारण वह संसाधनों का अनियमित एवं अव्यवस्थित शोषण कर रहा है जो भविष्य में कई प्रकार की पर्यावरणीय समस्यायें उत्पन्न कर सकता है। इन समस्याओं का हल खोजना एवं उनका क्रियान्वयन करना मनुष्य के लिए अतिआवश्यक हो गया है। प्रस्तुत अध्ययन से निम्न निष्कर्ष निकाले जा सकते हैं :-

1. आज इन्दौर जैसे महानगरों से प्रतिदिन निकलने वाला हजारों टन कचरा जलाया जाता है जिससे भूमि प्रदूषण के साथ-साथ वायु प्रदूषण की समस्या भी पैदा होती है जो वन्यजीव एवं मानव स्वास्थ्य के लिए अनेक बीमारियों के रूप में सामने आती है। इस अवशिष्ट का प्रबंधन वर्मी कम्पोस्ट बना कर किया जाये तो यह नगरों के सौदर्यीकरण में वृद्धि के साथ मानवीय, जीवजन्तु एवं पौधों के लिए योग्य वातावरण प्रस्तुत करा सकते हैं।
2. वर्मी कम्पोस्ट में पाये जाने वाले पोषक तत्वों के कारण भूमि में वायु परियसंचरण और जलधारण क्षमता बढ़ती है जो पौधों के लिए लाभकारी है, जिससे भूमि प्रदूषण के रोकथाम में मदद मिलती है।

24

पर्यावरण सुरक्षा हेतु जैविक कृषि
कस्तूरबा ग्राम के संदर्भ में

मनोज सांवले, जितेन्द्र ठाकुर, रानी वास्केल,
संध्या सोलंकी एवं अमिता पंडारे

प्रस्तावना

प्रस्तर युग से लेकर वर्तमान समय तक मानव समाज के विकास में पौद्योगिकी की सदा अहम भूमिका रही है। आधुनिक प्रौद्योगिकी के प्रयोग से कृषि उत्पादन में वृद्धि के लिए रासायनिक खादों तथा कीटनाशी एवं शाकनाशी कृत्रिम रसायनों का भारी मात्रा में प्रयोग करना पड़ता है। ये कृत्रिम रसायन एक तरफ तो कृषि उत्पादन में वृद्धि करते हैं परन्तु दूसरी तरफ मिट्‌टीयों तथा जलाशयों, झीलों, नदियों के जल तथा भूमिगत जल को भी प्रदूषित भी करते हैं। आधुनिक काल में कृषकों का रासायनिक कृषि की ओर आकर्षण बढ़ता जा रहा है जिससे पर्यावरणीय असंतुलन उत्पन्न हो रहा है। इस असंतुलन को कुछ सीमा तक जैविक कृषि द्वारा कम किया जा सकता है, जो कि प्राचीन कृषि पद्धति का एक अभिन्न अंग रहा है।

जैविक कृषि का अर्थ है "जीवित घटकों द्वारा उत्सर्जित पदार्थों तथा कृषि कचरे के पुनर्क्रियाकरण के माध्यम से कृषि कार्य करना।" यह पद्धति रासायनिक कृषि की अपेक्षा सस्ती, स्वालम्बी एवं चिरस्थायी है इसलिए जैविक खेती को Low Input Sustainable Agriculture (LISA) भी कहा जाता है।

उपरोक्त तथ्यों को ध्यान में रखते हुए कस्तूरबा ग्राम के संदर्भ में जैविक कृषि का अध्ययन किया गया है।

अध्ययन क्षेत्र

कस्तूरबा ग्राम इन्दौर खण्डवा राज्य मार्ग क्रमांक-27 पर इन्दौर से दक्षिण पूर्व में 8 कि.मी. और खण्डवा से 120 कि.मी. दूरी पर स्थित है। कस्तूरबा ग्राम की स्थिति 22°38'44" उत्तरी अंक्षाश तथा 75°56'12" पूर्वी देशांतर पर है। कस्तूरबा गांधी राष्ट्रीय स्मारक ट्रस्ट की कस्तूरबा ग्राम में लगभग 500 एकड़ भूमि कस्तूरबा ग्राम में है जो कुल ट्रस्ट की भूमि का 1.43% है।

उद्देश्य

प्रस्तुत शोध-पत्र के प्रमुख उद्देश्य निम्नलिखित हैं—

1. जैविक खाद से प्राप्त प्रति हेक्टेयर उत्पादन का अध्ययन एवं विश्लेषण करना।
2. वर्ष 2001-02 और 2005-06 के मध्य प्रति हेक्टेयर उत्पादन का तुलनात्मक अध्ययन एवं कालिक विश्लेषण करना।

आंकड़ों का आधार एवं अध्ययन विधि

प्रस्तुत अध्ययन प्राथमिक तथा द्वितीयक आंकड़ों एवं सर्वेक्षण पर आधारित है। द्वितीयक आंकड़ों के स्रोत कस्तूरबा ग्राम ट्रस्ट द्वारा प्रकाशित विवरणिका है। जो ट्रस्ट द्वारा संचालित प्रयासों का परिणाम है। इसके अतिरिक्त धरातल पत्रक, मजमूली-मानचित्र तथा जनगणना के आंकड़े भी द्वितीयक आंकड़ों के रूप में एकत्रित किये गये हैं। प्राथमिक आंकड़े 5 प्रतिशत स्थानीय कृषकों से पूछताछ के दौरान प्राप्त किये गये हैं। इसके लिए एक विस्तृत प्रश्नावली तैयार की गई है।

प्रस्तुत शोध पत्र में सांख्यिकी विधि के रूप में निर्देशन विधि का प्रयोग किया गया है। इसमें प्रमुखता यादृविधि निर्देशन विधि अनुप्रयुक्त की गई है।

आंकड़ों को विश्लेषित हेतु संयुक्त दण्ड आरेख की रचना की गई है जिसमें वर्ष 2001 के फसल उत्पादन की तुलना वर्ष 2006 के फसल उत्पादन से की गई है। तुलनाकर विश्लेषण प्रस्तुत किया गया है।

समस्या का विवेचन

कस्तूरबा ग्राम से प्राप्त प्राथमिक एवं द्वितीयक आंकड़ों के आधार पर 2001 में 89.75 एकड़ एवं 2006 में 159.35 एकड़ क्षेत्र में सोयाबीन, मक्का, गेहूँ, चना का उत्पादन हुआ है। प्राप्त आंकड़ों का विश्लेषण करने हेतु और उनको आरेखीय पद्धति से दर्शाने हेतु 2001 एवं 2006 में उत्पादित फसल का प्रति एकड़ उत्पादन बताया गया है। उन्हें संयुक्त दण्ड आरेख द्वारा प्रदर्शित किया गया है। फसलों का उत्पादन वर्ष 2001 तथा वर्ष 2006 के आधार पर प्रस्तुत किया गया है–

1. सोयाबीन : सोयाबीन का 2001 में प्रति एकड़ उत्पादन 7.5 कि.ग्रा. था जो 2006 में बढ़कर 87.7 कि.ग्रा. प्रति एकड़ हो गया।
2. मक्का : मक्का का 2001 में प्रति एकड़ उत्पादन 8.3 कि.ग्रा. था जो 2006 में बढ़कर 40.14 कि.ग्रा. प्रति एकड़ हो गया।
3. गेहूँ : गेहूँ का 2001 में प्रति एकड़ उत्पादन 13.5 कि.ग्रा. था जो 2006 में बढ़कर 125.9 कि.ग्रा. प्रति एकड़ हो गया।
4. चने : चने का 2001 में प्रति एकड़ उत्पादन 5.30 कि.ग्रा. था जो 2006 में बढ़कर 21.42 कि.ग्रा. प्रति एकड़ हो गया।

निष्कर्ष

कस्तूरबा ग्राम में रासायनिक कृषि का प्रयोग कम करके प्रत्येक वर्ष जैविक कृषि का क्षेत्र बढ़ रहा है। यह इस बात का प्रतीक है कि रासायनिक उर्वरकों के माध्यम से जो कृषि की जाती थी और लोगों का उसकी तरफ धीरे-धीरे जो रूझान बढ़ रहा था वह जैविक कृषि के माध्यम से कम हो रहा है। इसका मुख्य कारण जैविक कृषि अनुकूल फसल चक्र से कीट एवं रोगकारक, सूक्ष्म जीवों

का जीवन चक्र तोड़ने की क्षमता होती है। इसके अतिरिक्त मृदा और उर्वरक प्रबंधन में फसल चक्र, मिट्टी एवं जल संरक्षण उपाय, बंजर भूमि प्रबंध, वनीकरण एवं जैवविविधता बनाए रखने के लिए देशी एवं प्राचीन प्रजातियों का संरक्षण होता है।

कस्तूरबा ग्राम से प्राप्त कृषि संबंधी आंकड़ों से निष्कर्ष निकाल सकते हैं वर्ष 2001 की तुलना में वर्ष 2006 में कुल बोये गए क्षेत्र में 63.6 एकड़ क्षेत्र की वृद्धि हुई।

2001 की तुलना में वर्ष 2006 में प्रत्येक फसल के प्रति हेक्टेयर क्षेत्र में वृद्धि हुई है। उदाहरण के तौर पर सोयाबीन का प्रति हेक्टेयर उत्पादन 2001 में 7.5 कि.ग्रा. था जो 2006 में बढ़कर 85.7 कि.ग्रा. हो गया।

प्राप्त आंकड़ों के अध्ययन से यह प्रतीत होता है कि जैसे ही कुल बोए गए क्षेत्र में वृद्धि हुई है वैसे-वैसे फसलों के प्रति हेक्टेयर उत्पादन में वृद्धि हुई है।

खण्ड–द

अंग्रेजी में प्रस्तुत शोध–पत्रों के हिन्दी सारांश

I

पर्यावरणीय सरोकार, सामाजिक अनुक्रिया एवं पहल

*यशवन्त गोविन्द जोशी

इस आलेख में प्रस्तुत विचारों के निम्नलिखित तीन पहलू हैं–

1. पर्यावरणीय सरोकार होना क्यों आवश्यक है?
2. विभिन्न स्तर के पदानुक्रमों और प्राथमिकताओं से जुड़े हितों का आपसी टकराव; तथा
3. सूक्ष्म स्तर के तन्त्र को अर्जित करने की आवश्यकता।

सरोकार क्यों?

भविष्य की मुसीबतों से बचने के लिए यह आवश्यक है कि मनुष्य अपने पूर्व अनुभवों से सीख ले। यद्यपि विकास और पर्यावरण एक–दूसरे के पूरक होने चाहिये परन्तु पिछले कुछ दशकों के अनुभव हमें बताते हैं कि कई पर्यावरणीय समस्याओं का मूल, विभिन्न क्षेत्रों में हुई तीव्र आर्थिक वृद्धि है। साथ ही साथ, पर्यावरणीय समस्याएँ राजनीतिक, सांस्कृतिक और आर्थिक तन्त्र के साथ इस प्रकार गुथी हुई हैं कि इनका निदान पर्यावरण से जुड़े विकासात्मक कार्यों में सूक्ष्म सामाजिक स्तर पर लोगों की सक्रिय भागीदारी हुए बिना सम्भव नहीं है।

* संकायाध्यक्ष, ऐकेडेमिक्स, बाबा साहेब अम्बेडकर शोध संस्थान महू, जिला इन्दौर।

पिछले कई वर्षों में 'विकास मॉडल' में अनेक बदलाव हुए हैं। आर्थिक विकास के परम्परागत मॉडल को, कम से कम सैद्धान्तिक रूप से, बदल कर ऐसे मॉडल के रूप में प्रस्तुत किया गया है जो कि मानवीय प्रतिष्ठा, बराबरी और सामाजिक न्याय पर आधारित हो। अब बल 'विकास की गुणवत्ता' पर दिया गया है जिसे तीन कसौटियों पर जाँचा जा सकता है—आप लोगों के जीवन को प्रभावित करने वाली घटनाओं में उनकी भागीदारी, लोगों के आपसी और सामाजिक सम्बन्ध तथा उनमें पर्यावरणीय मुद्दों के प्रति समझदारी। यद्यपि यह मान भी लिया जाए कि सैद्धान्तिक और नीतिगत स्तर पर अब विकास का प्रतिमान 'सम्पोषी मानवीय विकास' हो गया है जिसमें आर्थिक विकास लक्ष्य न होकर माध्यम है तथा जिसमें प्राकृतिक तन्त्र एवं भावी पीढ़ी को विशेष महत्त्व दिया गया है, फिर भी यह देखा जाना आवश्यक है कि जमीनी स्तर पर यह कितने प्रभावी रूप से लागू हो रहा है। जमीनी स्थितियाँ यह बता रही हैं कि संकल्पनाओं और वास्तविकता में अभी बहुत अन्तर है। इसीलिए नयी पीढ़ी को यह प्रबल संकेत देना आवश्यक है कि जब तक पर्यावरणीय सरोकार यथार्थ, जमीनी और उनकी सक्रिय भागीदारी वाले नहीं होते, केवल सैद्धान्तिक स्तर के बदलावों में कुछ होने वाला नहीं है।

विभिन्न स्तर के पदानुक्रमों और प्राथमिकताओं से जुड़े हितों में आपसी टकराव

पर्यावरणीय सरोकार विभिन्न स्तरों पर भिन्न हैं। इसीलिए अपने-अपने हितों को लेकर इनमें आपसी टकराव दिखाई देता है। विश्व स्तर पर जैव विविधता, ओजोन ह्रास, ग्लाबल वार्मिंग सरीखे मुद्दों पर भी विकसित और विकासशील देशों के दृष्टिकोण में भारी भिन्नता विश्व सम्मेलनों में उभर कर आयी। चूँकि प्राकृतिक संसाधनों के नियन्त्रण में बहुत अधिक विषमता है इसलिए वैश्विक सरोकार के नाम पर गरीब देशों के विकास को अवरुद्ध नहीं किया जा सकता। इसी प्रकार के विरोधाभास अन्तर प्रादेशिक मुद्दों पर भी हैं जिसका सबसे अच्छा उदाहरण नदी जल बंटवारे को लेकर है। यहाँ प्रान्तीय मुद्दे राष्ट्रीय हितों के ऊपर हावी हो जाते हैं। प्रादेशिक और उप-प्रादेशिक स्तर पर भी सम्पन्न और विपन्न

के बीच हितों को लेकर टकराव मिलता है। पर्यावरणीय सरोकारों को निर्धनों और वंचितों के 'आजीविका के अधिकार' के ऊपर नहीं देखा जा सकता।

सूक्ष्म स्तर के तन्त्र को ऊर्जित करने की आवश्यकता

यह देखने में आया है कि वृहद् स्तर के प्रयास आसानी से सूक्ष्म तन्त्र वाले वृहद् क्षेत्र तक नहीं पहुँच पाते। इसीलिए सूक्ष्म तन्त्र पर तन्त्र को ऊर्जित करना आवश्यक है और यह देखा जाना भी जरूरी है कि तृणमूल स्तर के पर्यावरणीय प्रयास, जैसे चिपको आन्दोलन, नर्मदा बचाओ आन्दोलन की भावनाएँ केवल दिखावे भर की होकर वहीं दफन न हो जाएँ वरन् वे सम्पूर्ण तन्त्र को आन्दोलित करने वाली बनें।

II

पर्यावरणीय सरोकार तथा फुटकर व्यापार: हाट तथा बाजार के सन्दर्भ में

*वी.के. श्रीवास्तव

प्रस्तुत शोध-पत्र फुटकर क्रियाओं का प्रभाव पर्यावरणीय गुणक्ता पर प्रदर्शित करता है। फुटकर व्यापारिक क्रियाओं से समाज का गहन संबंध रहता है, फुटकर क्रियाओं के लिए विपणन स्थल एक प्लेटफार्म होते हैं। सामान्यत: बाजार स्थल पर उपस्थिति क्रेता-विक्रेता यह विश्वास नहीं कर पाते कि फुटकर क्रियाएँ प्रदूषण को बढ़ाती हैं। इस कारण अनजाने ही यह प्रदूषण दिन प्रतिदिन बढ़ता जाता है तथा धीरे-धीरे यह बडे पैमाने पर भूमि तथा वायु प्रदूषण में परिवर्तित हो जाता है। इसी को ध्यान में रखते हुए शोध-पत्र प्रस्तुत किया गया है।

प्रस्तुत शोध-पत्र में सामाजिक, आर्थिक तथा सांस्कृतिक तत्वों का पर्यावरण से संबंध निरुपित करने के साथ-साथ बाजार तथा पर्यावरण का संबंध भी स्पष्ट किया गया है बाजार को एक मानवीय पारिस्थितिकी तन्त्र सिद्ध करते हुए स्थैतिक तथा कार्यात्मक चरों के माध्यम से संभावित भूमि प्रदूषण सूचकांक ज्ञात किया जाता है ताकि भूमि प्रदूषण का स्तर भी ज्ञात किया जा सके। इस प्रकार विधितन्त्रीय दृष्टिकोण से भी प्रस्तुत शोध पत्र ठोस परिणाम प्रस्तुत करता है।

* ऐमरेटस फेलो, दीनदयाल उपाध्याय विश्वविद्यालय, गोरखपुर (उ.प्र.)।

III

फूलों की खेती
पारिस्थितिकी तथा अर्थव्यवस्था के सम्पोषण में एक पहल

*कुमकुम रानी श्रीवास्तव

प्रस्तुत शोध-पत्र अर्थव्यवस्था के सम्पोषण तथा पारिस्थितिकी तन्त्र के अनुरक्षण में स्वयं सहायक समूहो की भूमिका विश्लेषित करता है। फूलों की खेती एक ऐसी क्रिया है जिसमें विशेष तौर पर ग्रामीण महिलाएँ पारिस्थितिकी तथा अर्थव्यवस्था दोनों के सम्पोषण में भाग ले सकती है। फूलों की कृषि ग्रामीण महिला सशक्तीकरण का, विशेष रूप से घरेलू महिलाओं के लिए एक उत्तम साधन है। घरेलू महिलाएँ स्वयं दैनिक क्रियाकलापों से कुछ समय बचाकर इस प्रकार के कार्य सम्पादित कर पारिवारिक आय में वृद्धि कर सकती हैं तथा बदले में समाज को पारिस्थितिकी सम्पोषण के रूप में कुछ प्रदान भी कर सकती है।

अत: ग्रामीण महिलाओं को उनकी दिनचर्या में से कुछ समय बचाकर फूलों की खेती जैसे कार्य संपन्न करना चाहिए। सूचना-क्रान्ति ने महिलाओं को इसके प्रति कार्य सम्भावनाओं तथा भूमिका को स्पष्ट भी किया है। इससे कृषि हेतु कुछ ऐसी भूमि का उपयोग किया जा सकता है जो अकारण ही छोड़ रखी हो यही नहीं बंजरभूमि को भी उपयोग में लाया जा सकता है। अत: प्रस्तुत शोध-पत्र एक नवीन परिप्रेक्ष्य में पारिस्थितिकी तथा अर्थव्यवस्था के सम्पोषण पर प्रकाश डालता है।

* निर्देशक, भू-विपणन प्रयोगशाला, गोरखपुर (उ.प्र.)।

IV

पर्यावरणगत समस्याओं का अवबोध

*वंदना मिश्र

प्रस्तुत शोध-पत्र का मूल उददेश्य पर्यावरण संबंधी उन कारणों का पुनरावलोकन करना है, जिनकी चर्चा आमतौर पर की जाती है। यह पत्र, यह पहचानने का प्रयास करता है कि क्या उन कारणों का अवबोधी आधार यथार्थ और वास्तविक है या क्या वह सामाजिक-राजनैतिक तौर पर तोड़ा मरोड़ा हुआ है अथवा क्या वह अस्तित्व की दृष्टि से सारभूत है या कि केवल उससे ही संबंधित है जो दिखाई भर पड़ता है। अर्थात तथाकथित रूप में व्यावहारिक है।

इस पत्र का मूल संदेश यह है कि बहुचर्चित कारणों के आधारभूत अवबोधन में समस्या के सारभूत के प्रति जागरूकता का अभाव है। यह केवल उस तक ही सीमित है जो केवल बाहर दिखाई पड़ता है। इसलिए यद्यपि कारणों का निर्धारण भले इरादों से किया गया है, तो भी वे अति सतही है।

पर्यावरणीय समस्याओं के सही परिप्रेक्ष्य को पकड़ने के लिये हमें उन कुछ सांस्कृतिक मिथकों का पुनरीक्षण करना होगा जो बहुतों के द्वारा आत्मसाद किए हुए है और जो समस्याओं हमारे अवबोधन को प्रभावित करती है।

1. सादगी बर्बरपन है तो जटिलपन सांस्कृतिक है। यह धारणा अनेक पर्यावरणीय क्षतियों के लिये जिम्मेदार है।

* अंग्रेजी विभाग, शासकीय स्नातकोत्तर कन्या महाविद्यालय, मोती तबेला इन्दौर (म.प्र.)।

2. करना ही सब कुछ है, न कि होना। इसलिये होने की उपेक्षा की गई है। इसलिये जब तक होने के तल पर नर–नारी बदलते नही हैं। तब तक हम अपने नूस्फीअर (बक मिनिस्टर फुलर) या स्पिसिसिस्टम (यह इको सिस्टम से कही व्यापक है।) की हत्या को रोक नही सकते हैं।
3. मानव समाज को प्रौद्योगिकी का उत्पाद होना है। इसे उलट दीजिये और प्रौद्योगिकी को मानव समाज का उत्पाद बन जाने दीजिए और तब हमारे ईको स्टिम पर इसका प्रभाव देखिये। यही इस शोध का प्रमुख उद्देश्य है।

V

वायु प्रदूषण

*सविता कंवर

प्रस्तुत शोध–पत्र वायु–प्रदूषण के कारण, प्रमुख वायु प्रदूषक प्रकार इत्यादि का वर्णन करता है। प्रदूषण के उक्त बाह्य सैद्धांतिक पक्षों के साथ–साथ आंतरिक वायु प्रदूषण समस्या को भी विश्लेषित किया गया है।

कार्बन मोनोआक्साइड, क्लोरोफ्लूरोकार्बन (cFcs) ओजोन परत चरण, नाइट्रोजन आक्साइडस, सल्फर डाई–आक्साइडस प्रमुख वायु प्रदूषकों के कारण अम्लीय वर्षा, स्मॉग (धूल तथा धुएँ का संयोग) उड़ती हुई राख का हानिकारक प्रभाव उत्पन्न होता है।

महानगरीय आंतरिक जीवन में प्रयुक्त विभिन्न परफ्यूम, हेयर स्प्रे, फर्नीचर पालिश, वायु फ्रेशनरर्स, मच्छर नाशक, लकड़ी निरोधक तथा अन्य उत्पाद भी वायु प्रदूषण वृद्धि में सहायक हैं। तम्बाकू पदार्थो का सेवन भी वायु प्रदूषण फैलाने में सहायक है।

वायु प्रदूषण का सर्वाधिक प्रभाव स्वास्थ्य पर होता है। विशेष रुप से फेफड़े तथा श्वसन क्रिया पर। वायु प्रदुषण पर नियंत्रण पाने के लिये स्वयं की जीवन शैली में परिवर्तन करना होगा। मोटर वाहन पर अधिक निर्भर न रहकर संभवत: साईकिल अथवा पैदल ही कार्य सम्पन्न करने चाहिएं। वन विकास को प्रोत्साहन दिया जाना आवश्यक है आधुनिक घरेलु उपकरणों के अन्धाधुंध प्रयोग पर नियंत्रण भी आवश्यक है मनुष्य ही वायु प्रदूषण का कारण है तथा उसका निवारण भी उसके स्वयं के द्वारा ही संभव है।

* अर्थशास्त्र विभाग, शासकीय स्नातकोत्तर कन्या महाविद्यालय, मोती तबेला, इन्दौर।

VI

कार्बन मोनो–आक्साइड से वायु प्रदूषण तथा उसके परिणाम

*संजय प्रभुने, **राजश्री सोमणी, ***विजयश्री निलोसे

प्रस्तुत शोध–पत्र वायु प्रदूषण के कारक के रूप में पांच प्रमुख प्रदूषकों यदा कार्बन मोना–आक्साइड, नाइट्रोजन आक्साइड, हाइड्रोकार्बन्स, सल्फर डाई–आक्साइड तथा पर्टिक्यूलेटस में से कार्बन मोनो–आक्साइड पर प्रकाश डालता है। शोध–पत्र में कार्बन मोनो–आक्साइड के स्त्रोत, ज्वालामुखी क्रियाएँ, प्राकृतिक गैस, उत्सर्जन, तूफानों के समय विद्युत डिसचार्ज, बीज अंकुरण, दलदली गैस, उत्पादन इत्यादि दर्शाये गये हैं।

कार्बन मोनो–आक्साइड वायु में भी घुले हुए होते है। शोध–पत्र में इसके प्रभावों को पशुओं तथा मानव पर दर्शाया गया है। कार्बन मोनो–आक्साइड का प्रभाव पौधों पर भी होता है। तथा प्रकाश संश्लेषण प्रक्रिया भी इससे प्रभावित होती है, जब कार्बन मोनो–आक्साइड वाहनों से निकलती है तो मिटटी के सम्पर्क में आने से उसकी एक पतली परत मिट्‌टी पर चढ़ जाती है, जो प्रदूषण स्थापित करती है।

* अतिथि व्याख्याता, रसायनशास्त्र विभाग, शासकीय स्नातकोत्तर कन्या महाविद्यालय, मोती तबेला, इन्दौर (म.प्र.)

** रसायनशास्त्र विभाग, शासकीय स्नातकोत्तर कन्या महाविद्यालय, मोती तबेला, इन्दौर (म.प्र.)

***रसायनशास्त्र विभाग, शासकीय स्नातकोत्तर कन्या महाविद्यालय, मोती तबेला, इन्दौर (म.प्र.)

VII

तापीय प्रदूषण की समस्याएँ

*अलका नीमा

विभिन्न पावर प्लान्ट्स से निष्कासित उष्ण निस्सारी पदार्थ तापीय प्रदूषण को दर्शाते हैं। इस प्रदूषण से जलीय तथा धरातलीय पर्यावरण का ह्रास होता जाता है। तापीय प्रदूषण के अनेक स्त्रोत हैं जैसे नाभिकिय पावर प्लांट्स, कोयला, पावर प्लांट्स, तथा जल विद्युत प्लांट्स, औद्योगिक निस्सारी पदार्थ, घरेलू जल-मल इत्यादि ।

प्रस्तुत शोध-पत्र में तापीय पावर प्लांट्स प्रदूषण को दर्शाया गया है जो प्रमुख रूप से कोयले के जलने से उत्पन्न होता है। जलने से उत्पन्न राख पर्यावरण को कई प्रकार से प्रदूषित करती है। इनके जलने से ही हानिकारक गैसों जैसे सल्फर डाई ऑक्साइड , नाइट्रोजन आक्साईड वातावरण में फैलती है तथा प्रदूषण स्थापित करती है। तापीय प्रदूषकों के कारण घुलनशील आक्सीजन का जल में प्रतिशत कम होता है। इससे जल के गुणों में भी परिवर्तन आ जाता है। जल में विषैलेपन की मात्रा में वृद्धि होती है। इसके साथ ही जैविक क्रियाएं पुर्नउत्पाद क्रिया जनसंख्या जैव रासायनिक आक्सीजन मांग स्तर में भी परिवर्तन आता है। तापीय प्रदूषण मापन विधियां तथा मनुष्य व पर्यावरण पर उसके प्रभाव की चर्चा भी लेखिका ने की है यदि इस पर अंकुश न लगाया गया तो निकट भविष्य में यह मनुष्य तथा उसके पर्यावरण के लिये खतरे का संकेत होगा।

---

* रसायनशास्त्र विभाग, शासकीय स्नातकोत्तर कन्या महाविद्यालय, मोती तबेला, इन्दौर।

VIII

वायु प्रदूषण
स्त्रोत, कारण तथा निवारण की विधियाँ

*ज्योति दुधिया एवं **अनामिका जैन

प्रस्तुत शोध-पत्र वायु प्रदूषण के वृहद स्त्रोत आटोमेटिक निकास धूक, जीवाश्म ईंधन के जलने से उत्पन्न कार्बन डाई-आक्साइड, नाईट्रोजन आक्साइड, तापीय ऊर्जा इकाईयों तथा कुछ विशिष्ट प्रकार की औद्योगिक इकाईयों से उत्पन्न सल्फर डाई-आक्साइड, पेट्रोलियम में मिश्रित सीसा, वायु अनुकूलन तथा प्रशीतकों से उत्सर्जित क्लोरोफ्लूरों कार्बन्स इत्यादि पर प्रकाश डालने के साथ-साथ प्राकृतिक स्त्रोतों के रुप में ज्वालामुखी क्रिया द्वारा उत्सर्जित विषैली गैसों की भी चर्चा करता है।

वायु प्रदूषण पर नियंत्रण हेतु, सुरक्षा हेतु शोध-पत्र में कुछ उपाय भी सुझायें गये हैं जिनमें प्रमुख रुप से सी.एन.जी. तथा सीसा रहित पेट्रोल का प्रयोग तथा इसके अतिरिक्त ऊर्जा के वैकल्पिक नवीनयकरणीय प्राकृतिक स्त्रोत यथा सौर्य ऊर्जा, वायु ऊर्जा इत्यादि प्रयोग हैं।

शोध-पत्र में कृत्रिम प्रदूषकों तथा उनके स्त्रोतों का एक विस्तृत ब्यौरा भी दिया गया है।

* रसायनशास्त्र विभाग, शासकीय स्नातकोत्तर कन्या महाविद्यालय, मोती तबेला, इन्दौर।

** रसायनशास्त्र विभाग, शासकीय स्नातकोत्तर कन्या महाविद्यालय, मोती तबेला, इन्दौर।

IX

पर्यावरणीय समस्या का प्रभाव विभिन्न रसायनों के विषैले प्रभावों के विशेष संदर्भ में

*दीपनीता भार्गव

प्रस्तुत शोध-पत्र पर्यावरणीय समस्याओं के प्राकृतिक तथा मानवीय कारणों की व्याख्या प्रस्तुत करता है तथा साथ ही उनके प्रभाव तथा उपचार पर भी प्रकाश डालता है पर्यावरणीय समस्याओं के प्रभावों में रसायनों की भूमिका अत्यंत महत्वपूर्ण है क्योंकि उद्योग धंधों के माध्यम से हानिकारक रसायन निरंतर उत्सर्जित होते रहते हैं। कई कृत्रिम रसायनों का उत्पादन व्यापार प्रयोग तथा निष्कासन वैश्विक स्तर पर मानव स्वास्थ्य तथा पर्यावरण के लिये हानि बन चुका है। इसके उपरान्त भी विश्व के कई रसायन उद्योग प्रत्येक वर्ष निरन्तर विषैले रसायनों का उत्सर्जन करते जा रहे हैं। प्रस्तुत शोध-पत्र में निर्माण कार्य न्यूक्लीयर परीक्षण कोयला तथा कोयले की खदानें ई-अपशिष्ट का हानिकारक प्रभाव भी विश्लेषित किया है।. इसके अतिरिक्त अर्सेनिक, केडमियम, सीसा, पारा, कार्बन मोनो-आक्साइड, नाइट्रोजन आक्साइड, सल्फर डाई-आक्साईड, ओजोन, फोटो केमिकल इत्यादि जैव रासायनिक प्रभावों की चर्चा भी शोध-पत्र में की गई है।

* अंग्रेजी विभाग, एम.के.एच.एस. गुजराती कन्या महाविद्यालय, इन्दौर (म.प्र.)।

उपरोक्त प्रभावों के अतिरिक्त उपचार भी विवेचित किये गए हैं, जैसे अपशिष्ट उपचार संयत्र, वाहनों में प्रदूषण मापको का प्रयोग, अनण्यकरणीय संसाधनों का मितव्यतापूर्वक उपयोग, वैकल्पिक संसाधनों का प्रयोग, जनसंख्या वृद्धि पर रोक, जन जागृति तथा पर्यावरणीय शिक्षा कार्यक्रमों का प्रारंभ, वनीकरण, अविषैली गैसें विशेषरूप से जैव गैसेस का उपयोग, जैव उर्वरकों तथा खादों का प्रयोग, जैव विविधता का संवर्धन, ठोस, अपशिष्ट प्रबंधन इत्यादि जिनसे किसी भी क्षेत्र का सम्पोषित विकास संभव हो सके।

X

ग्रीन केमिस्ट्री
पर्यावरण सुरक्षा हेतु एक नवीन मार्ग

*बिंदु गांधी, **सीमा त्रिवेदी, ***साधना सक्सेना

मनुष्य के स्वास्थ्य तथा पर्यावरण हेतु नवीन रासायनिक उत्पादों के विकास तथा पूर्व से उपलब्ध यौगिकों के प्रक्रियन में सुधार हेतु निर्मित कार्यक्रम ग्रीन केमेस्ट्री है यह रसायनों में विषैली तथा आपदाजनक विशेषताओं को मूल्यांकित करता है।

अत: प्रस्तुत शोध-पत्र में ग्रीन केमिस्ट्री को ध्यान में रखते हुए सुरक्षात्मक तथा प्रभावशाली रसायनों के निर्माण की आवश्यकता को चिन्हित किया गया है। इसको अपनाते हुए विभिन्न क्षेत्रों में इसकी उपलब्धियों की चर्चा भी शोध-पत्र में की गई है। इतना तो निश्चित है कि रसायनों का विभिन्न क्षेत्रों में बढ़ता प्रयोग बाधित नही किया जा सकता है। किंतु उसमें सुधार तो अवश्य ही किया जा सकता है रसायनों का प्रतिकूल प्रभाव तो निश्चित है किंतु उस प्रभाव को किस प्रकार कम किया जा सकता है। इस तथ्य को शोध पत्र में प्रस्तुत किया गया है।

* रसायनशास्त्र विभाग, शासकीय स्नातकोत्तर कन्या महाविद्यालय, मोती तबेला, इन्दौर।

** शासकीय माधव विज्ञान महाविद्यालय, उज्जैन।

***रसायनशास्त्र विभाग, शासकीय स्नातकोत्तर कन्या महाविद्यालय, मोती तबेला, इन्दौर।

XI

जल जनित रोगनाशक तथा संबंधित स्वास्थ्य प्रभाव

*सुनिता फडनीस एवं **रेखा किल्लेदार

गत कुछ वर्षों से पेय पदार्थ भूमिगत जल तथा सतही जल में रोग नाशकों की उपस्थिति शोधकर्ताओं के लिये चिंता का विषय बन गई है। रोग नाशक, शाक नाशक तथा फफूँद नाशकों के बढ़ते प्रयोग के दुष्परिणाम भी सामने आये हैं। भारतीय रोगनाशकों के डी.डी.टी. हैं, जो मलेरिया नियत्रंण के रूप में प्रचलित है। भारत में रोगनाशकों के प्रयोग, फसल सुरक्षा के लिये किया जाता है किन्तु उसका प्रभाव पर्यावरण पर होता है तथा अंत में वह मानव स्वास्थ्य पर प्रभाव डालता है।

प्रस्तुत शोध-पत्र में रोग नाशकों के विभिन्न क्षेत्रों में प्रयोग से उत्पन्न प्रभाव, स्वास्थ्य प्रभाव, रोग नाशक छिड़काव से संबंधित प्रभाव को विश्लेषित किया गया है। गर्भस्थ शिशु पर न्यूट्रल ट्यूब विकार, गर्भवती महिला के स्वास्थ्य पर प्रभाव, प्रजननता पर प्रभाव, गर्भपात कृषि में सलंग्न, मजदूरों के स्वास्थ पर प्रभाव, शरीर के विभिन्न अंग यथा नाक, फेफडे, पेट, आंत, किडनी, ब्रेन रीढ़ की हडडी, रक्त, त्वचा, आंखे, अंडाशय, भ्रूण, टेस्टीज इत्यादि पर

* रसायनशास्त्र विभाग, शासकीय स्नातकोत्तर कन्या महाविद्यालय, मोती तबेला, इन्दौर।
** रसायनशास्त्र विभाग, शासकीय स्नातकोत्तर कन्या महाविद्यालय, मोती तबेला, इन्दौर।

दुष्प्रभाव जिससे उत्पन्न रोग जैसे—श्वसन, पेट न्यूरोलॉजी, त्वचा, रक्त, पुनउत्पादन संबंधी रोग उत्पन्न होते हैं।

शोध-पत्र में वैकल्पिक कृत्रिम रोग नाशकों का प्रयोग का सुझाव दिया गया है, जो पर्यावरण के लिये उपयुक्त हो अन्यथा बढ़ते हुए रोग नाशकों के प्रभाव से आर्थिक, प्रर्यावरणीय स्वास्थ्य तथा सामाजिक समस्याएं उत्पन्न होगी जो विकास में बांधा उत्पन्न करेगी।

XII

अपशिष्ट संचयन तथा पर्यावरणीय प्रदूषण

*साधना सक्सेना एवं **बिन्दु गांधी

पर्यावरणीय प्रदूषण वायु, जल तथा मृदा के भौतिक, रासायनिक तथा जैविक गुणों में अवांछित परिवर्तन है। प्रस्तुत शोध-पत्र विभिन्न अपशिष्ट प्रदूषकों द्वारा होने वाले पर्यावरणीय प्रदूषण का परीक्षण करता है।

पर्यावरण के प्रमुख अपशिष्ट प्रदूषक ठोस अपशिष्ट, तरल अपशिष्ट तथा गैसीय अपशिष्ट होते हैं। प्रस्तुत शोध इन प्रदूषकों के स्त्रोतों की व्याख्या एवं विश्लेषण करता है। इसके साथ ही शोध-पत्र में विषैली गैसें जैसे कार्बन मोनो-ऑक्साईड का स्वास्थ्य पर दुष्प्रभाव, ग्रीन हाउस गैस, कार्बन डाय-ऑक्साईड के वैश्विक उष्णन संबंधी प्रभाव, सल्फर डाय-ऑक्साईड तथा नाईट्रोजन ऑक्साईड एवं उससे उत्पन्न अम्ल वर्षा और उसके घातक प्रभाव, क्लोरो-फ्लोरो कार्बन्स, ओजोन परत क्षरण इत्यादि के कारणों की भी व्याख्या की गई है।

* रसायनशास्त्र विभाग, शासकीय स्नातकोत्तर कन्या महाविद्यालय, मोती तबेला, इन्दौर।

** रसायनशास्त्र विभाग, शासकीय स्नातकोत्तर कन्या महाविद्यालय, मोती तबेला, इन्दौर।

XIII

मृदा संसाधनों पर ईंट उद्योग का प्रभाव

*वी. जे. पाटिल, **एम. वी. ढाके, ***आर. वी. भोले

प्रस्तुत शोध–पत्र आधुनिक नगरों में निर्माण संबंधी एक प्रमुख आवश्यकता ईंट उद्योग से संबंधित है। नगरों में प्रायः नित्य प्रति सड़के, मकान, सरंक्षण पुल, रेलवे लाईन, इत्यादि के लिये ईंटों की आवश्यकता होती है। मिटटी जो एक प्रमुख प्राकृतिक संसाधन है इससे बुरी तरह से प्रभावित है। मिटटी की उर्वरता को इसके निर्माण से इस प्रकार का अंत है। ईंट निर्माण मृदा अपरदन तथा प्रदूषण का एक प्रमुख कारण है। उपरोक्त तथ्यों का विश्लेषण करने का प्रयास जलगांव (महाराष्ट्र) नगर के समीप वाधुर नदी बेसिन क्षेत्र जो सक्तेगांव तथा गिटना नदी बेसिन के निकट है के सदंर्भ में किया गया है। प्रारंभिक स्तर संकलित आकड़ों के माध्यम से ईंट भटटे उद्योग की 13 ईकाइयों का एक विस्तृत प्रश्नकर्ता द्वारा सर्वेक्षण किया गया।

शोध–पत्र में निष्कर्ष स्वरूप यह व्यक्त किया गया है। कि सभी ईंट निर्माण इकाईयां बड़ी मात्रा में मिटटी का प्रयोग कर रही हैं। इस हेतु वाधुर तथा गिरना नदी बेसिन क्षेत्र से 350 से 500 टन मिटटी प्रतिवर्ष अपरदित की जा रही

* भूगोल विभाग, डॉ. ए.जी.डी. बेंडाले महिला महाविद्यालय, जलगाँव, महाराष्ट्र।

** विभागाध्यक्ष, भूगोल विभाग, डॉ. ए.जी.डी. बेंडाले महिला महाविद्यालय, जलगाँव, महाराष्ट्र।

***विभागाध्यक्ष, भूगोल विभाग, एस.वी.पी. कला एवं विज्ञान महाविद्यालय, एनपूर जिला, जलगाँव।

है। यह सभी मिटटी बहुत उर्वरक कृषि भूमि की है जिससे कृषि पदार्थो को भी हानि हो रही है। मिटटी के रासायनिक संगठन में भी परिवर्तन हो रहा है। मिटटी के लगभग 45–58 प्रतिशत जैविक पदार्थो में कमी आती जा रही है। फास्फोरस तथ पोटाश की मात्रा में भी कमी होती जा रही है। विकास के नाम पर मृदा शोध एक चिंता का विषय है।

XIV

हरित क्रांति तथा पर्यावरण गुणवत्ता एक विहंगावलोकन

*मनीषा दंडवते

भारतीय कृषि अर्थव्यवस्था में हरित-क्रांति का स्थान महत्वपूर्ण है। प्रारंभ में हरित-क्रांति के द्वारा कृषकों ने उन्नत बीज, रासायनिक उर्वरक, रोगनाशक कीटनाशकों के अन्धा-धुंध प्रयोग से कृषि उत्पादन को भरसक बढ़ाने के प्रयास किये और उत्पादन कई गुना बढ़ा भी किंतु उसके साथ ही मृदा-उर्वरता जल तथा वायु पर इसका गंभीर हानिकारक प्रभाव भी दिखायी दिया। गत 50 वर्षो में इसके गंभीर परिणाम सामने आने लगें। इन्हीं सब मुद्दों पर प्रस्तुत शोध-पत्र केन्द्रित है।

शोध-पत्र में कृषि में प्रयुक्त खतरनाक रसायन डी.डी.टी., बी.एच.सी., गेमाक्वीन, एल्डरीन इत्यादि का भी उल्लेख किया गया। जिन्होनें सिर्फ मिट्टी की उर्वरता को नष्ट किया वरन् वनस्पति व जंतु जीवन को भी हानि पहुँचाई तथा जिनमें से कई रसायन तो वे थे जिन्हें विश्व स्तर पर पूर्व में ही प्रतिबंधित कर दिया गया था। अभी यह समस्या हल हुई ही नहीं थी कि वैज्ञानिकों ने "Double green revolution" तथा जीन (भ्रूण) क्रांति का नारा दे दिया जो और भी खतरनाक साबित होगा। यह कृषकों के लिये भी हानिकारक साबित हो सकता है।

* वनस्पतिशास्त्र विभाग, शासकीय स्नातकोत्तर महाविद्यालय, महू (म.प्र.)।

अतः वैज्ञानिकों द्वारा कृषकों को रासायनिक उर्वरकों तथा खादों के प्रयोग के स्थान पर भारतीय परिस्थितियों के अनुरुप जैविक उर्वरकों व खादों के प्रयोग पर बल दिया जाना आवश्यक है तभी हम कृषि में जैविक क्रांति ला सकेगें, यही इस शोध-पत्र के द्वारा स्पष्ट किया गया है।

XV

पर्यावरणीय समस्याएं
नाभिकीय ऊर्जा, रेडियो सक्रिय प्रदूषण का एक स्त्रोत

*एस. भट्ट

प्रस्तुत शोध-पत्र नाभिकीय ऊर्जा जो कि वायुमंडलीय प्रदूषण दृष्टि से परिरूपों से प्राप्त होती है, पर प्रकाश डालता है नाभिकीय ऊर्जा जो सबसे स्वच्छ ऊर्जा मानी जाती है। अपशिष्ट समस्या के कारण रेडियो सक्रिय प्रदूषण का कारण बन जाती है।

शोध-पत्र में शोधकर्ता द्वारा रेडियो सक्रिय प्रदूषण के स्त्रोतों को दर्शाया जिसमें प्रमुख नाभिकीय पावर प्लांट, नाभिकीय आयुध, परिवहन, नाभिकीय अपशिष्ट का निपटान तथा यूरेनियम खनन क्रियाएं हैं। प्रमुख रेडियो एक्टिव धातु यूरेनियम, प्लूटोनियम, सीसा, तथा केडमियम हैं जो नाभिकीय ऊर्जा उत्पादन करते हैं। लेखिका ने रेडियो सक्रिय प्रदूषण के प्रकारों की भी चर्चा की है जिसमें प्रमुखता वायु प्रदूषण, भूमि तथा जल प्रदूषण है। वायुमंडलीय की विभिन्न परतों में यह प्रदूषण स्थापित हो जाता है। विशेषकर अधोमंडल तथा समताप मंडल में जो पृथ्वी सतह से सबसे अधिक निकट है। रेडियो सक्रिय प्रदूषण के प्रभावों में जैव-चिकित्सकीय प्रभाव सर्वाधिक गंभीर समस्या है।

* भौतिकशास्त्र विभाग, नवीन विज्ञान महाविद्यालय, इन्दौर (म.प्र.)।

सभी जैविक जातियों के वंश पर इसका प्रभाव परिलक्षित हो सकता है इससे कई प्रकार की बीमारियाँ जैसे केन्सर, प्रतिरोधक तंत्र का क्षतिग्रस्त हो जाना, कई प्रकार की शारीरिक विरूपताएं , प्रजनन समस्याएं इत्यादि उत्पन्न हो सकती है। इसका प्रभाव जो शोध–पत्र में दर्शाया गया है वह मनावैज्ञानिक है। यह जानते हुए कि नाभिकीय प्रदूषक हमारी पृथ्वी पर फैले हैं जिनसे किसी भी क्षण सब कुछ समाप्त हो सकता है, हमारी कार्यक्षमताएं प्रभावित हो सकती हैं। शारीरिक कुप्रथाओं के साथ–साथ मानसिक तथा भावनात्मक प्रभाव भी महत्वपूर्ण है। अतः रेडियों सक्रिय प्रदूषण पर नियत्रंण हेतु आवश्यक है। इस दिशा में शोध गतिविधियों में वृद्धि की जाये।

XVI

पर्यावरणीय नियोजन में रिमोट सेन्सिंग का अनुप्रयोग

*नरेश कुमार एवं **अंजुला पायस

पर्यावरणीय नियोजन वर्तमान का एक ज्वलंत विषय है। नियोजन एक सतत प्रक्रिया है प्रभावशाली नियोजन हेतु विशुद्ध स्थायी विश्वसनीय समयानुसार सूचनाएं प्राप्त होना आवश्यक है इसके लिये सुदूर संवेदन बिल्कुल उपयुक्त तकनीकी हैं जिसमें किसी क्षेत्र की सूचनाएं बिना उससे भौतिक सम्पर्क के ही दूर से ही प्राप्त कर ली जाती हैं। जिसमें विद्युत चुम्बकीय तरंगों का सहारा लिया जाता है विभिन्न सेन्सर्स के माध्यम से उपग्रह प्रजाति के आधार पर आंकड़ों का संकलन किया जाता है।

प्रस्तुत शोध-पत्र में सुदूर संवेदन तकनीक का उपयोग पर्यावरणीय प्रबंधन के विभिन्न पक्षों यथा भूमि उपयोग, जल विज्ञान, मृदा जैव वनस्पति, प्रदूषण इत्यादि में किस प्रकार है यह विवेचित किया गया है।

पर्यावरणीय विशेषज्ञों द्वारा सुदूर संवेदन तकनीक का प्रयोग व्यवसायिक सेक्टर में भी किया जाने लगा है। एक दीर्घकालीन सुदूर संवेदन कार्यक्रम भी आयोजित किया जा सकता है। ताकि किसी क्षेत्र विशेष की वायु मंडलीय दशाओं का अध्ययन किया जा सके एवं वायु की गुणवत्ता निर्धारित की जा सके।

---

* भूगोल विभाग, के.पी. कॉलेज देवास (म.प्र.)।

** सहायक प्राध्यापक, होल्कर विज्ञान महाविद्यालय इंदौर (म.प्र.)।

इसके साथ ही जैविक प्रदूषण को पहचानने के लिये भी इसका प्रयोग किया जा सकता है। यह एक शोध उपकरण है तो समस्त पर्यावरणीय पक्षों से संबंधित स्थान व काल के संदर्भ में विद्युत चुम्बकीय तरंगों के माध्यम से शोध के लिये विशुद्ध आंकड़े प्रदान करता है।

XVII

अपशिष्ट द्वारा सम्पदा

*अर्चना कांठेड़

प्रस्तुत शोध–पत्र अपशिष्ट को किस प्रकार पुर्नचक्रीकरण कर उसे उपयोग हेतु उपयुक्त बनाया जाये इस पक्ष पर प्रकाश डालता है। अपशिष्ट निष्कासन तो रोका नहीं जा सकता किन्तु इतना तो संभव है कि इसे सम्पोषित समाज के लिये उपयुक्त बनाया जाये। शोध–पत्र में कई पुनचक्रीकरण तकनीकियों का उल्लेख किया है जो भौतिक तथा रासायनिक है। इसके साथ ही उनसे कई निर्णयात्मक सामग्री के संदर्भ में भी शोध–पत्र द्वारा प्रकाश डाला गया है, जैसे कृषि अपशिष्ट से ईंधन, दवाईयां, तरल ईंधन का निर्माण, सेल्यूलोज से प्रोटीन, शक्कर, एमिनों एसिड, मिट्टी प्रदूषण समस्या का निवारण इत्यादि। कृषि अपशिष्ट से विद्युत उत्पादन एवं ग्रामीण क्षेत्रों में उपलब्ध बायो मास से ऊर्जा उत्पादन भी किया जा सकता है। पुराने टायर से रबर, राख से सिलिका निर्माण, कचरे से बायो फर्टिलाईजर रेशम उद्योग से प्राप्त ट्यूपा, मुर्गीपालन हेतु भोजन इस प्रकार के कई पुनर्उपयोग पर भी शोध–पत्र में प्रकाश डाला गया।

* रसायनशास्त्र विभाग, शासकीय स्नातकोतर कन्या महाविद्यालय, मोती तबेला, इन्दौर।

XVIII

नियोजन तथा प्रबन्धन हेतु एक सहयोगी मॉडल का विकास

*रश्मि गुप्ता

गत शताब्दी में तीव्र औद्योगिकरण तथा नगरीकरण हेतु प्राकृतिक पर्यावरण के द्वारा विभिन्न प्रकार के संसाधन प्रदान किये गये हैं। जनसंख्या वृद्धि के साथ-साथ इन संसाधनों की मांग में भी वृद्धि हुई है साथ ही साथ तकनीकी क्षमता, ऊर्जा उपभोग, अन्तर्राष्ट्रीय व्यापार तथा सामाजिक जटिलताओं में भी वृद्धि हुई है। सूचना प्रौद्योगिकी पर्यावरणीय प्रबन्धन हेतु महत्वपूर्ण होती जा रही है। इसका महत्व बड़े पैमाने पर कम्प्यूटेशन क्षमता संचालित करने तथा पर्यावरण निर्णय निर्धारण हेतु भी बढ़ता जा रहा है। प्रस्तुत शोध-पत्र इन सूचनाओं के आधार पर एक मॉडल विकसित करने पर बल देता है। इस प्रक्रिया में कम्प्यूटर सिस्टम पर संबंधित जानकारी इनपुट कर निर्णय निर्धारण हेतु एक मॉडल विकसित किया जाता है। पर्यावरणी प्रबंधन तंत्र बहु-उद्देशीय, अन्तक्रिय, गतिक तथा अनिश्चित लक्षणों से युक्त होता है। अतः इसके आऊटपुट का निर्वचन एक जटिल प्रक्रिया भी है।

पर्यावरणीय प्रबंधन हेतु दशाएँ समय, मांग तथा निर्णय के अनुसार परिवर्तित हो आऊटपुट दे सकती है। प्रस्तुत शोध-पत्र तंत्र विश्लेषण का प्रभावशाली प्रस्तुतीकरण है।

* अर्थशास्त्र विभाग, शासकीय स्नातकोत्तर कन्या महाविद्यालय, मोती तबेला, इन्दौर।

XIX

इन्दौर नगर में भूमिगत जल की गुणवत्ता
एक स्थानिक विश्लेषण

*वेनु त्रिवेदी एवं **भक्ति चौरे

प्रस्तुत शोध–पत्र वर्तमान के सबसे महत्वपूर्ण एवं कीमती तत्व जल से संबंधित है। नगरों की पेयजल तथा अन्य आवश्यकताएं भूमिगत जल पर निर्भर करती हैं। प्राय: विश्व का प्रत्येक नगर जल की गुणवत्ता की समस्याओं से ग्रसित है। मध्य प्रदेश का इन्दौर नगर भी इससे अछूता नहीं है। मालवा पठार पर स्थित इन्दौर नगर में अत्यंत तीव्र गति से जनसंख्या संकट वृद्धि से ग्रसित होता जा रहा है। वर्ष 2001 में इसकी जनसंख्या लगभग 16 लाख थी जो 2008 के अंत तक एक अनुमान के अनुसार 25 लाख का आँकड़ा पार कर चुकी है।

प्रस्तुत शोध–पत्र में भूमिगत जल गुणवत्ता को स्थानिक स्तर पर मापन हेतु इन्दौर नगर को विभिन्न क्षेत्रों यथा औद्योगिक व्यवसायिक रिहायशी तथा मलिन बस्तियों में विभाजित किया है। मापन हेतु 10 चरों यथा तापक्रम pH मूल्य, गंदीलापन, फ्लोराईड, क्लोराईड, नाइट्रेड, कठोरता, अमोनिया तथा फीकल को आधार पर बनाया है। सम्पूर्ण शोध कार्य गहन क्षेत्र सर्वेक्षण पर आधारित है जो वर्ष 2006 में किया गया है। भूमिगत जल के विश्लेषण से स्पष्ट होता है कि

* प्राध्यापक एवं विभागाध्यक्ष, भूगोल विभाग, शासकीय स्नातकोत्तर कन्या महाविद्यालय, मोती तबेला, इन्दौर।

** भूगोल विभाग, शासकीय स्नातकोत्तर कन्या महाविद्यालय, मोती तबेला, इन्दौर।

कुछ अत्यधिक जनसंख्या घनत्व वाले क्षेत्रों में भूमिगत जल काफी अधिक संक्रमित हो चुका है इसका कारण सीवेज लाईन का पुराना हो जाना है। यहाँ प्रमुखतः फीकल तथा अमोनिया की मात्रा जल में पायी गई हैं। मकानों की परस्पर दूरी कम होने के कारण संक्रमण का भय अधिक हो जाता है। वर्षाकाल में जल भराव से भी जल प्रदूषण की समस्या बढ़ जाती है। औद्योगिक क्षेत्रों में रसायनों के निष्कासन के कारण भूमिगत जल में भी नाईट्रेट की समस्या दिखाई देती है। खान नदी के निकटवर्ती मलिन बस्तियों में जलप्रदूषण की समस्या है जो ट्यूबवेल कम गहराई तक (100 फीट) खुदे है उनमें खान नदी का प्रदूषित पानी मिल गया है। क्योकि वर्तमान में यह नदी एक गंदे पानी वाला नाला ही बन गई है। प्रायः सम्पूर्ण इन्दौर नगर में जल की कठोरता पाई गई है जल प्रदूषण समस्या के समाधान के लिये यह आवश्यक है कि सीवेज लाईन्स को सुधारा जाये तथा उन पर नियमित निगरानी रखी जाय। औद्योगिक क्षेत्रों में ऐसी ईकाईयों की नियमित चेकिंग की जाये जो प्रदूषित पानी उत्सर्जित कर आसपास के क्षेत्रों को भी प्रदूषित कर रही है।

XX

इन्दौर नगर में वायु की गुणवत्ता

*सुब्रा बिस्वास एवं **देवेन्द्र कौर

प्रस्तुत शोध–पत्र तीव्रगति से विस्तारित इन्दौर नगर की वायु गुणवत्ता मापन से संबंधित है। व्यापारिक क्रियाओं के निरंतर बढ़ने के कारण नगर को कई प्रकार की परिवहन कठिनाईयों का सामना करना पड़ रहा है। जिससे वाहनों की संख्या में वृद्धि संकुलता में वृद्धि तथा संबंधित पर्यावरण में ह्रास परिलक्षित हो रहा है। शोध–पत्र में मोटर वाहनों की वृद्धि की प्रवृत्ति निकाली गई है। परिवेशी वायु की गुणवत्ता स्थानिक तथा कालिक स्तर पर ज्ञात की गई। इस हेतु गत छः वर्ष का समय लिया गया है। इसके साथ ही उच्च यातायात प्रहर पर यातायात का आयतन निलम्बित कणों की मात्रा तथा नगरीय पर्यावरण की गुणवत्ता दृष्टिकोण से कुछ सुझाव भी प्रस्तुत किये गये है।

आँकड़ों का एकत्रीकरण द्वितीय स्त्रोतों से किया गया जिसके वर्ष 2000 से 2005 तक के आँकड़ों को आधार बनाया गया। निष्कर्षतः यही कहा जा सकता है कि लगातार ट्रेफिक आयतन में वृद्धि से प्रदूषकों का निष्कासन प्रभावित हो रहा है तथा रिहायशी एवं औद्योगिक क्षेत्रों में निलम्बित कणों की संख्या में भी वृद्धि हो रही है। नगर के सभी क्षेत्रों में 2005 तक वायु प्रदूषण की

* शोध छात्रा, भूगोल शासकीय कला एवं वाणिज्य महाविद्यालय, इन्दौर (म.प्र.)।

** प्राध्यापक एवं विभागाध्यक्ष, भूगोल विभाग, शासकीय कला एवं वाणिज्य महाविद्यालय, इन्दौर।

मात्रा में अत्यधिक वृद्धि हुई अतः इसके समाधान हेतु चयनित क्षेत्रों में वायु गुणवत्ता निरीक्षण कार्यक्रमों में सुधार आवश्यक है।

इन्दौर नगर में परिवहन प्रभाव सबसे अधिक पीड़ादायक है अतः सड़क का चौड़ीकरण तीव्र गति से चलने वाले वाहनों के लिये स्वतंत्र मार्ग सुविधा, दुपहिया वाहनों के लिये स्वंतत्र सुविधा, ओवर ब्रिज का निर्माण, लालबत्ती की चौराहों पर व्यवस्था तथा परिवहन आयतन पर नियत्रंण नियोजन आवश्यक है। इसके साथ ही नगर की जनता की इसमें भागीदारी भी अत्यंत आवश्यक है क्योंकि नियमों को पालन तो उनके द्वारा ही संभव है।

XXI

इन्दौर नगर में भूमिगत जल की क्षीणता एवं विसर्पित पर्यावरणीय आपदा

*शोभा शर्मा

प्रस्तुत शोध–पत्र 'जल' जो कि वर्तमान की कीमती आवश्यकता है के अंधाधुंध विदोहन के संबंध में प्रस्तुत है। आधुनिकीकरण के इस दौर में प्रति व्यक्ति जल उपयोग ही नहीं बढ़ा अपितु नगरों में निरंतर जनसंख्या वृद्धि से इसकी भयावह कमी का सामना भी करना पड़ रहा है। अत: शोध–पत्र इन्दौर नगर के संदर्भ में भूमिगत जल की शोचनीय स्थिति पर प्रकाश डालता है। नगर के बढ़ते विस्तार के चलते सतही जल स्त्रोतों पर निर्भर रहना कठिन है अत: भूमिगत जल स्त्रोत के रूप में नगर में नलकूप, हेंडपम्प तथा कुंए विद्यमान हैं जिनसे जल का अतिरंजित उपभोग हो रहा है?

भूमिगत जल के अतिरंजित उपभोग के परिणामस्वरूप जल स्तर में निरंतर गिरावट आती जा रही है, जो प्राय: सभी महानगरों की समस्या है। पूर्व में इन्दौर तथा सम्पूर्ण मालवा प्रदेश अच्छी मानसून के लिये जाना जाता था किन्तु गत कुछ वर्षों से वर्षा की कमी का एहसास हो रहा है। दूसरी समस्या जल पुनर्भरण की है। जनमानस में इसके प्रति जागरूकता की कमी के कारण बड़े पैमाने पर जल पुनर्भरण नहीं हो पा रहा है। इससे भी भूमिगत जलस्तर में

* वनस्पतिशास्त्र विभाग, शासकीय स्नातकोत्तर कन्या महाविद्यालय, मोती तबेला, इन्दौर।

वृद्धि नहीं हो रही है। एक अन्य समस्या की ओर लेखिका ने ध्यान दिलाया है और वह है सतही जल स्त्रोतों के जलस्तर में कमी कुछ बड़े तालाब जो इन्दौर नगर क्षेत्र में विद्यमान हैं। अल्प वर्षा से पूर्णत: नहीं भर पा रहे हैं। अत: भूमिगत जल स्तर पर भी इसका प्रभाव पड़ा है। दूसरा इसके अतिरिक्त भूमि अवतलन से भी भूमिगत जल समस्या का सामना करना पड़ा है।

प्रस्तुत शोध-पत्र भूमिगत जल समस्या को समझाने हेतु कुछ सुझाव भी प्रस्तुत करता है। भूमिगत जल स्त्रोतों के उचित रखरखाव के लिये आवश्यक है कि नये बोरिंग पर अंकुश लगाया जा सके। उसकी गहराई तथा स्थल पर निगरानी रखी जाये। पुराने कुंए तथा तालाब को पुनर्जीवित करने का प्रयास किया जाये। वर्षा जल पुनर्भरण का पालन किया जाये, सीमेन्टीकरण पर रोक लगायी जाये ताकि जल का रिसाव भली भांति हो। जल के दुरूपयोग पर अंकुश लगाया जाये। वनीकरण पर जोर दिया जाये तथा जनमानस पर इसके प्रति मीडिया तथा शिक्षाविदों द्वारा चेतना जागृत की जाये।

26

संगोष्ठी की कार्यविधि एवं अनुशंसा

मध्य प्रदेश के एक प्रमुख शैक्षणिक संस्थान शासकीय स्नातकोत्तर कन्या महाविद्यालय, मोती तबेला, इन्दौर, मध्य प्रदेश में केन्द्रीय क्षेत्रीय कार्यालय, विश्वविद्यालय अनुदान आयोग, भोपाल के सौजन्य से दिनांक 23.02.2007 से 24.02.2007 तक "पर्यावरणीय समस्याऐं एवं उपक्रमण" विषय पर एक राष्ट्रीय संगोष्ठी का आयोजन किया गया। संगोष्ठी की कार्यवाही विभिन्न तकनीकी सत्रों में विशिष्ट व्याख्यानों तथा पोस्टर सत्रों में सम्पन्न हुई। कुल लगभग 100 शोध–पत्र प्रतिभागियों द्वारा प्रस्तुत किए गए। संगोष्ठी के पोस्टर सत्र में 35 वर्ष से कम आयु के युवा भूगोलवेत्ताओं हेतु सर्वोत्कृष्ट पोस्टर शोध–पत्र प्रतियोगिता भी संयोजित की गई। यह पोस्टर–सत्र स्व. प्राध्यापक डॉ. विजया फणसे, पूर्व विभागाध्यक्ष, भूगोल विभाग, शासकीय कला एवं वाणिज्य महाविद्यालय, इन्दौर की स्मृति में आयोजित किया गया। संरक्षिका डॉ. मंजुला चौबे, प्राचार्य शासकीय स्नातकोत्तर कन्या महाविद्यालय द्वारा डॉ. वेनु त्रिवेदी, संगोष्ठी संयोजिका को सभी सुविधाएं तथा प्रोत्साहन प्रदान किये गये।

प्रतिभागी–एक प्रोफाईल

संगोष्ठी के तकनीकी सत्रों में स्थानीय तथा देश के अनेक भागों से लगभग 200 प्रतिभागियों ने भाग लिया। यह प्रतिभागी विभिन्न विश्वविद्यालयों, महाविद्यालयों, संस्थानों, शोध तथा विकास संगठनों, स्वैच्छिक संगठनों इत्यादि से संबंधित थे। विभिन्न भूगोलवेत्ताओं तथा पर्यावरणशास्त्रियों जैसे–प्रो. एच.एस. शर्मा, अध्यक्ष, नेशनल एसोसिएशन ऑफ ज्यॉग्राफर्स (नागी), जयपुर, राजस्थान,

प्रो. व्ही.के. श्रीवास्तव, ऐमेरिटस फेलो, डी.डी.यू. विश्वविद्यालय, गोरखपुर, उत्तर प्रदेश, प्रो. बी.सी. वैद्य, अध्यक्ष, भूगोल विभाग, सचिव, द डकन ज्यॉग्राफिकल सोसायटी (डी.जी.एस.), पूणे विश्वविद्यालय, पूणे, महाराष्ट्र, प्रो. एस.एम. राशीद, भूगोल विभाग, जामिया मिलिया इस्लामिया, नई दिल्ली, प्रो. टी.ए. सिहोरावाला, सेवानिवृत्त प्राध्यापक एवं विभागाध्यक्ष, श्री गोविन्दराम सकसेरिया, तकनीकी विज्ञान संस्थान, इन्दौर, प्रो. व्हाय.जी. जोशी, संकायाध्यक्ष, बाबा साहेब अम्बेडकर, राष्ट्रीय शोध संस्थान महू तथा डॉ. के.आर. श्रीवास्तव, निर्देशक, ज्यो मार्केटिंग लेबोरेटरी, गोरखपुर, उत्तर प्रदेश इत्यादि सम्मिलित हुए।

इस सत्र का संचालन डॉ. अर्चना पुरोहित, सहायक प्राध्यापिका भूगोल शा.स्ना.क.महा. मोती तबेला, इन्दौर द्वारा किया गया तथा आभार इसी महाविद्यालय की डॉ. सुधा कपूर, सहायक प्राध्यापिका भूगोल द्वारा प्रकट किया गया। इसके पश्चात् आमंत्रित अतिथियों तथा प्रतिभागियों ने सम्मिलित रूप से एक अनौपचारिक बैठक में भाग लिया।

स्व. प्रो. विजया फणसे की स्मृति में पोस्टर-सत्र

महाविद्यालय के भूगोल विभाग में भोजन पश्चात् पोस्टर-सत्र प्रारंभ हुआ जिसमें एक पोस्टर प्रस्तुतिकरण स्पर्धा आयोजित की गई। इस स्पर्धा के निर्णायक मण्डल में निर्णायक प्रो. व्ही. के. श्रीवास्तव, प्रोफेसर ऐमरेटस, गोरखपुर (उ.प्र.), डॉ. एच.एस. शर्मा, अध्यक्ष, नागी, जयपुर (राज.), डॉ. बी.सी. वैद्य, पूना के थे।

इस प्रतिस्पर्धा में कुल छः प्रतिभागियों ने भाग लिया कु. गरिमा डोंगरे का पोस्टर प्रस्तुतिकरण, "इंदिरा सागर परियोजना पुनर्वास की समस्या-पर्यावरण के लिये एक चुनौती-हरसूद का एक प्रतिकात्मक अध्ययन" सर्वोत्कृष्ट प्रस्तुति घोषित की गई। यह प्रतिस्पर्धा 35 वर्ष की आयु से कम के प्रतिभागियों के लिये थी। उक्त स्पर्धा स्व. डॉ. विजया फणसे, प्राध्यापिका व विभागाध्यक्ष भूगोल की स्मृति में आयोजित की गई थी। स्व. विजया फणसे, शिक्षण को समर्पित शोध प्रवृत्ति की, कर्मठ, युवा शिक्षिका थी। यह आशा की जाती है कि युवा

भूगोलवेत्ता उनके आचरण से शिक्षा प्राप्त कर भूगोल विषय में नित नवीन शोध कार्य करेंगे।

तकनीकी सत्र I

पर्यावरणीय समस्याएं: मानवकृत तथा प्राकृतिक

प्रथम तकनीकी सत्र का शीर्षक "पर्यावरणीय समस्याएँ मानवकृत तथा प्राकृतिक" था। यह सत्र प्रो. एच.एस. शर्मा की अध्यक्षता से प्रारंभ हुआ। इस सत्र में उपाध्यक्ष, डॉ. एम.के. ओझा अध्यक्ष कार्टोग्राफिक संगठन के थे जबकि रेपोर्टियर के रूप में डॉ. देवेन्द्र कौर, विभागाध्यक्ष भूगोल, शात्र कला एवं वाणिज्य महाविद्यालय इन्दौर थी।

प्रो. व्ही. के. श्रीवास्तव प्रोफेसर ऐमरेट्स फेलो इस सत्र के प्रमुख वक्ता थे, जिन्होंने अपना व्याख्यान बायोस सिद्धांत पर दिया। इसके पश्चात् इस सत्र में 20 शोध-पत्र प्रस्तुत किये गये। जिनके प्रमुख विषय वायु प्रदूषण, आणविक शक्ति, पर्यावरणीय समस्याएँ इत्यादि थे।

श्री संजय प्रभुने , डॉ. श्रीमती राजश्री सोमनी तथा डॉ. श्रीमती विजयश्री निलोसे ने "कार्बन मोनो-ऑक्साइड से वायु प्रदूषण तथा उसका हानिकारक प्रभाव विषय पर शोध प्रस्तुति दी। इस शोध पत्र में वायु प्रदूषण की समस्या इंदौर नगर के संदर्भ में विवेचित की गई। इसी सत्र में द्वितीय शोध-पत्र डॉ. लीना पराड़कर द्वारा "मॉडलिंग ऑफ एयर पोल्यूशन ड्यूटू व्हेक्यूलर फ्यूएल" विषय पर प्रस्तुत किया गया। प्रोफेसर एस. भट्ट ने उनके शोध-पत्र द्वारा आधुनिक समय की ज्वलंत समस्या की ओर ध्यान आकृष्ट किया जिसका विषय था "पर्यावरणीय समस्याएँ—आणविक ऊर्जा रेडियो एक्टिव प्रदूषण हेतु एक स्त्रोत्"। कु. वन्दना मिश्रा ने पर्यावरणीय समस्याओं के कारणों पर प्रकाश डाला। डॉ. अल्पना त्रिवेदी ने रासायनिक रोगनाशकों की भूमिका मानवीय पर्यावरण के अन्तर्गत लक्षित की। यह वास्तव में एक गंम्भीर स्वास्थ्य प्रकोप है। डॉ. शोभा शर्मा ने एक बहुत ही अलार्मिंग समस्या अत्यधिक भूमिगत जल

विदोहन के संदर्भ में निरूपित की। इसके दीर्घगामी परिणामों की भी आपने चेतावनी दी। शुचि वर्मा तथा डॉ. देवेन्द्र कौर ने मलिन बस्तियां तथा पर्यावरणीय ह्रास विषय पर प्रस्तुति दी। श्री मोहन निमोले, गोकुल पाल तथा बी. एस. चौहान ने अम्लीय वर्षा विषय पर प्रस्तुति दी। डॉ. सुवर्णा तावसे ने एक बहुत ही रोचक मुद्दा "पर्यावरण तथा उसका संगीत एवं स्वास्थ्य पर प्रभाव" उठाया। जबकि डॉ. आभा होल्कर ने एथिकल पर्यावरण के ह्रास पर प्रकाश डाला।

तकनीकी सत्र II

पर्यावरण, समाज एवं जनसंख्या

यह सत्र प्रो. बी. सी. वैद्य की अध्यक्षता में सम्पन्न हुआ। इसमें उपाध्यक्ष डॉ. श्रीमती कुमकुमरानी श्रीवास्तव (गोरखपुर) थी तथा रेपोर्टियर प्रो. एस. सी. वर्मा थे। लगभग 18 शोध-पत्र इस सत्र में प्रस्तुत किये गये।

प्रमुख शोध पत्रों में कु. गरिमा डोंगरे, शोध छात्रा पीएच.डी. द्वारा नर्मदा पर निर्मित बांधों के संदर्भ में जो अत्यंन्त ही विवादास्पद मुद्दा है, शोध प्रस्तुति दी गई। डॉ. सुधा कपूर ने "भारत में माइक्रो क्रेडिट अथवा सेल्फ हेल्प ग्रुप से जुड़े मुद्दे तथा चुनोतियों पर प्रकाश डाला। डॉ. बी. एल. पाटीदार तथा डॉ. डी.के पाटीदार द्वारा आदिवासियों के पर्यावरणीय प्रबन्ध विषय पर विचार व्यक्त किये गये। वर्तमान औद्योगिकरण की सबसे ज्वलंत समस्या ई-वेस्ट पर प्रो. सुमित्रा जोशी द्वारा प्रकाश डाला गया। श्री अजय कुमार राय, शोध छात्र ने पर्यावरणीय प्रदूषण तथा उसका आदिवासी प्रदेश पर प्रभाव विवेचित किया। साईश्वरी कौल ने उज्जैन नगर में सामाजिक पर्यावरण में ह्रास विषय पर प्रकाश डाला। प्रो. नीना बघेल ने झाबुआ जिले के संदर्भ में पर्यावरणीय समस्याओं को स्पष्ट करने की कोशिश की। डॉ. कुसुमलता निंगवाल तथा डॉ. तृप्ति जोशी ने विश्व व्यापी पर्यावरणीय समस्या तथा उसके स्वास्थ्य पर प्रभाव विवेचित किया। डॉ. ए.एस. मंडलोई तथा डॉ. एस.एस. बघेल ने नर्मदा पर बने एक अन्य बांध सरदार सरोवर परियोजना का पर्यावरण पर प्रभाव अंकित किया।

तकनीकी सत्र III

पर्यावरणीय समस्याएं: स्थानीय तथा प्रादेशिक स्तर पर

यह सत्र 24 फरवरी 2007 का प्रात: कालीन सत्र था। जिसमें प्रमुख वक्ता प्रो. बी.सी. वैद्य पूना थे। सत्र के अध्यक्ष डॉ. व्हाय. जी. जोशी. संकायाध्यक्ष डॉ. बाबा साहेब अम्बेडकर शोध संस्थान के थे। जबकि उपाध्यक्ष प्रो. एस. एल. के मुद्गल थे। इस सत्र की रिपोर्टियर डॉ. प्रमोदिनी मोने थी। प्रो. वैद्य ने महाराष्ट्र प्रांत के पश्चिमी भाग की जलवायु दशाओं पर बहुत ही सारगर्भित व्याख्यान प्रस्तुत किया। डॉ. अर्चना पुरोहित ने म्यूनिसिपल अपशिष्ट निष्पादन की समस्याओं को इंदौर नगर के संदर्भ में प्रस्तुत किया। डॉ. सुनीता फड़नीस तथा डॉ. रेखा किल्लेदार ने जल में रोगनाशकों की उपस्थिति तथा उससे सम्बद्ध स्वास्थ्य पर प्रभाव विश्लेषित किया।

इस सत्र में प्रो. अनुराधा अवस्थी द्वारा कुर्सी के संदर्भ में ऑफिस के पर्यावरण में बैठने की समस्या विश्लेषित की गई। डॉ. मंजू पाटनी तथा डॉ. सुषमा शर्मा ने इंदौर नगर में शोर-प्रदूषण की समस्या को स्पष्ट किया। लोकेश शर्मा तथा संदीप सारवान, एम.फिल शोध छात्रों ने उज्जैन नगर में होने वाले धार्मिक आयोजनों से पर्यावरण प्रदूषण को प्रदर्शित किया। प्रो. श्रीमती सुधा अग्रवाल तथा किरण गुप्ता द्वारा आर्थिक विकास तथा पर्यावरणीय ह्रास को विशेष आर्थिक क्षेत्र (SEZ) के संदर्भ में प्रस्तुत किया गया।

भारत में मच्छर जन्य बीमारियां बहुत सामान्य है। यह विश्लेषण करने का प्रयास राजकुमारी नागवंशी तथा कु. पूर्णिमा (शोध छात्राओं) द्वारा इंदौर नगर के संदर्भ में किया गया। बाघ गुफाएँ हमारी सांस्कृतिक धरोहर हैं जो धार जिले की कुक्षी तहसील में स्थित हैं। यहाँ होने वाले पर्यावरणीय ह्रास को प्रो. राजश्री विभूते तथा प्रो. कविता पाल द्वारा व्यक्त किया गया। संजय चौरसिया तथा सचिन अवस्थी ने भारतीय संदर्भ में पर्यावरणीय मुद्दों को स्पष्ट किया। प्रो. पी. सी. यादव ने धार जिले की धरमपुरी तहसील के संदर्भ में सरदार सरोवर बांध से प्रभावित डूब क्षेत्र का विवेचन किया। वाटर रोड मिशन की भूमिका प्राकृतिक संसाधन संवर्धन में महत्वपूर्ण हैं यह प्रस्तुत करने का प्रयास

डॉ. जूलियर ओंकार तथा डॉ. रेखा वर्मा द्वारा किया गया इसी के साथ यह सत्र समाप्त हुआ।

तकनीकी सत्र IV

पर्यावरणीय मामले तथा पर्यावरणीय प्रभाव मूल्यांकन

संगोष्ठी का यह काफी व्यस्त सत्र रहा क्योंकि इसमें 25 शोध-पत्र प्रस्तुत किये गये। यह सत्र प्रो. व्ही.के. श्रीवास्तव, ऐमेरिटस फेलो एवं पूर्व विभागाध्यक्ष गोरखपुर विश्वविद्यालय, गोरखपुर की अध्यक्षता में सम्पन्न हुआ। इसमें रिपोर्टियर डॉ. जूलियर ओंकार, महू थी। इस सत्र के प्रमुख वक्ता प्रो. व्हाय. जी. जोशी, संकायाध्यक्ष बाबा साहेब अम्बेडकर शोध संस्थान महू थे जिन्होनें पर्यावरणीय सरोकार : सामाजिक प्रतिक्रिया एवं उपक्रमण विषय पर विशेष व्याख्यान प्रस्तुत किया। इसके पश्चात् शोध-पत्र प्रस्तुत किये गये। डॉ. वेनु त्रिवेदी ने परीक्षण आधारित शोध-पत्र "इंदौर नगर में भूमिगत जल की गुणवत्ता" प्रस्तुत किया। आपने भूमिगत जल की गुणवत्ता का मापन 10 चयनित सूचकों के माध्यम से किया। प्रो. प्रमोदिनी मोने ने एक विशिष्ट पर्यावरणीय मुद्दा, "वैचारिक पर्यावरण का मनोकायिक प्रभाव" शीर्षक से शोध-पत्र प्रस्तुत किया। यह शोध-पत्र अमूर्त वातावरण से संबंधित था। श्रीमती बिन्दु गांधी, डॉ. शोभा त्रिवेदी तथा डॉ. साधना सक्सेना ने सम्मिलित रूप से "ग्रीन केमिस्ट्री" शीर्षक से एक नवीन संकल्पनात्मक शोध-पत्र प्रस्तुत किया। इंदौर नगर की वायु गुणवत्ता का मूल्यांकन डॉ. देवेन्द्र कौर तथा सुब्रा बिस्वास द्वारा प्रस्तुत किया गया। डॉ. श्रीमती अलका बाजपेयी द्वारा मुम्बई-आगरा राजमार्ग को इंदौर नगर के 2 प्रमुख शैक्षणिक संस्थानों यथा कला एवं वाणिज्य महाविद्यालय, तथा होल्कर विज्ञान महाविद्यालय के मध्य सड़क चौड़ीकरण से उत्पन्न पर्यावरणीय समस्याओं के परिप्रेक्ष्य में प्रस्तुत किया। डॉ. व्ही. जे. पाटिल, डॉ. एस. व्ही. ढाके तथा डॉ. आर. व्ही. भोले ने ईंट-भट्टे उद्योग का मृदा संसाधन पर प्रभाव रेखांकित किया। एम. फिल. भूगोल के शोध छात्र श्री पराग मेश्राम, श्री अंकुश खोब्रागड़े, कु. नविता राजुरकर, कु. मनीषा लववांशी तथा कु. प्रियंका योगी

द्वारा सम्मिलित रूप से इंदौर नगर की जलवायु में कालिक परिवर्तन विश्लेषित किया। श्रीमती संध्या कोथलेकर ने प्रदूषित जल को शुद्ध करने की प्राकृतिक विधि प्रस्तुत की। प्रो. नीरज राव तथा डॉ. अनिल कुमार जैन ने पर्यावरणीय समस्याओं के प्रभाव रेखांकित किये।

तकनीकी सत्र V

पर्यावरणीय नीतियां, नियोजन तथा प्रबन्धन

इस सत्र की अध्यक्षता प्रो. एस. एम. राशिद, जामिया मिलिया इस्लामिया, नई दिल्ली द्वारा की गई तथा प्रो. व्ही. ए. सिहोरवाला, सेवा निवृत्त प्राध्यापक, गोविन्दराम सक्सेरिया तकनीकी संस्थान, इंदौर सत्र के उपाध्यक्ष रहे। इस सत्र में रिपोर्टियर डॉ. वेनु त्रिवेदी थी। इसमें लगभग 20 शोध-पत्र प्रस्तुत किये गये तथा 2 प्रमुख वक्ता रहें, एक प्रो. एस. एम. राशिद तथा डॉ. के. आर. श्रीवास्तव, गोरखपुर।

इन वक्ताओं ने पर्यावरण की समस्याएं तथा नीतियां एवं फूलों की खेती व सम्पोषित पारिस्थितिकी व अर्थव्यवस्था पर व्याख्यान दिया। इसके पश्चात् प्रतिभागियों ने शोध-पत्र प्रस्तुत किये, जिनमें प्रमुख रूप से श्रीमती सुमिता व्यास द्वारा ठोस अपशिष्ट प्रबन्धन पर शोध-पत्र प्रस्तुत किया गया। डॉ. मनीषा दंडवते ने "हरित क्रांति : प्रत्याशा तथा परिणाम" विषय पर शोध-पत्र प्रस्तुत किया। कु. कंचन सोलंकी तथा डॉ. मुनीरा हुसैन ने पर्यावरण के प्रति जागरूकता पर शोध-पत्र प्रस्तुत किया जबकि श्री नितिन चौरसिया ने मृदा संवर्धन हेतु जैविक कृषि के महत्व पर प्रकाश डाला।

पर्यावरणीय नियोजन तथा प्रबंधन सम्बन्धी मॉडल डॉ. रश्मि गुप्ता द्वारा प्रस्तुत किया गया। प्रो. वन्दना मिश्रा द्वारा "पर्यावरण समस्याओं का समाज पर प्रभाव" प्रकट किया गया। श्रीमती ज्योति दूधिया तथा डॉ. अनामिका जैन द्वारा वायु "वायु प्रदूषण की समस्याएँ तथा निरोध" विषय पर शोध-पत्र प्रस्तुत किया गया। पर्यावरणीय नियोजन में सुदूर संवेदन का महत्व निर्विवाद है। प्रो. नरेश कुमार तथा प्रो. अंजुला पायस ने पर्यावरणीय नियोजन में सुदूर संवेदन

का अनुप्रयोग प्रस्तुत किया। एम. फिल. भूगोल के शोध छात्रों के एक समूह श्री मनोज साबले, जीतेन्द्र ठाकुर, रानी वास्केल, संध्या सोलंकी तथा अमिता पांडारे द्वारा कस्तुरबाग्राम, इंदौर के संदर्भ में एक शोध–पत्र प्रस्तुत किया गया जो जैविक कृषि का प्रयोग पर्यावरण सुरक्षा हेतु था। इसी प्रकार एम. फिल. शोध छात्रों के एक अन्य समूह अनिल कुमार गोहिया, सुनीता साहू, श्वेता सरयाम तथा सरिता चौहान द्वारा सम्मिलित रूप से इंदौर नगर की साकेत नगर कॉलोनी के संदर्भ में ठोस अपशिष्ट प्रबन्धन विषय पर था।

विदाई–सत्र

राष्ट्रीय संगोष्ठी "पर्यावरणीय समस्याएँ तथा उपक्रमण" का बिदाई – सत्र डॉ. वी. के. श्रीवास्तव, ऐमरेटस फेलो, गोरखपुर की अध्यक्षता तथा डॉ. एन. के धाकड़, प्राचार्य, होल्कर विज्ञान महाविद्यालय के मुख्य आतिथ्य में सम्पन्न हुआ। इस अवसर पर संसाधक डॉ. व्हाय. जी. जोशी , महू तथा संगोष्ठी संरक्षक डॉ. मंजुला चौबे प्राचार्य एवं संयोजक डॉ. वेनु त्रिवेदी भी उपस्थित थी। मुख्य अतिथि ने सर्वोत्कृष्ट शोध–पत्र का पुरस्कार युवा भूगोल वेता डॉ. गरिमा डोंगरे शोध छात्रा पी.एच.डी. को दिया गया। डॉ. राखी शुक्ला ने सत्र–संचालन किया तथा प्रत्येक सत्र के रिपोर्टियर को मंच पर रिपोर्ट प्रस्तुत करने हेतु आमंत्रित किया। इस सत्र द्वारा संबंधित मंत्रालयों, म.प्र. के संबंधित मंत्रालयों तथा विभागों, राज्य नियोजन आयोग, समितियों तथा संगठनों जो कि पर्यावरण के क्षेत्र में क्रियाशील हैं, को संगोष्ठी की अनुशंसाओं को अग्रेषित करने का निश्चय किया। अंत में डॉ. वेनु त्रिवेदी संगोष्ठी संयोजिका ने समस्त अतिथियों तथा प्रतिभागियों का संगोष्ठी की सफलता के लिए आभार माना तथा दो दिवसीय संगोष्ठी का समापन घोषित किया।

डॉ. वेनु त्रिवेदी
संयोजिका

अनुक्रमणिका